高职高专"十三五"规划教材

YIQI FENXI JISHU

仪器分析技术

第二版

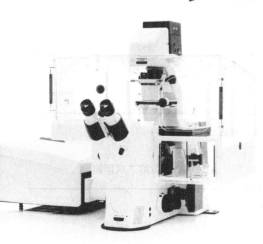

曹国庆 主 编

倪 超 肖珊美 副主编

化学工业出版社

·北京·

《仪器分析技术》第二版是根据高职高专商检技术专业培养目标要求编写的。全书内容包括紫外-可见光谱分析法、红外吸收光谱法、原子光谱分析法、电化学分析法、气相色谱分析法、高效液相色谱分析法及相应的实验技术，同时介绍了分析仪器联用技术尤其是色质联用技术，以适应现代检测技术的发展。

　　本书可作为高职高专商检技术专业和工业分析与化学检验专业教学使用，也可作为分析检验人员的培训用书。

图书在版编目（CIP）数据

仪器分析技术/曹国庆主编. —2 版. —北京：化学工业出版社，2018.6 （2025.2重印）
ISBN 978-7-122-31694-3

Ⅰ.①仪… Ⅱ.①曹… Ⅲ.①仪器分析-高等职业教育-教材 Ⅳ.①O657

中国版本图书馆 CIP 数据核字（2018）第 045126 号

责任编辑：蔡洪伟　　　　　　　　文字编辑：李　瑾
责任校对：吴　静　　　　　　　　装帧设计：张　辉

出版发行：化学工业出版社（北京市东城区青年湖南街 13 号　　邮政编码 100011）
印　　装：北京科印技术咨询服务有限公司数码印刷分部
787mm×1092mm　1/16　印张 12½　字数 310 千字　　2025 年 2 月北京第 2 版第 7 次印刷

购书咨询：010-64518888　　　　　　　售后服务：010-64518899
网　　址：http://www.cip.com.cn
凡购买本书，如有缺损质量问题，本社销售中心负责调换。

定　　价：32.00 元　　　　　　　　　　　　　　　　版权所有　违者必究

高职高专商检技术专业规划教材
建设单位
（按汉语拼音排列）

北京联合大学师范学院
常州工程职业技术学院
成都市工业学校
重庆化工职工大学
福建交通职业技术学院
广东科贸职业学院
广西工业职业技术学院
河南质量工程职业学院
湖北大学知行学院
黄河水利职业技术学院
江苏经贸职业技术学院
辽宁农业职业技术学院
湄洲湾职业技术学院
南京化工职业技术学院
萍乡高等专科学校
青岛职业技术学院
唐山师范学院
天津渤海职业技术学院
潍坊教育学院
厦门海洋职业技术学院
扬州工业职业技术学院
漳州职业技术学院

前　言

仪器分析作为一项分析检验手段已经广泛应用于化工生产、药物制备、食品生产和环境监测与保护中，同时也是应用化工、生物技术、制药技术、环境工程、工业分析和商品检验等专业学生必须掌握的一项专门技术。本教材以理论"必须、够用"为原则，着重于仪器分析方法的实际应用、实践操作和仪器设备的维护技能的培养，更适合高职院校学生和企业分析检验人员仪器分析技术的学习。本教材自2009年出版以来，多次重印，受到使用学校师生的好评。为了更好地服务于广大读者，结合本教材在教学中各院校的反馈信息和仪器分析技术的发展，编者对本教材进行了修订。

本次修订仍然保持了原有教材编写的指导思想，即理论知识够用、突出应用和实践，因此教材体系改动较小。主要修改为：一是修正了教材中一些不实用的内容，使教材实用性更强；二是对书后习题作了一些调整，并在书后附有参考答案，更有利于学生解题。

参加本次修订的有南京科技职业学院曹国庆（第一章、第三章、第六章）、倪超（第七章），金华职业技术学院肖珊美（第二章、第五章），唐山师范学院唐杰（第四章），全书由曹国庆负责统稿。

由于作者水平有限，书中疏漏之处在所难免，敬请各位专家和读者批评指正。

编　者
2018 年 7 月

第一版前言

仪器分析技术已成为生产、科研乃至人类生活中不可缺少的分析手段，仪器分析技术在工业分析、食品分析、药物分析、环境监测等领域得到了广泛应用。本书是编者根据高职高专商检技术专业要求，并在结合高职院校发展特点基础上编写的。

本教材紧扣高等职业教育商检技术人才培养目标，本着以能力培养为本位的职教特色，"立足实用，强化能力，注重实践"，在内容上有着如下特点。

1. 基础理论以"必需、够用"为原则，适当降低理论难度，简化了基础理论的推导。如在数据处理中，忽略了线性回归方程的推导，采用代入公式的办法求解，同时还介绍了利用实用的软件进行求解结果的方法，将计算机技术引用到数据处理中。

2. 教材内容以实用为主。本书介绍了紫外-可见光谱分析法、红外吸收光谱法、原子光谱分析法、电化学分析法、气相色谱分析法、高效液相色谱分析法，这类分析技术的仪器使用已经很普及，在生产和产品检验方面得到普遍应用。但我国的仪器开发和应用水平还不平衡，一些先进的用于结构分析的仪器如核磁共振波谱仪、X射线光电子能谱仪等"昂贵"分析仪器只有少数部门使用，这类仪器分析方法并未列入本教材中。

3. 培养学生分析技术动手能力。本书重点介绍常用分析仪器的基本结构、操作方法、应用范围和实验技术。并将实验内容结合到每章中，做到了理论与实验技术更好的结合。

4. 结合现代最新分析技术及应用。现代分析技术发展的一个重要方面是仪器联用技术，以便将定性分析、定量分析有机结合起来。教材还介绍了色质联机分析技术，这也是目前重点发展的分析技术。

本书由南京化工职业技术学院曹国庆和广西工业职业技术学院钟彤担任主编。第一章、第三章和第六章由曹国庆编写，第二章由钟彤编写，第四章由唐山师范学院唐杰编写，第五章由潍坊教育学院鲁梅编写，第七章由天津渤海职业技术学院孙义编写。全书由曹国庆负责统稿。

本书承蒙潍坊教育学院魏怀生教授主审，同时在编写过程中，还参考了有关专家和编者的文献资料和教材，在此一并表示最衷心的感谢！

由于编者水平有限，书中缺点和不足在所难免，敬请各位专家和读者批评指正。

编　者
2009 年 5 月

目　录

第一章 绪 论

仪器分析法是以测量物质的物理化学性质为基础的分析方法，因这类分析方法通常需要使用较特殊的仪器而被称为"仪器分析"。

第一节 仪器分析方法分类

由于物质的物理性质或物理化学性质很多，因此相应的仪器分析方法也有很多。习惯上，将仪器分析方法分成三大类，即电化学分析法、光学分析法和色谱分析法。

1. 电化学分析法

电化学分析法是根据物质的电学或电化学性质作为分析依据来测量物质含量的一类分析方法。它通常是将分析试样溶液构成一个化学电池（电解池或原电池），然后根据所组成电池的某些物理量（如两电极间的电位差、电位、电量、电阻等）与其化学量之间的内在联系进行定性分析或定量分析。

2. 光学分析法

光学分析法基于物质吸收外界能量时，物质的原子或分子内部发生能级之间的跃迁，产生光的发射或吸收现象，根据发射光或吸收光的波长与强度，进行定性分析、定量分析、结构分析和各种数据的测定。

3. 色谱分析法

色谱分析法是利用混合物中各组分与互不相溶的两相（流动相与固定相）作用力不同、相对于固定相移动的速度不同来达到分离、分析的目的。

表 1-1 列举了一些常用于分析物质的物理化学性质的仪器分析方法的分类。本教材着重介绍紫外-可见光谱法、红外吸收光谱法、原子吸收光谱法、电位分析法、气相色谱法和液相色谱法等仪器分析方法。

表 1-1 仪器分析方法的分类

方法分类	被测物理参数	相应分析方法	检 测 目 的
光学分析法	辐射的吸收	紫外-可见光谱法	主要用于定量分析，紫外区也用于定性分析
		红外吸收光谱法	物质结构鉴定、定量分析
		原子吸收光谱法	金属、半金属元素含量测定
		核磁共振波谱法	物质结构鉴定
	辐射的发射	原子发射光谱法	元素的定性、定量分析
		火焰发射光谱法	碱金属、碱土金属元素含量测定
		原子荧光光谱法	元素定量分析
电化学法	半电池电位	直接电位法、电位滴定法	定量分析
	电导	直接电导法、电导滴定法	定量分析
	电量	库仑分析法	定量分析
	电流-电压	极谱分析法	定量分析

续表

方法分类	被测物理参数	相应分析方法	检 测 目 的
色谱分析法	两相间的分配	气相色谱法、液相色谱法	混合物的分离与定量分析
	相对迁移率	电泳分析法	混合物的分离与定量分析
	质荷比	质谱法	相对分子质量测定、结构鉴定,色质联用时用于样品中各组分的鉴定和定量分析

第二节　仪器分析法的特点和地位

仪器分析法是近代迅速发展起来的一种分析方法,具有以下特点。

1.灵敏度高

可以分析含量很低的组分,相对检出限为 $10^{-6}\sim10^{-9}$ g/mL 甚至更低,如石墨炉原子化法的相对检出限为 $10^{-6.5}\sim10^{-12.5}$ g/mL。

2.操作简便快速

试样处理后,仪器分析法的分析速度是很快的,如分析光电直读光谱仪可在 $1\sim2$ min 内同时完成对钢样中 20 多种元素的分析。

3.需要的试样量少,甚至可以在不损伤样品的情况下进行分析

在气相色谱分析中样品的进样量只要几微升,红外吸收光谱分析中许多样品可以直接用于测定,且不破坏原组成和形态。

4.易于自动化操作

绝大多数分析仪器都是将被测组分的浓度变化或物理性能变化转变成电信号,因此,仪器分析法易实现自动化和智能化。

仪器分析近年来发展非常迅速,美国、德国等一些欧美国家,我国邻近的日本年销售分析仪器均在一亿美元以上,这些仪器广泛地应用于科学技术、农业生产、石油化工、冶金、环境保护、医药和食品生产等领域。

随着国家经济的发展和人民收入的增加,人们要求不断改善和提高自身的生活质量。日常生活中人们普遍关心的三件大事是:优美的生存和生活环境、良好的医疗保健系统和食品安全保障体系。但由于种植业、养殖业和食品工业的发展和重大变化,种植业大量使用除草剂、杀虫剂、生长调节剂,养殖业使用饲料添加剂、杀虫剂、抗生素等,这些物质通过食物链进入人体引发或诱发各种疾病。食品工业使用各种添加剂、保鲜剂、防腐剂,尤其是一些不法分子在养殖、食品生产中违规使用国家明令禁止的添加剂,如瘦肉精、苏丹红等有害物质。这些不安全因素严重危害人类的健康和生命,因此食品安全成了人们普遍关心的问题。曾经发生的三聚氰胺奶粉事件,也使得人们对食品安全和仪器分析技术的要求提到了一个新的高度。

第三节　仪器分析法的发展趋势

仪器分析正进入一个在新领域中被广泛应用的新时期,不但在传统的工业、农业、食品、轻工等领域中应用越来越广泛,而且在生命科学、环境科学中也越来越离不开仪器分析手段了。21 世纪分析化学的发展方向是高灵敏度（达原子级、分子级水平）、高选择性、快

速、自动、简便、经济，这对仪器分析也提出了新的要求。

1. 分析仪器技术的创新

通过分析仪器技术和分析方法的创新，进一步降低分析仪器的信噪比，提高分析仪器的灵敏度、降低检出限。现代科学技术发展的一个突出特点是学科之间的相互交叉、渗透以及各种新技术的引入、应用等，这就促进了学科的发展，使之不断开拓新领域、新方法。例如，由于采用了等离子体、傅里叶变换、激光、微波等新技术，出现了电感耦合等离子体发射光谱、等离子体质谱、傅里叶变换红外光谱、傅里叶变换核磁共振波谱、激光拉曼光谱、激光光声光谱等。

2. 仪器联用技术

随着现代科学技术的发展，试样的复杂性、测量难度、信息量及响应速度对仪器分析不断提出新的要求。仅采用一种分析技术，往往不能满足这些要求。各类分析仪器的联用，特别是分离仪器与检测仪器的联用，如色谱仪器（气相色谱、液相色谱、超临界流体色谱及多维色谱）与各种仪器（质谱、核磁共振波谱、傅里叶红外光谱、原子吸收光谱或原子发射光谱等）的联用，分离仪器的分离功能和检测仪器的识别功能得到很好的结合，有利于发挥每种分析仪器的优点，实现快速、自动、简便、经济地对复杂体系的分析。

3. 在线分析检测

当前的分析仪器多数是离线分析，所得结果多数是静态的、非直接现场的数据，不能直接、及时、准确地反映生产过程和生命及其环境中的动态变化。为了能在现场及时给出被分析物在动态变化过程中每一瞬间的组成和结构，就要在现有分析仪器的基础上研制开发出有效而实用的原位（in site）、在体（in vivo）、实时（real time）、在线（on line）和高灵敏度、高选择性的新型现场、在线分析和无损检测仪器分析技术。

4. 分析仪器的微型化

分析仪器的微型化是仪器分析技术发展的一个方向，目前在分析仪器的微型化、高通量和操作方便且实用方面，用于生命科学的分析仪器得到了迅速发展。美国热电公司和德国布鲁克公司生产出了串联级傅里叶变换质谱仪（FTMS），利用增加前端 MS 系统来控制复杂样品的引入。这些仪器为解决复杂样品（如血清、尿）的高灵敏度分析增加了分析通量。Axsum Technologies 公司开发的小型化近红外外观电位光谱仪，是一台完全集成化的分析仪器，其大小不足一副扑克牌，核心部分的光学平台既达到小型化又不降低其性能，其代表的是近红外光谱仪的技术突破。

5. 分析仪器的自动化

微机在仪器分析法中不仅只运算分析结果，而且可以储存分析方法和标准数据，控制仪器的全部操作，实现分析操作自动化和智能化。戴安（Dionex）公司生产的 ICS-2000 无试剂离子色谱（IC）系统，将淋洗自动生成和自再生抑制相结合，结果使仪器操作更容易、更省时间。

总之，仪器分析发展的趋势是提高分析仪器的灵敏度和选择性，使分析仪器向微型化、智能化、网络化、专用化方向发展，并要研制开发现场的、实时在线的分析检测仪器。

第二章 紫外-可见光谱分析法

【学习目标】
1. 熟悉紫外-可见分光光度计的结构和紫外、可见光谱的产生及影响因素。
2. 掌握紫外-可见光谱法中的显色条件、定性方法、定量方法。
3. 熟练吸收曲线、标准曲线的测定和绘制，掌握测量条件的选择方法。
4. 熟悉紫外-可见光谱仪的日常维护内容和方法。

第一节 紫外-可见分光光度计的结构与原理

紫外-可见分光光度法（也可称为紫外-可见吸收光谱法）属于光学分析法的一种，它是利用物质分子对紫外光或可见光的吸收而进行分析的方法。用于测量溶液中物质分子对紫外光或可见光的吸收程度的仪器称为紫外-可见分光光度计，也可简称为分光光度计。

紫外-可见分光光度计的型号很多，但是基本的部件及结构相似，主要由光源、单色器、样品吸收池、检测器和信号处理及显示系统五大部件组成，其结构方框图如下：

图 2-1 是普析通用生产的型号 T6 的紫外-可见分光光度计，采用钨灯和氘灯作光源，波长范围是 $190 \sim 1100$nm，波长准确度 ± 1nm。

图 2-1 紫外-可见分光光度计

一、光源

1. 光的特性

光是一种电磁辐射，是一种能以极大的速度穿过空间，且不需任何传播媒介的能量。

光是一种电磁波，具有波动性和粒子性。光是一种波，因而它具有波长（λ）和频率（v）；光也是一种粒子，它具有能量（E）。它们之间的关系为：

$$E = hv = h \times \frac{c}{\lambda} \qquad (2-1)$$

式中　E——能量，eV；

　　　h——普朗克常数，6.626×10^{-34} J·s；

　　　v——频率，Hz；

　　　c——光速，3×10^{10} cm/s；

　　　λ——波长，nm。

由此可知，不同波长的光能量不同，波长愈长，频率越低，能量愈小；波长愈短，频率越高，能量愈大。若将各种电磁波（光）按其波长或频率大小顺序排列画成图表，则称该图表为电磁波谱。表 2-1 列出电磁波谱的有关参数。

表 2-1 电磁波谱的有关参数

波谱名称	波长	频率/Hz	能量/eV	跃迁能级类型
γ射线	$5\times10^{-3}\sim0.14nm$	$2\times10^{12}\sim6\times10^{14}$	$8.3\times10^3\sim2.5\times10^6$	核能级
X射线	$10^{-2}\sim10nm$	$3\times10^{10}\sim3\times10^{14}$	$1.2\times10^2\sim1.2\times10^6$	内层电子能级
远紫外光	$10\sim200nm$	$1.5\times10^9\sim3\times10^{10}$	$56\sim12$	
近紫外光	$200\sim400nm$	$7.5\times10^8\sim1.5\times10^9$	$3.1\sim6$	外层电子能级
可见光	$400\sim780nm$	$4.0\times10^8\sim7.5\times10^8$	$1.7\sim3.1$	
近红外线	$0.75\sim2.5\mu m$	$1.2\times10^8\sim4.0\times10^8$	$0.5\sim1.7$	分子振动能级
中红外线	$2.5\sim50\mu m$	$6.0\times10^6\sim1.2\times10^8$	$0.02\sim0.5$	
远红外线	$50\sim1000\mu m$	$10^5\sim6.0\times10^6$	$4\times10^{-4}\sim2\times10^{-2}$	分子转动能级
微波	$0.1\sim100cm$	$10^2\sim10^5$	$4\times10^{-7}\sim4\times10^{-4}$	
射频	$1\sim1000m$	$0.1\sim10^2$	$4\times10^{-10}\sim4\times10^{-7}$	电子和核的自旋能级

2. 光的种类

(1) 单色光和复合光 具有某一种波长的光,称为单色光。纯单色光是很难获得的,我们一般说的单色光只是近似的单色光。含有多种波长的光称为复合光,白光就是复合光,例如日光、白炽灯光等白光都是复合光。

(2) 可见光和互补光 凡是能被人类眼睛感觉到的光称为可见光,其波长范围为 400～780nm,在这个范围内,不同波长的光刺激眼睛后会产生不同颜色的感觉,但由于受到人的视觉分辨能力的限制,实际上是一个波段的光给人引起一种颜色的感觉。表 2-2 列出了各种色光的近似波长范围。

表 2-2 色光的近似波长范围

颜色	波长/nm	颜色	波长/nm
红	$650\sim780$	蓝绿	$490\sim500$
橙	$600\sim650$	青	$480\sim490$
黄	$560\sim600$	蓝	$450\sim480$
绿	$500\sim560$	紫	$400\sim450$

凡波长小于 400nm 的紫外光或波长大于 780nm 的红外光均不能被人的眼睛感觉出,所以这些波长范围的光人眼是看不到的。

通常人们看到的白光如日光、白炽灯光等就是由这些波长不同的有色光混合而成的,这可以用一束白光通过棱镜后色散为红、橙、黄、绿、青、蓝、紫七色光来证实。如果把适当不同颜色的两种光按一定强度比例混合,也可成为白光,这两种颜色的光称为互补光。

图 2-2 中处于直线关系的两种颜色的光即为互补色光,如蓝光与黄色光互补、青色光与红色光互补等,它们按一定强度比混合都可以得到白光,所以日光等白光实际上是由一对对互补光按适当强度比混合而成的。

图 2-2 互补色光示意

3. 光源

(1) 连续光源和线光源 能连续辐射很大波长范围且辐射强度稳定的光源称为连续光源,如太阳、日光灯等。

能辐射强度较大且波长范围很窄的光源称为线光源（线是没有宽度的），如激光、空心阴极灯等。

（2）分光光度计的光源　分光光度计光源的作用是提供符合要求的入射光。对光源的要求是：在使用波长范围内提供连续的、强度足够大、稳定性好的光谱，而且使用寿命长。实际应用的光源一般分为紫外光光源和可见光光源。

分光光度计的可见光光源使用钨灯或卤钨灯，它可发射波长为 320～2500nm 范围的连续光谱，其中 320～1000nm 的光谱强度大、稳定性好，最适宜用于可见光区。除用作可见光源外，还可用作近红外光源。为了保证钨灯发光强度稳定，需要采用稳压电源供电，也可用 12V 直流电源供电。

分光光度计的紫外光光源使用氢灯或氘灯，它们均可发射波长为 185～375nm 范围的连续光谱，为了发光强度稳定，同样需要采用稳压电源供电。氘灯比氢灯寿命长。

二、单色器

单色器的作用是把光源发出的连续光谱分解成单色光，并能使所需要的某一波长的光通过，它是分光光度计的核心部分。

入射狭缝→色散元件(棱镜、光栅)→出射狭缝

单色器主要由狭缝、色散元件和透镜系统组成。其中色散元件是关键部件，色散元件是棱镜和反射光栅或两者的组合，它能将连续光谱色散成为单色光。透镜系统主要是用来控制光的方向。狭缝可调节光的强度和让所需要的单色光通过，狭缝对单色器的分辨率起重要作用，它对单色光的纯度在一定范围内起着调节作用。

1. 棱镜单色器

棱镜单色器是利用不同波长的光在棱镜内折射率不同将复合光色散为单色光的。常用的棱镜用玻璃或石英制成。可见分光光度计可以采用玻璃棱镜，但玻璃吸收紫外光，所以不适用于紫外光区。紫外-可见分光光度计采用石英棱镜，它适用于紫外光和可见光的整个光谱区。图 2-3 为棱镜单色器结构。棱镜单色器的分辨率（指将邻近的谱线分开的能力）可达 1nm。

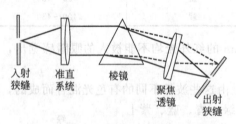

图 2-3　棱镜单色器结构

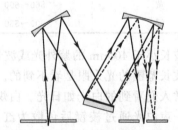

图 2-4　光栅型棱镜单色器结构

2. 光栅单色器

光栅作为色散元件具有不少独特的优点。光栅可定义为一系列等宽、等距离的平行狭缝。光栅的色散原理是以光的衍射现象和干涉现象为基础的。图 2-4 为光栅型棱镜单色器结构。

光栅单色器的分辨率比棱镜单色器分辨率高（通常光栅可分开 0.1nm 的光，昂贵的光栅可分开 0.01nm 的两束光），而且它可用的波长范围也比棱镜单色器宽。因此目前生产的紫外-可见分光光度计大多采用光栅作为色散元件。

三、吸收池

吸收池又叫样品池,用于盛放待测液和决定透光液层厚度的容器称为比色皿。吸收池一般为长方体,比色皿有玻璃比色皿和石英比色皿两种。玻璃比色皿用于可见光光区测定。若在紫外光区测定,则必须使用石英比色皿。比色皿的规格是以光程为标志的。紫外-可见分光光度计常用的比色皿规格有:0.5cm、1.0cm、2.0cm、3.0cm、5.0cm 等,使用时,根据实际需要选择。

使用比色皿过程中,应特别注意保护两个光学面。为此,必须做到以下几点。

① 拿取比色皿时,只能用手指接触两侧的毛玻璃,不可接触光学面。

② 不能将光学面与硬物或脏物接触,只能用擦镜纸或丝绸擦拭光学面。

③ 凡含有腐蚀玻璃的物质(如 F^-、$SnCl_2$、H_3PO_4 等)的溶液,不得长时间盛放在比色皿中。

④ 比色皿使用后应立即用大量的水冲洗干净。有色物污染可以用 3mol/L 盐酸和等体积乙醇的混合液浸泡洗涤。

⑤ 比色皿不能在火焰或电炉上进行加热或烘烤。

四、检测器

检测器是接受从吸收池透过的光,并把接收到的光信号转变成电信号输出,其输出电信号大小与透过光的强度成正比。

常用的检测器有光电管及光电倍增管等。

1. 光电管

光电管在紫外-可见分光光度计中被广泛应用,分为真空光电管和充气光电管两种。光电管的典型结构是将球形壳抽成真空,如图 2-5 所示。在内半球面上涂一层光电材料作为阴极,常用光电阴极有锑铯型、银氧铯型、铋银氧铯型、多碱型及负电子亲和势型,可对不同的谱段敏感。球心放置小球形或小环形金属作为阳极。若球内充低压惰性气体就成为充气光电管。光电子在飞向阳极的过程中与气体分子碰撞而使气体电离,可增加光电管的灵敏度。

图 2-5　真空光电管结构

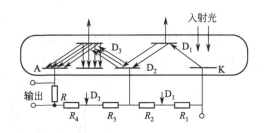

图 2-6　光电倍增管截面及电路示意

2. 光电倍增管

光电倍增管是进一步提高光电管灵敏度的光电转换器件,如图 2-6 所示。管内除光电阴极和阳极外,两极间还放置多个瓦形倍增电极。使用时相邻两个倍增电极间均加有电压用来加速电子。光电阴极受光照后释放出光电子,在电场作用下射向第一倍增电极,引起电子的二次发射,激发出更多的电子,然后在电场作用下飞向下一个倍增电极,又激发出更多的电子。如此电子数不断倍增,阳极最后收集到的电子可增加 $10^4 \sim 10^8$ 倍,这使光电倍增管的灵敏度比普通光电管要高得多,可用来检测微弱光信号。光电倍增管高灵敏度和低噪声的特点使它在光测量方面获得广泛应用。

光电倍增管是检测弱光最常用的光电元件，它不仅响应速度快，能检测 $10^{-8}\sim10^{-9}\,\mathrm{s}$ 的脉冲光，而且灵敏度高，比一般光电管高 200 倍。目前紫外-可见分光光度计广泛使用光电倍增管作为检测器。

五、信号显示系统

信号显示系统能把由检测器产生的电信号，经放大等处理后，用一定方式显示出来，以便于计算和记录。

信号显示器有多种，如指针式的检流计或微安表，也有可以直接读出数据的数字显示和自动记录型装置。

六、紫外-可见分光光度计的类型及特点

按光路，紫外-可见分光光度计可分为单光束式及双光束式两类。

1. 单光束分光光度计

单光束是指从光源中发出的光，经过单色器分光后只得到一束光，从进入吸收池到最后照在检测器，始终为一束光，如图 2-7 所示。721、722、751、7504、T6 等型号分光光度计均为单光束分光光度计。

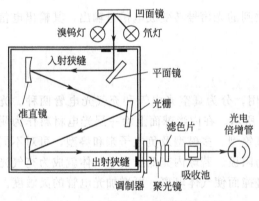

图 2-7 单光束分光光度计结构示意

单光束仪器的特点：
① 仪器简单，价格较低廉；
② 操作麻烦，任一波长的光均要用参比调 $T=100\%$，再测样品；
③ 不能进行吸收光谱的自动扫描；
④ 光源不稳定性影响测量准确度。

2. 双光束分光光度计

从光源中发出的光经过单色器后被旋转扇面镜（斩光器）分成两束强度相等的交替断续的单色光，分别通过参比溶液和样品溶液后，再经扇面镜将两束光交替地投射到同一个检测器上。在光电倍增管上产生交变脉冲信号，经比较放大后，由显示器显示出透光度、吸光度、浓度或进行波长扫描记录吸收光谱，如图 2-8 所示。

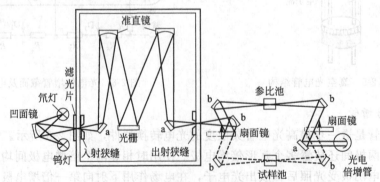

图 2-8 双光束分光光度计光路示意
a—平面镜；b—凹面镜

双光束仪器的特点：

① 测量方便，不需要更换吸收池；

② 补偿了光源不稳定性的影响；

③ 实现了快速自动吸收光谱扫描；

④ 不能消除试液的背景干扰。

国产 710、730、760MC、760CRT 以及日本岛津 UV-210 等型号分光光度计属于双光束分光光度计。

3. 双波长分光光度计

双波长分光光度计光路如图 2-9 所示。光源发出的光分成两束，分别经两个可以自由转动的单色器，得到两束具有不同波长 λ_1 和 λ_2 的单色光。通过斩光器，使两束光以一定的时间间隔交替照射到装有试液的吸收池，由检测器显示出试液在波长 λ_1 和 λ_2 的吸光度差值 ΔA，则（a 为待测组分）：

$$\Delta A = A_{a\lambda_1} - A_{a\lambda_2} = (\varepsilon_{a\lambda_1} - \varepsilon_{a\lambda_2})bc_a$$

若波长选择合适（选择在波长 λ_1 和 λ_2 处干扰组分 i 的吸收相同，即 $A_{i\lambda_2} = A_{i\lambda_1}$），可消除背景吸收或干扰物质的吸收。

国产 WFZ800S 型以及日本岛津 UV-300、UV-365 型分光光度计属于双波长分光光度计。

双波长分光光度计特点：

① 不需要参比溶液；

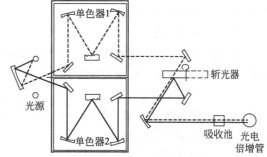

图 2-9 双波长分光光度计光路示意

② 可以消除背景吸收干扰，包括待测溶液与参比溶液组成的不同及吸收液厚度的差异的影响，提高了测量的准确度；

③ 它适合混合物和浑浊样品的定量分析，可进行导数光谱分析等；

④ 价格昂贵。

第二节 紫外-可见吸收光谱法基本原理

一、朗伯-比尔定律

紫外-可见吸收光谱法主要产生于分子价电子在电子能级间的跃迁，属于分子吸收光谱。分子吸收光谱法是基于测定在液层厚度为 b(cm) 的比色皿中，溶液的透光度 T 或吸光度 A 进行定量分析。

1. 透光度和吸光度

当一束辐射强度为 I_0 的平行单色光垂直照射到一定浓度的均匀透明溶液时，由于溶液的吸收，透过光的辐射强度变为 I_t（图 2-10），则 I_t 与 I_0 之比称为透光度，用 T 表示：

$$T = \frac{I_t}{I_0} \tag{2-2}$$

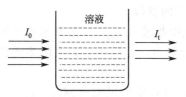

图 2-10 溶液吸光示意

透光度描述的是入射光透过溶液的程度。当入射光辐射强度 I_0 一定时，透过光辐射强度 I_t 越小，则说明溶液对光的吸收越大，相反亦然。

物质对光的吸收程度可用吸光度 A 表示，吸光度与光强度、透过率之间的关系为：

$$A = -\lg T = \lg \frac{I_0}{I_t} \tag{2-3}$$

2. 朗伯-比尔定律

当一束平行光照射到一固定浓度的溶液时，其吸光度与光通过的液层厚度成正比，这就是朗伯定律。其数学表达式为：

$$A = k_1 b \tag{2-4}$$

式中　b——液层厚度；

　　　k_1——比例系数。

当入射光通过不同浓度的同一种溶液，若液层厚度一定，则吸光度与溶液浓度成正比，这就是比尔定律。其数学表达式为：

$$A = k_2 c \tag{2-5}$$

式中　c——溶液浓度；

　　　k_2——比例系数。

当溶液厚度和浓度都改变时，要考虑两者同时对透过光的影响。将式(2-4)和式(2-5)合并，这就是在分光光度测定中常用的朗伯-比尔吸收定律。其数学表达式为：

$$A = \varepsilon b c \tag{2-6}$$

式中　ε——摩尔吸光系数，L/(mol·cm)（它与溶液性质、温度和入射光波长有关）；

　　　b——液层厚度，cm；

　　　c——物质的量浓度，mol/L。

当浓度采用不同单位时，吸光系数也是不同的，见表 2-3 所列。

表 2-3　吸光系数与浓度单位之间的变化关系

c 的单位	k 的单位	名称	符号	定量关系
mol/L	L/(mol·cm)	摩尔吸光系数	ε	$\varepsilon = aM$
g/L	L/(g·cm)	质量吸光系数	a	M 为物质的摩尔质量

朗伯-比尔定律表明：当一束平行单色光垂直透过均匀透明的稀溶液时，溶液对光的吸收程度与溶液的浓度及液层厚度的乘积成正比。

朗伯-比尔定律是吸光光度法的理论基础和定量测定的依据。应用于各种光度法的吸收测量。其应用的条件为：一是吸收发生在稀的均匀的介质；二是入射光必须是单色光；三是在吸收过程中，吸收物质之间不能发生相互作用。

3. 吸光系数

吸光系数是吸收物质在一定波长和溶剂条件下的特征常数。摩尔吸光系数 ε 在数值上等于浓度为 1mol/L、液层厚度为 1cm 时该溶液在某一波长下的吸光度。

(1) 吸光系数的特点　吸光系数具有以下特点。

① 不随浓度和液层厚度的改变而改变。在温度和波长等条件一定时，吸光系数仅与吸收物质本身的性质有关，与待测物浓度无关，可作为定性鉴定的参数。

② 同一吸收物质在不同波长下的 ε 值是不同的。在最大吸收波长 λ_{max} 处的摩尔吸光系数，常以 ε_{max} 表示。ε_{max} 表明了该吸收物质最大限度的吸光能力，也反映了光度法测定该物质可能达到的最大灵敏度。

③ ε_{max} 越大表明该物质的吸光能力越强，用光度法测定该物质的灵敏度越高。$\varepsilon_{max} > 6 \times 10^4$ L/(mol·cm) 属于高灵敏度；ε_{max} 在 $1 \times 10^4 \sim 6 \times 10^4$ L/(mol·cm) 属于中等灵敏

度：$\varepsilon_{\max} < 1 \times 10^4 L/(mol \cdot cm)$ 属于低灵敏度。

（2）吸光系数的测定方法　摩尔吸光系数由实验测得。实际测定时，先配制浓度较稀的溶液，在某波长下测定其吸光度，再根据朗伯-比尔定律换算成摩尔吸光系数或质量吸光系数。

【例 2-1】 已知含 Cd^{2+} 浓度为 $140\mu g/L$ 的溶液，用双硫腙法测镉，液层厚度为 2cm，在波长 λ 为 520nm 处，测得的吸光度为 0.220，计算 ε。已知 $M_{Cd}=112.41$。

解　$c_{Cd} = \dfrac{140 \times 10^{-6}}{112.41} = 1.25 \times 10^{-6}$（mol/L）

$$\varepsilon = \frac{A}{bc} = \frac{0.220}{2 \times 1.25 \times 10^{-6}} = 8.8 \times 10^4 \ [L/(mol \cdot cm)]$$

4. 吸光度的加和性

当溶液中有多种组分对光产生吸收时，且各组分之间不存在相互作用时，测该溶液在某一确定波长下的总吸光度等于各组分的吸光度之和，即吸光度具有加和性。可用下式表示：

$$A_{总} = A_1 + A_2 + \cdots + A_n$$
$$= (\varepsilon_1 c_1 + \varepsilon_2 c_2 + \cdots + \varepsilon_n c_n)b$$

式中各吸光度的下标表示组分 1，2，$\cdots$，n。吸光度的加和性主要用于多组分同时测定。

二、朗伯-比尔定律的局限性

根据式（2-5）可以看出，当吸收池的厚度为恒定时，吸光度与试样的浓度成正比，以吸光度对浓度作图应得到一条过原点的直线。但实际测定时，有时会发现这条直线发生弯曲（尤其当溶液浓度较高时），或者直线不过原点。这种现象称为对朗伯-比尔定律的偏离（图2-11）。引起这种偏离的因素主要有物理性因素和化学性因素两类。

1. 物理性因素

物理性因素是由仪器的非理想状态引起的。一般的分光光度计只能获得近乎单色的狭窄光带，难以获得真正的纯单色光。非单色光、杂散光、非平行入射光都会引起对朗伯-比尔定律的偏离，最主要的是非单色光作为入射光引起的偏离。

2. 化学性因素

朗伯-比尔定律的应用前提是：所有的吸光质点之间不发生相互作用。这只有在稀溶液（$c < 10^{-2} mol/L$）时才基本符合。当溶液浓度 $c > 10^{-2} mol/L$ 时，吸光质点间可能发生缔合等相互作用，直接影响了对光的吸收。所以朗伯-比尔定律只适用于稀溶液。

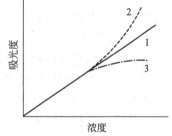

图 2-11　偏离朗伯-比尔定律
1—无偏离；2—正偏离；3—负偏离

另外，溶液中存在着离解、聚合、互变异构、配合物的形成等化学平衡时，使吸光质点的浓度发生变化，影响吸光度，从而影响吸光度与浓度间的线性关系。

例如，铬酸盐或重铬酸盐溶液中存在下列平衡：

$$2CrO_4^{2-} + 2H^+ \rightleftharpoons Cr_2O_7^{2-} + H_2O$$

溶液中 CrO_4^{2-} 与 $Cr_2O_7^{2-}$ 的颜色不同，吸光性质也不相同。则不同浓度或不同酸度下 CrO_4^{2-} 与 $Cr_2O_7^{2-}$ 所占比例不同，使测得的吸光度值与铬（Ⅵ）的总浓度间的线性关系发生偏离。

由于吸收光度法的测定范围受到物理和化学两方面因素的限制，为了最大限度地提高测定的准确度，首先应选择比较好的单色器，其次还应将入射波长选定在待测物质的最大吸收波长且吸收曲线较平坦处。另外测定溶液应控制在 $c < 10^{-2} \text{mol/L}$ 的浓度范围。

三、吸收光谱曲线

1. 物质对光的选择性吸收

(1) 物质对光的吸收具有选择性　物质对光的吸收是物质和光能相互作用的一种形式。由于光的波粒二象性，只有当入射光的能量同吸光物质的基态和激发态能量差相等时才会被吸收，而物质的基态和激发态是由物质的原子构成和原子间相互作用决定的，不同物质的能态不同，对光的选择性吸收也就不一样。所以物质对光具有选择吸收性，可从以下公式进行理解：

$$\Delta E = \frac{hc}{\lambda}$$

式中　ΔE——基态与激发态的能量差，eV；

h——普朗克常数，6.626×10^{-34} J·s；

c——光速，真空中约为 3×10^{10} cm/s；

λ——波长，nm。

不同物质分子内部结构不同，分子结构的复杂性使其对不同波长光的吸收程度不同。

(2) 物质颜色的产生　光是一种能量形式，常见的白光是由不同波长光混合而成的。在一定波长可见光之间存在着对应的互补关系。当物质选择性地吸收了白光中某种波长光时，它就会呈现出与之互补的那种光的颜色。当溶液对可见光区各波长的光都不吸收时，该溶液呈透明无色；当溶液对可见光区各波长的光全部吸收了，该溶液呈黑色。各种物质呈现不同的颜色正是选择性吸收不同波长光造成的。

例如，当用一束白光照射 $CuSO_4$ 溶液时，该溶液选择性地吸收了白光中的黄色光，其他的色光两两互补成白光通过，只剩下蓝色未被互补，所以 $CuSO_4$ 溶液呈现蓝色。

2. 吸收光谱曲线

从物质的颜色可以初步判断物质对某种色光有选择性吸收，但要更准确地描述说明对光的选择性吸收则必须用吸收光谱曲线来描述。

吸收光谱曲线的绘制方法是：将某一固定浓度和厚度的溶液在不同波长的光下测定其吸光度，然后以波长对吸光度作图，画出的曲线即为该物质的吸收光谱曲线。

吸收光谱曲线的绘制方法主要有以下 3 种。

(1) 手动描绘　即在直角坐标纸上作图，以波长为横坐标、吸光度为纵坐标作图。此为常规方法，较简单，在此不作详细描述。

(2) 用数据处理软件　随着电脑技术的飞速发展，人们越来越趋向于用化学数据处理软件来绘制。常用的数据处理软件有 Excel 和 Origin（有 Origin 5.0、6.0、7.0 等版本）。下面以 Fe^{2+}-邻二氮菲体系（邻二氮菲，也称邻菲啰啉）为例说明如何使用 Origin 7.0 数据处理软件来描绘吸收曲线。

【例 2-2】　Fe^{2+}-邻二氮菲体系在不同波长下的测得的吸光度值如下表，用 Origin 7.0 绘制吸收光谱曲线。

波长/nm	400	420	440	460	480	500	505	510	515
吸光度	0.290	0.350	0.440	0.510	0.565	0.590	0.598	0.605	0.585
波长/nm	520	530	540	560	580	600	620	640	660
吸光度	0.550	0.392	0.280	0.125	0.071	0.029	0.020	0.010	0.007

绘制步骤如下所述。

① 打开 Origin 7.0 软件，在 Worksheet 窗口中直接输入上表数据。

② 按住鼠标左键拖动选定这两列数据，用左下角的绘图按钮 ![按钮]，任意一个就可以绘制简单的图形（常用 ![按钮]）。

③ 再对图形进行适当的修改。

a. 修改横坐标和纵坐标名称和单位　直接双击坐标名称，在弹出的对话框中将横坐标改为波长（nm），将纵坐标改为吸光度。

b. 修改横坐标的坐标范围、坐标字体大小、坐标刻度线大小　双击坐标的数字，在弹出的对话框中作适当修改。

c. 对曲线的显示形式做修改　双击曲线，在弹出的对话框中的点 "line" 选项，在 Connect 项下拉框中选择 "B-Spline" 即可得到圆滑的曲线（图 2-12）。

④ 最后将其复制到 Word 文档中保存（图 2-13）。

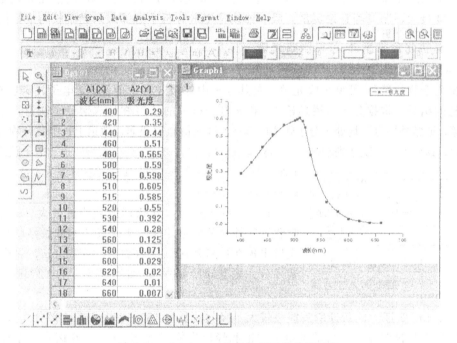

图 2-12　Origin 7.0 软件绘制吸收曲线示意

（3）用仪器自带软件进行光谱扫描　如北京普析通用仪器 T6 及 TU-1901/1900 系列紫外-可见分光光度计均配有相应的软件系统 "UVWin"。用仪器自带软件进行光谱扫描，方便快捷。图 2-14 为 TU-1901 双光束紫外-可见分光光度计扫描得到的光谱吸收曲线。

吸收光谱曲线有以下几个特点。

① 同一种物质对不同波长光的吸光度不同。吸光度最大处对应的波长称为最大吸收波长 λ_{max}。

② 不同浓度的同一种物质，其吸收曲线形状相似、λ_{max} 不变。而对于不同物质，它们的吸收曲线形状和

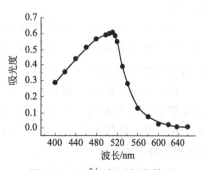

图 2-13　Fe^{2+}-邻二氮菲体系的光谱吸收曲线

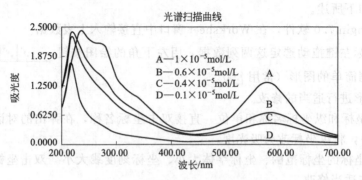

图 2-14 活性蓝溶液的光谱吸收曲线

λ_{max} 则不同。

③ 吸收光谱曲线可以提供物质的结构信息，并作为物质定性分析的依据之一。

④ 不同浓度的同一种物质，在某一定波长下吸光度 A 有差异，在 λ_{max} 处吸光度随浓度变化的幅度最大，所以测定最灵敏。吸收曲线是定量分析中选择入射光波长的重要依据。

四、有机化合物紫外-可见吸收光谱

1. 紫外-可见吸收光谱

有机化合物的紫外-可见吸收光谱，是其分子中外层 3 种价电子（σ电子、π电子、n电子）跃迁的结果。根据分子轨道理论，σ和π电子所占的轨道称为成键分子轨道，n 为非键分子轨道，通常外层电子均处于分子轨道的基态，即成键轨道或非键轨道上；当化合物分子吸收光辐射后，这些价电子跃迁到较高能量的轨道（液发态），即 σ*、π* 反键轨道。电子跃迁主要有

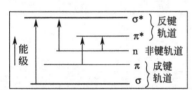

图 2-15 电子能级跃迁示意

4 种（图 2-15），其所需能量 ΔE 大小顺序为：n→π* ＜π→π*→n→σ* ＜σ→σ*。

（1）σ→σ* 跃迁 此跃迁所需能量最大。σ电子只有吸收远紫外光的能量才能发生跃迁。饱和烷烃的分子吸收光谱出现在远紫外区（吸收波长 λ＜200nm，只能被真空紫外分光光度计检测到）。如甲烷的 λ 为 125nm，乙烷的 λ_{max} 为 135nm。

（2）n→σ* 跃迁 此跃迁所需能量较大。吸收波长为 150～250nm，大部分在远紫外区，近紫外区仍不易被观察到。含非键电子的饱和烃衍生物（含 N、O、S 和卤素等杂原子）均呈现 n→σ* 跃迁。如一氯甲烷、甲醇、三甲基胺 n→σ* 跃迁的 λ 分别为 173nm、183nm 和 227nm。

（3）π→π* 跃迁 此跃迁所需能量较小。吸收波长处于远紫外区的近紫外端或近紫外区，摩尔吸光系数 ε_{max} 一般在 10^4 L/(mol·cm) 以上，属于强吸收。不饱和烃、共轭烯烃和芳香烃类均可发生该类跃迁，如：乙烯 π→π* 跃迁的 λ 为 162nm。

（4）n→π* 跃迁 此跃迁需能量最低，吸收波长 λ＞200nm。这类跃迁在跃迁规律上属于禁阻跃迁，摩尔吸光系数一般为 10～100L/(mol·cm)，吸收谱带强度较弱。分子中孤对电子和π键同时存在时发生 n→π* 跃迁。丙酮 n→π* 跃迁的 λ 为 275nm，ε_{max} 为 22L/(mol·cm)（溶剂为环己烷）。

2. 紫外吸收光谱常用术语

（1）生色团与助色团 最常用的紫外-可见光谱是由 π→π* 和 n→π* 跃迁产生的。这两

种跃迁均要求有机物分子中含有不饱和基团。这类含有 π 键的不饱和基团称为生色团。简单的生色团由双键或叁键体系组成，如乙烯基、羰基、亚硝基、偶氮基（—N＝N—）、乙炔基、氰基（—C≡N）等。

有一些含有 n 电子的基团（如—OH、—OR、—NH$_2$、—NHR、—X 等），它们本身没有生色功能（不能吸收 $\lambda > 200$nm 的光），但当它们与生色团相连时，就会发生 n-π* 共轭作用，增强生色团的生色能力（吸收波长向长波方向移动，且吸收强度增加），这样的基团称为助色团。

（2）红移与蓝移　有机化合物的吸收谱带常常因引入取代基或改变溶剂使最大吸收波长 λ_{max} 和吸收强度发生变化，λ_{max} 向长波方向移动称为红移，向短波方向移动称为蓝移。吸收强度即摩尔吸光系数 ε 增大或减小的现象分别称为增色效应或减色效应。

（3）溶剂效应　由于溶剂的极性不同引起某些化合物的 λ_{max}、强度及峰形产生变化，这种现象称为溶剂效应。一般溶剂效应有以下的规则：当溶剂由非极性变为极性时，对于 n→π* 跃迁类型的化合物，吸收产生蓝移，并且吸收强度增大。对于 π→π* 跃迁类型的化合物，吸收产生红移，并且吸收强度减弱。

3. 常见有机化合物的紫外吸收光谱

有机物的紫外-可见吸收光谱的一般规律如下所述。

① 若在 200～750nm 波长范围内无吸收峰，则可能是直链烷烃、环烷烃、饱和脂肪族化合物或仅含一个双键的烯烃等。

② 若在 270～350nm 波长范围内有低强度吸收峰，$\varepsilon = 10 \sim 100$L/(mol·cm)，则是 n→π* 跃迁，可能含有一个简单非共轭且含有 n 电子的生色团，如羰基。

③ 若在 250～300nm 波长范围内有中等强度的吸收峰则可能含苯环。

④ 若在 210～250nm 波长范围内有强吸收峰，则可能含有 2 个共轭双键；若在 260～300nm 波长范围内有强吸收峰，则说明该有机物含有 3 个或 3 个以上共轭双键。

⑤ 若该有机物的吸收峰延伸至可见光区，则该有机物可能是长链共轭或稠环化合物。

五、无机化合物紫外-可见吸收光谱

无机化合物（主要是金属配合物）的紫外-可见吸收光谱产生机理主要有 3 种类型。

1. 配位体微扰的金属离子 d-d 电子跃迁和 f-f 电子跃迁

在配体的作用下过渡金属离子的 d 轨道和镧系、锕系的 f 轨道能级发生分裂，吸收辐射后，产生 d-d、f-f 跃迁。这类跃迁必须在配体的配位场作用下才可能产生，所以也称为配位场跃迁。这类跃迁摩尔吸收系数 ε 很小，对定量分析意义不大。

2. 金属离子微扰的配位体内电子跃迁

金属离子的微扰，将引起配位体吸收波长和强度的变化。变化与成键性质有关，若静电引力结合，变化一般很小。若共价键和配位键结合，则变化非常明显。

3. 电荷迁移跃迁

当吸收紫外可见辐射后，分子中原定域在金属 M 轨道上的电子迁移到配位体 L 的轨道，或按相反方向迁移，这种跃迁称为电荷迁移跃迁，所产生的吸收光谱称为荷移光谱。

荷移光谱最大的特点是摩尔吸光系数一般都较大 [$\varepsilon > 10^4$L(mol·cm)]，因此许多"显色反应"应用这类谱带进行定量分析，以提高检测灵敏度。

例如，Fe^{3+} 与 SCN^- 形成血红色配合物，在 490nm 处有强吸收峰。其实质是发生了如下反应：

$$[Fe^{3+}+SCN^-]+h\nu ===[FeSCN]^{2+}$$

第三节　分光光度法测量条件的选择

利用分光光度法进行分析，关键是要准确测量吸光物质的吸光度。测量吸光度准确度往往受多方面因素影响。如仪器方面包括波长准确度、吸收池性能、入射光波长、测量的吸光度范围；溶液方面包括测量组分的浓度范围、参比溶液选择等都会对分析结果的准确度产生影响，必须加以控制。

一、波长

为了提高测定灵敏度，一般应选择吸光物质的最大吸收波长 λ_{max} 作为入射光波长，我们可以通过待测物质的吸收光谱曲线来选择；同时，从吸收光谱曲线可以发现，在 λ_{max} 附近波长的稍许偏移引起的吸光度的变化较小，可得到较好的测量精度。

但是，若 λ_{max} 不在仪器可测范围内，或在最大吸收波长附近若有干扰存在（如共存离子或所使用试剂有吸收），则在保证有一定灵敏度情况下，可以选择吸收曲线中其他波长进行测定（应选曲线较平坦处且具有一定灵敏度即 ε 较大所对应的波长），以消除干扰。

二、吸光度范围

任何类型的分光光度计都有一定的测量误差。在分光光度计中，透射比的标尺是均匀的，吸光度与透射比为负对数关系，所以吸光度的标尺刻度是不均匀的。因此，对于同一台仪器，读数的波动对透射比来说应基本为一定值，而对吸光度来说它的读数则不再为定值。由分光光度计读数标尺上吸光度与透射比的关系可以看出，吸光度越大读数波动所引起的吸光度误差也越大。

根据朗伯-比尔定律，则：　　　　　　　$-\lg T=\varepsilon bc$

将上式微分后，经整理可得：

$$\frac{\Delta c}{c}=\frac{0.0434}{T\lg T}\times \Delta T \tag{2-7}$$

从表 2-4 可知：一般适宜的吸光度范围是 $A=0.155\sim 1.000$，即 $T=70\%\sim 10\%$（有的文献也表示为 $A=0.2\sim 0.8$ 的）。$A=0.434$ 时，误差最小。

表 2-4　不同 T（或 A）时的浓度相对误差（设 $\Delta T=\pm 0.5\%$）

$T/\%$	A	$\frac{\Delta c}{c}/\%$	$T/\%$	A	$\frac{\Delta c}{c}/\%$
95	0.022	± 10.2	40	0.399	± 1.36
90	0.046	± 5.3	30	0.523	± 1.38
80	0.097	± 2.8	20	0.699	± 1.55
70	0.155	± 2.0	10	1.000	± 2.17
60	0.222	± 1.63	3	1.523	± 4.75
50	0.301	± 1.44	2	1.699	± 6.38

在实际工作中，可以通过调节被测溶液的浓度（如改变取样量，或改变溶液体积）、使用厚度不同的吸收池来调整待测溶液吸光度，使其在适宜的吸光度范围内。

三、反应条件

1. 显色剂

能与无色物质反应并将其转化成有色物质的试剂称为显色剂。显色剂主要有无机显色剂和有机显色剂两大类。

（1）无机显色剂　许多无机显色剂能与金属离子发生显色反应，但由于灵敏度不高、选择性较差等原因，具有实用价值的并不多。常用的无机显色剂主要有：硫氰酸盐、钼酸铵、氨水以及过氧化氢等。

（2）有机显色剂　有机显色剂与金属离子形成的配合物的稳定性、灵敏度和选择性都比较高，而且有机显色剂的种类较多，实际应用广，表 2-5 是一些常用的有机显色剂。

表 2-5　几种常用的有机显色剂

显色剂	测定元素	反应介质	λ_{max}/nm	ε_{max}/[L/(mol·cm)]
磺基水杨酸	Fe^{2+}	pH 为 2~3	520	1.6×10^3
邻二氮菲	Fe^{2+} Cu^+	pH 为 3~9	510 435	1.1×10^4 7.0×10^3
丁二酮肟	$Ni(IV)$	氧化剂存在、碱性	470	1.3×10^4
1-亚硝基-2-苯酚	Co^{2+}		415	2.9×10^4
钴试剂	Co^{2+}		570	1.13×10^5
双硫腙	Cu^{2+}、Pb^{2+}、Zn^{2+}、Cd^{2+}、Hg^{2+}	不同酸度	490~550 (Pb 520)	$4.5\times10^4\sim3\times10^4$ (Pb 6.8×10^4)
偶氮砷（III）	Th（IV）、Zr（IV）、La^{3+}、Ce^{4+}、Ca^{2+}、Pb^{2+}	强酸至弱酸介质	665~675 (Th 665)	$1.0\times10^4\sim1.3\times10^5$ (Th 1.3×10^5)
RAR（吡啶偶氮间苯二酚）	Co、Pd、Nb、Ta、Th、In、Mn	不同酸度	Nb 550	Nb 3.6×10^4
二甲酚橙	Zr（IV）、Hf（IV）、Nb（V）、UO_2^{2+}、Bi^{3+}、Pb^{2+}	不同酸度	530~580 (Hf 530)	$1.6\times10^4\sim5.5\times10^4$ (Hf 4.7×10^4)
铬天菁 S	Al	pH 为 5~5.8	530	5.9×10^4
结晶紫	Ca	7mol/L 盐酸、$CHCl_3$-丙酮萃取		5.4×10^4
罗丹明 B	Ca、Tl	6mol/L 盐酸、苯萃取，1mol/L HBr 异丙醚萃取		6×10^4，1.0×10^5
孔雀绿	Ca	6mol/L 盐酸、C_6H_5Cl-CCl_4 萃取		9.9×10^4
亮绿	Tl、B	0.01~0.1mol/L HBr 乙酸乙酯，萃取，pH 为 3.5 的苯萃取		7.0×10^4，5.2×10^4

由于一种显色剂可以与几种物质显色，而一种物质又可与几种显色剂显色，因此在选择显色剂时一般应遵循以下几条原则。

① 显色反应的灵敏度要高。即生成有色物质的摩尔吸光系数 ε 值要大。一般要求 $\varepsilon > 10^4$ L/(mol·cm)。

② 显色剂选择性要好。即要求它的干扰少、对比度（显色剂与显色后的有色物质最大吸收波长的差值）$\Delta\lambda > 60$nm。

③ 生成的有色化合物的化学性质稳定，测量过程中应保持吸光度基本不变，否则将影响吸光度测定的准确度及再现性。

④ 生成的有色化合物组成要恒定。例如测铁时，用邻二氮菲为显色剂生成的配位化合物组成恒定，但用硫氰酸盐为显色剂的配位化合物组成不恒定。

⑤ 显色条件要易于控制，以保证其有较好的再现性。

此外，对于一种被测金属离子，可选用两种或两种以上的配位体（即显色剂）与被测离子形成三元或多元配合物，以提高显色反应的灵敏度、选择性以及有色化合物的稳定性。

2. 显色剂用量

若 M 为待测物质，R 为显色剂，MR 为反应生成的有色配位化合物，则显色反应可以用下式表示：

$$M + R \rightleftharpoons MR$$

从反应平衡角度上来看，加入过量显色剂显然能保证反应进行完全，但过量太多也会带来副作用。例如增加了空白溶液的颜色，生成的配位化合物的组成改变等。因此显色剂一般应适当过量。在具体工作中，显色剂的用量究竟应为多少，这需要用实验来确定，即通过作所谓的 "$A\text{-}c_R$" 曲线的方法来求得显色剂的适宜用量，如图 2-16 所示。

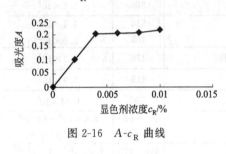

图 2-16 $A\text{-}c_R$ 曲线

3. 溶液的酸度（pH）

酸度是显色反应的重要条件，它对显色反应的影响主要有下面几方面。

① 许多显色剂都是有机弱酸或有机弱碱，溶液的酸度会直接影响显色剂的解离程度（例如二甲酚橙）。

② 对某些能形成逐级配合物的显色反应，产物的组成会随介质酸度的改变而改变，从而影响溶液的颜色。

③ 某些金属离子会随着溶液酸度的降低而发生水解，甚至产生沉淀，使稳定性较低的有色配合物解离。

显色反应适宜的酸度必须通过实验来确定。其方法是：固定待测组分及显色剂浓度，改变溶液 pH，制得数个显色液。在相同测定条件下分别测定其吸光度，作出 $A\text{-pH}$ 关系曲线，如图 2-17 所示。选择曲线平坦部分对应的 pH 作为显色反应适宜的酸度范围。

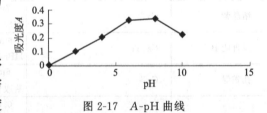

图 2-17 $A\text{-pH}$ 曲线

4. 显色温度

不同的显色反应对温度的要求不同。大多数显色反应是在常温下进行的，但有些反应需要加热，有些显色剂或有色配合物在较高温度下易分解褪色。此外温度对光的吸收及颜色深浅也有影响，所以绘制标准曲线和进行样品测定时应该要求标准溶液和被测溶液在测定过程中温度一致。

5. 显色时间

在显色反应中应该从两个方面考虑时间的影响。一是显色反应有快慢，显色反应完成所需的时间，称为 "显色（或发色）时间"；二是有的有色配合物容易褪色，显色后有色物质色泽保持稳定的时间，称为 "稳定时间"。

因此不同的显色反应需放置不同的时间，并在一定的时间范围内进行比色测定。对于不同显色反应，必须通过实验，做出一定温度（一般是室温）下的吸光度 $A\text{-}t$ 关系曲线，选择适宜的显色时间与稳定时间。

6. 溶剂

溶剂选择的原则：不与被测组分发生化学反应；所选溶剂在测定波长范围内无明显吸收；对被测组分有较好的溶解能力等。

有机溶剂常常可以降低有色物质的离解度，从而提高显色反应的灵敏度。此外，有机溶剂还可以提高显色反应的速度，影响有色配合物的溶解度和组成等。因此，利用选择合适的有机溶剂，可以提高方法灵敏度和选择性。

7. 共存离子的干扰

分光光度法中共存离子的干扰主要有以下几种情况。

① 共存离子本身具有颜色。如 Fe^{3+}、Co^{2+}、Ni^{2+}、Cu^{2+}、Cr^{3+} 等的存在影响被测离子的测定。

② 共存离子与显色剂反应，生成更稳定的配合物，消耗了大量的显色剂，使显色剂的浓度降低，致使显色剂与被测离子的显色反应不完全，导致测量结果偏低。

③ 共存离子与显色剂反应生成有色化合物或沉淀，致使测量结果偏高。

四、参比溶液的选择

测定试样溶液的吸光度，需先用参比溶液调节透光度（吸光度为 0）为 100%，以消除其他成分及吸收池和溶剂等对光的反射和吸收带来的测定误差。

参比溶液的选择原则是使试液的吸光度真正反映待测物的浓度，具体有以下几种。

1. 溶剂参比

当试样溶液的组成比较简单，共存的其他组分及外加试剂对测定波长的光几乎没有吸收，可采用溶剂作参比溶液，这样可以消除溶剂、吸收池等因素的影响。

2. 试剂参比

如果显色剂或其他外加试剂在测定波长有吸收，但试样溶液的其他共存组分对测定波长的光几乎没有吸收，此时应采用试剂参比溶液，即空白液为参比溶液，这种参比溶液可消除外加试剂中的组分产生的影响。

3. 试液参比

如果试样中其他共存组分有吸收，但不与显色剂反应，且外加试剂在测定波长无吸收时，可用试样溶液作参比溶液。这种参比溶液可以消除试样中其他共存组分的影响。

4. 褪色参比

如果外加试剂及试样中其他共存组分有吸收，这时可以在显色液中加入某种褪色剂，选择性地与被测离子配位（或改变其价态），生成稳定无色的配合物，使已显色的产物褪色，用此溶液作参比溶液，称为褪色参比溶液。

总之，选择参比溶液时，应尽可能全部考虑各种共存有色物质的干扰，使试液的吸光度真正反映待测物的浓度。

五、干扰及消除方法

干扰的存在给测量带来误差。为了获得准确的结果，需要采取适当的措施来消除这些影响结果准确度的因素。消除干扰的方法很多，下面仅介绍几种常用方法，以便在实际工作中选择使用。

1. 控制酸度

可以通过控制酸度来提高反应的选择性。这是消除共存离子干扰的一种简便而重要的方法。控制酸度使待测离子显色，而干扰离子不生成有色化合物。

2. 加入掩蔽剂

加入掩蔽剂使其只与干扰离子反应，生成不干扰测定的配合物。

3. 改变干扰离子价态

利用氧化还原反应改变干扰离子价态，使干扰离子不与显色剂反应，以消除共存组分的干扰。

4. 改变测定波长

在一般情况下，我们选用待测吸光物质的最大吸收波长作为入射光波长。但是，如果最大吸收峰附近有干扰存在（如共存离子或所使用试剂有吸收），则在保证有一定灵敏度情况下，可以选择吸收曲线中其他波长进行测定，以消除干扰。

5. 选择合适的参比溶液

6. 分离干扰离子

第四节　紫外-可见吸收光谱法的定性、定量方法

紫外-可见分光光度法是一类较为成熟的仪器分析方法，它不仅可以用于对物质的定性分析，也可以用于对物质的定量分析，而且其最广泛和最重要的用途是作微量成分的定量分析。

一、定性方法

用紫外-可见吸收光谱法来进行定性，主要是根据该物质的吸收光谱特征，包括光谱吸收曲线的形状、最大吸收波长 λ_{max} 及吸收系数 ε_{max} 等。

由于紫外-可见光区的吸收光谱比较简单，特征性不强，紫外-可见吸收光谱法的定性分析有一定的局限性。无机物一般不用该方法定性分析，而主要是用发射光谱来进行定性分析。

有机化合物的紫外吸收光谱，只反映结构中生色团和助色团的特性，不完全反映分子特性。若在相同的条件下，未知物与已知物的光谱吸收曲线的形状、最大吸收波长 λ_{max} 及对应 ε_{max} 都相同，则可以认为未知物与已知物有相同的生色基团。要准确定性还要与其他方法联合起来。

二、定量方法

紫外可见分光光度法的最重要的用途是进行定量分析。其定量分析的依据是朗伯-比尔定律，即物质在一定波长处的吸光度与它的浓度是线性关系的。下面分别介绍单组分和多组分的定量方法。

1. 单组分样品的定量方法

（1）标准曲线法　标准曲线法又称工作曲线法，它是实际工作中使用最多的一种定量方法。工作曲线的绘制方法步骤如下所述。

① 配制标准系列溶液：配制 4 份以上浓度不同的待测组分的标准溶液。

② 测定吸光度：以空白溶液为参比溶液，在选定的波长下，分别测定各标准溶液的吸光度。

③ 作图：以标准溶液浓度为横坐标、吸光度为纵坐标，在坐标纸上绘制曲线，所得曲线即为标准曲线。

实际工作中，为了避免使用时出差错，在所做的工作曲线上还必须标明标准曲线的名称、所用标准溶液名称和浓度、坐标分度和单位、测量条件（仪器型号、入射光波长、吸收池厚度、参比液名称）以及制作日期和制作者姓名。

④ 按与配制标准溶液相同的方法配制待测试液，在相同测量条件下测量试液的吸光度，然后在工作曲线上查出待测试液浓度。

标准曲线的绘制方法除了手工绘制外，还可以使用计算机软件来绘制。

【**例 2-3**】　用 Origin 对下表的数据进行工作曲线的绘制。

浓度/(μg/mL)	0	2	4	6	8	10
吸光度	0	0.221	0.452	0.675	0.891	1.112

① 打开 Origin 7.0 软件，在 Worksheet 窗口中直接输入上表数据。

② 按住鼠标左键拖动选定这两列数据，单击左下角的绘图按钮 任意一个，就可以绘制简单的图形，通常选择 绘制点散图。

③ 再对图形进行适当的修改。

a. 修改横坐标和纵坐标名称和单位：双击坐标名称，在弹出的对话框中将横坐标改为浓度（μg/mL），将纵坐标改为吸光度。

b. 修改横坐标的坐标范围、坐标字体大小、坐标刻度线大小：双击坐标的数字，在弹出的对话框中修改。

c. 对曲线进行线性回归分析：执行 [Analysis]/[Fit linear] 菜单命令，即可得到回归直线，如图 2-18 所示。

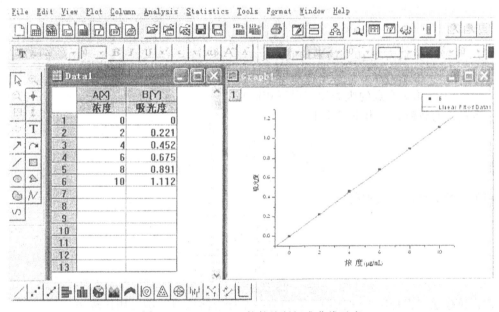

图 2-18　Origin 7.0 软件绘制标准曲线示意

从弹出的 [Results Log] 窗口中可看到如下线性回归的结果：

Linear Regression for Data1 _ B：

$Y = A + B * X$

Parameter Value Error

A　　　0.00186　　0.00319

B　　　0.11133　　5.27605E-4

R　　　　SD　　　　N　　　P

0.99996　0.00441　　6　　<0.0001

从线性回归的结果可看到，本实验的直线方程为 $Y = 0.00186 + 0.11133X$，斜率为

0.11133，相关系数为 0.99996。相关系数的绝对值越接近 1，说明实验点越接近线性。一般要求所作工作曲线的相关系数 r 要大于 0.999。

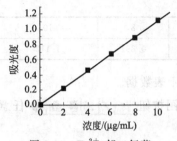

图 2-19 Fe^{2+}-邻二氮菲
体系的标准曲线

④ 最后将该直线复制到 Word 文档中保存（图 2-19）。

为保证测定准确度，标准曲线法要求标样与试样溶液的组成保持一致，待测试液的浓度应在工作曲线线性范围内，最好在工作曲线中部。此方法适用于对大批量样品的分析。

除了用软件可方便快速地求出直线回归方程外，还可用最小二乘法来确定直线回归方程。最小二乘法的方法原理如下所述。

设工作曲线的回归方程为：

$$y = a + bx \tag{2-8}$$

式中 x——标准溶液的浓度；

      y——相应的吸光度。

b 为直线斜率，可由下式求出：

$$b = \frac{\sum\limits_{i=1}^{n}(x_i - \bar{x})(y_i - \bar{y})}{\sum\limits_{i=1}^{n}(x_i - \bar{x})^2} \tag{2-9}$$

式中 $\bar{x}$，$\bar{y}$——分别为 x 和 y 的平均值；

      x_i——第 i 个点的标准溶液的浓度；

      y_i——第 i 个点的吸光度（以下相同）。

a 为直线的截距，可由下式求出：

$$a = \frac{\sum\limits_{i=1}^{n}y_i - b\sum\limits_{i=1}^{n}x_i}{n} = \bar{y} - b\bar{x} \tag{2-10}$$

相关系数 r 可用下式求得：

$$r = b\sqrt{\frac{\sum\limits_{i=1}^{n}(x_i - \bar{x})^2}{\sum\limits_{i=1}^{n}(y_i - \bar{y})^2}} \tag{2-11}$$

（2）比较法   在标准曲线法中，若只有一个标准溶液时，则可用比较法。

$$c_x = \frac{A_x}{A_s} \times c_s \tag{2-12}$$

式中 c_s，A_s——标准溶液的浓度和吸光度；

      c_x，A_x——未知试液的溶液和吸光度。

使用比较法要求：c_x 与 c_s 浓度应接近，且都符合吸收定律。此方法适于对个别样品的测定。

2. 多组分样品的定量方法

多组分是指在被测溶液中含有两个或两个以上的吸光组分。根据其吸收峰的互相干扰情况，分为 3 种，如图 2-20 所示。

若各组分的吸收曲线互不重叠或部分重叠，但在各自最大吸收波长处另一种组分没有干扰时 [图 2-20(a)、(b)]，可按单一组分的方法测定各组的含量。

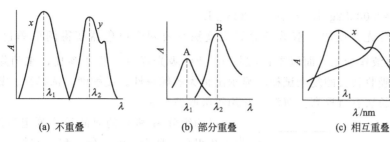

(a) 不重叠　　　　　(b) 部分重叠　　　　　(c) 相互重叠

图 2-20　混合物的吸收光谱

若各组分的吸收曲线相互有重叠 [图 2-20(c)]，有多种方法测定各组分的含量。

(1) 解联立方程组　可选定两个波长 λ_1 和 λ_2 并分别在 λ_1 和 λ_2 处测定吸光度 A^{λ_1} 和 A^{λ_2}，则可根据吸光度的加和性求解联立方程组得出各组分的含量。

$$\begin{cases} A^{\lambda_1} = \varepsilon_A^{\lambda_1} bc_A + \varepsilon_B^{\lambda_1} bc_B \\ A^{\lambda_2} = \varepsilon_A^{\lambda_2} bc_A + \varepsilon_B^{\lambda_2} bc_B \end{cases} \tag{2-13}$$

式中　c_A，c_B——A 组分和 B 组分的浓度；

　　　$\varepsilon_A^{\lambda_1}$，$\varepsilon_B^{\lambda_1}$——A 组分和 B 组分在波长 λ_1 处的摩尔吸光系数；

　　　$\varepsilon_A^{\lambda_2}$，$\varepsilon_B^{\lambda_2}$——A 组分和 B 组分在波长 λ_2 处的摩尔吸光系数。

$\varepsilon_A^{\lambda_1}$、$\varepsilon_B^{\lambda_1}$、$\varepsilon_A^{\lambda_2}$、$\varepsilon_B^{\lambda_2}$ 可以用 A、B 的标准溶液分别在 λ_1 和 λ_2 处测定吸光度后计算求得。将 $\varepsilon_A^{\lambda_1}$、$\varepsilon_B^{\lambda_1}$、$\varepsilon_A^{\lambda_2}$、$\varepsilon_B^{\lambda_2}$ 代入方程组，可得两组分的浓度。

很明显，如果有 n 个组分相互重叠，就必须在 n 个波长处测其吸光度的加和值，然后解 n 元一次方程，才能分别求出各组分的含量。但组分数 $n>3$ 结果误差增大。

【例 2-4】　测定某溶液中含有微量铬和锰，现使用紫外-可见分光光度法测定这两种金属的含量（使用 2.0cm 吸收池），实验测定数据如下所示：

溶　液	$c/(g/L)$	A_1(440nm)	A_2(540nm)
Mn 的标准溶液	0.0100	0.032	0.780
Cr 的标准溶液	0.0500	0.380	0.011
试液		0.184	0.302

解　根据朗伯-比尔定律，计算各自的吸光系数：

$$a_{Mn}^{440} = A_1/(bc_{Mn}) = \frac{0.032}{2 \times 0.0100} = 1.6 \ [L/(g \cdot cm)]$$

$$a_{Mn}^{540} = A_2/(bc_{Mn}) = \frac{0.780}{2 \times 0.0100} = 39 \ [L/(g \cdot cm)]$$

$$a_{Cr}^{440} = A_1/(bc_{Cr}) = \frac{0.380}{2 \times 0.0500} = 3.8 \ [L/(g \cdot cm)]$$

$$a_{Cr}^{540} = A_2/(bc_{Cr}) = \frac{0.011}{2 \times 0.0500} = 0.11 \ [L/(g \cdot cm)]$$

再根据吸光度的加和性列出如下方程组：

$$\begin{cases} A_1^{440} = a_{Mn}^{440} bc_{Mn} + a_{Cr}^{440} bc_{Cr} \\ A_2^{540} = a_{Mn}^{540} bc_{Mn} + a_{Cr}^{540} bc_{Cr} \end{cases}$$

代入数据得：

$$\begin{cases} 0.184 = 1.6 bc_{Mn} + 3.8 bc_{Cr} \\ 0.302 = 39 bc_{Mn} + 0.11 bc_{Cr} \end{cases}$$

解得 $c_{Mn}=0.00382g/L$ $c_{Cr}=0.0226g/L$

(2)双波长分光光度法 双波长分光光度法需要两个单色器获得两束单色光（λ_1 和 λ_2），不需空白溶液作参比，而以参比波长 λ_1 处的吸光度 A^{λ_1} 作为参比，来消除干扰。在分析浑浊或背景吸收较大的复杂试样时显示出很大的优越性。灵敏度、选择性、测量精密度等方面都比单波长法有所提高。双波长常用等吸收波长法。

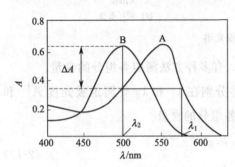

图 2-21 双波长法测定示意

以两组分 A 和 B 的双波长法测定为例。设：A 为干扰组分，B 为待测组分，测定波长 λ_2 应选择被测组分 y 的吸收峰处，而参比波长 λ_1 的选择，应使波长 λ_1 和 λ_2 处干扰组分具有相同吸光度（即 $A_A^{\lambda_1}=A_A^{\lambda_2}$）。可采用作图法选择符合上述两个条件的波长组合（图 2-21）。

根据吸光度的加和性有：

$$A^{\lambda_1}=A_A^{\lambda_1}+A_B^{\lambda_1}$$
$$A^{\lambda_2}=A_A^{\lambda_2}+A_B^{\lambda_2}$$

双波长分光光度计的输出信号为：

$$\Delta A=A^{\lambda_2}-A^{\lambda_1}=(A_A^{\lambda_2}+A_B^{\lambda_2})-(A_A^{\lambda_1}+A_B^{\lambda_1})$$

由于 $A_A^{\lambda_1}=A_A^{\lambda_2}$，所以：

$$\Delta A=A_B^{\lambda_2}-A_B^{\lambda_1}=(\varepsilon_B^{\lambda_2}-\varepsilon_B^{\lambda_1})bc_B$$

由此可见，测得的吸光度差 ΔA 只与待测组分 B 的浓度呈线性关系，而与干扰组分 A 无关。若 B 为干扰组分，则也可用同样的方法测定 A 组分。

3. 高含量组分的测定（示差法）

普通分光光度法一般只适于测定微量组分，当待测组分含量较高时，将产生较大的误差。需采用示差法（又称示差分光光度法），即提高入射光强度，并采用浓度稍低于待测溶液浓度的标准溶液作参比溶液。

设待测溶液浓度为 c_x，标准溶液浓度为 $c_s(c_s<c_x)$，则有：

$$A_x=\varepsilon bc_x$$
$$A_s=\varepsilon bc_s$$
$$\Delta A=A_x-A_s=\varepsilon b(c_x-c_s)=\varepsilon b\Delta c \tag{2-14}$$

测得的吸光度相当于普通法中待测溶液与标准溶液的吸光度之差 ΔA。

示差法测得的吸光度与 Δc 呈直线关系。由标准曲线上查得相应的 Δc 值，则待测溶液浓度 c_x：

$$c_x=c_s+\Delta c$$

示差法标尺扩展原理：在普通法中，以空白溶液作参比，测出浓度为 c_s 的标准溶液 $T=10\%$，浓度为 c_x 的试液 $T=5\%$。用示差法，以浓度为 c_s 的标准溶液作参比，调 $T=100\%$，此时测得试液的 $T=50\%$，标尺扩展了 10 倍，使吸光度的读数落入适宜范围内，提高了测定的准确度（图 2-22）。

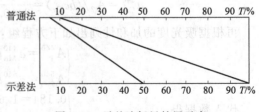

图 2-22 示差法标尺扩展示意

第五节　紫外-可见分光光度计的日常维护

世界上第一台紫外可见分光光度计，于 1940 年由美国的 Beckman 公司研制成功，并于 1945 年正式推出商品仪器。随着科学技术的发展，紫外-可见分光光度计的发展非常快。目前，已是世界上使用最多、覆盖面最广的一种分析仪器。

一、日常维护

分析仪器工作者要懂得仪器的日常维护和对主要技术指标的简易测试方法，自己经常对仪器进行维护和测试，以保证仪器工作在最佳状态。

① 保证良好的使用环境。

a. 注意温度、湿度，定期更换干燥剂　温度和湿度是影响仪器性能的重要因素。它们可以引起机械部件的锈蚀，产生光能不足、杂散光、噪声等，甚至使仪器停止工作，从而影响仪器寿命。

b. 保持仪器内外洁净，防止腐蚀　环境中的尘埃和腐蚀性气体亦可以影响机械系统的灵活性，降低各种限位开关、按键、光电耦合器的可靠性，也是造成光学部件铝膜锈蚀的原因之一。因此必须定期清洁，保障环境和仪器室内卫生条件，并作防尘处理。

c. 稳定的 220V 电源（最好有稳压电源），这样可以保证仪器的正常使用。

② 仪器专人使用，专人维护，定期检查仪器常规指标，不要擅自打开仪器外壳，以免损坏，如有异常，及时联系生产商。

③ 实验完成时，应及时关闭仪器，保护氘灯及钨灯的寿命。

④ 仪器长时间不使用，请定期开机预热驱潮，一般一个星期开两次，每次 30min 为宜。

二、紫外-可见分光光度计调校

1. 光源更换和调节

打开仪器后挡板，露出卤钨灯，此灯应该是卡口式的，把坏的旋下来，换上新的就可以了，不需要调节，也不要动其他无关的元件，以免扰动光路。

2. 波长的校正

仪器波长显示值与实际波长是否存在误差，关系到定性定量的结果，要进行波长的校正。

（1）仪器波长的一般性检查　开启仪器，在吸收池位置插入一块白色硬纸片，将波长调节器从 720nm 向 420nm 方向慢慢转动，观察出口狭缝射出的光线颜色是否与波长调节器所指示的波长相符，（黄色光波长范围较窄，将波长调节在 580nm 处应出现黄光），若相符，说明该仪器分光系统基本正常。

（2）使用镨钕滤光片检查仪器波长　镨钕滤光片是一种含有稀有金属镨与钕的玻璃制品，它的光谱吸收特性是固定不变的。主要用于校正仪器的波长准确性，因它的吸收峰都有一个标准值（推荐 529nm 吸收峰），可用来检定仪器波长的正确性，并作为调整波长时的依据。波长误差值等于镨钕滤光片在仪器上测得的峰值波长（λ_{max}）减去镨钕滤光片的实际峰值波长（$\lambda_M = 529nm$）。

检查步骤：把镨钕滤光片放入比色皿架内，将波长调节到 520nm，在空白挡上调节 $T = 100\%$，然后拉动拉杆使镨钕滤光片进入光路测定其透光度，记下读数。在 520～540nm 间每隔 2nm 测定一次透光度（注意：每改变一次波长，都应调空气参比 $T = 100\%$

后才能测定镨钕滤光片的透光度），找出最小透光度值对应的波长（$\lambda_{\max}^{标示}$），则波长误差为：

$$\Delta\lambda = \lambda_{\max}^{标示} - 529$$

若（$\lambda_{\max}^{标示} - 529$）＞3nm，则仪器波长误差大于允许值，用调节仪器波长调节螺杆的方法进行校正。若误差为正值时要反时针方向调节，为负值时要顺时针方向调节。

调节波长调节螺杆时只要稍微转动一点即可，调节后再按以上方法检查波长误差值，直到波长误差值符合允许误差范围为止。

3. 比色皿配套性检查

由于一般商品吸收池的光程精度往往不是很高，常常与其标示值有微小误差，即使是同一个厂出品的同规格的吸收池也不一定完全能够互换使用。所以，仪器出厂前吸收池都经过检验配套，在使用时不应混淆其配套关系。实际工作中，为了消除误差，在测量前还必须对吸收池进行配套性检验。

检查方法：在一组（4只）比色皿中加入已配好的有色溶液（30μg/mL 重铬酸钾），调节波长（440nm），选择其中透光度最大的比色皿为参比，调节其透光度 $T=100.0\%$，测定并记录其他比色皿的透光度值，要求透光度的最大值与最小值之差不大于 0.5%。若所测各吸收池透射比偏差小于 0.5%，则这些吸收池可配套使用。超出上述偏差的吸收池不能配套使用。

第六节 紫外-可见吸收光谱法应用和实验技术

一、紫外-可见吸收光谱法应用

紫外-可见吸收光谱法主要用于微量组分定量测定，也能用于常量组分的测定（利用示差法）；可测单组分，也可测多组分。分光光度法还可用于测定配合物组成、稳定常数和确定滴定终点等。下面介绍分光光度法如何测定配合物（ML_n）的配位数 n。常用的测定方法有摩尔比法和连续变化法。

1. 摩尔比法测定配位比

摩尔比法也称为饱和法。此法是根据在配合反应中金属离子 M 被显色剂 L 所饱和的原理来测定配合物的组成的。

$$M + nL \Longrightarrow ML_n$$

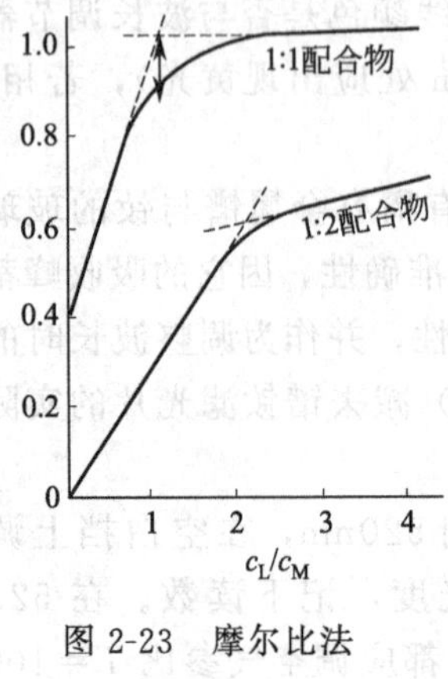

图 2-23 摩尔比法

配制不同 c_L/c_M 的系列溶液，如 $c_L/c_M = 1，2，3，\cdots，n$，分别测吸光度 $A_1，A_2，A_3，\cdots，A_n$，作 A-c_L/c_M 曲线。

将曲线上两直线部分延长，交点处所对应的 c_L/c_M 值即为该配合物的配位数 n，即配位化合物的配位比为 1：n，如图 2-23 所示。

2. 连续变化法测定配位比（等摩尔系列法）

又称为 Job 法，在实验条件下，将所研究的金属离子 M 与配位剂 L 配制成一系列浓度比（c_L/c_M）连续变化的而其总浓度（$Q=c_L+c_M$）相等的溶液。对这一系列溶液，在一定波长下测定其吸光度 A，用 A 作纵坐标，以连续变化的浓度比 c_L/c_M（常用浓度相同的 M 与 L 的体积比）为横坐标作图。吸光度最

高点相应的横坐标 c_L/c_M（在浓度相同时为体积比 V_M：V_L），即为配合物的组成比。

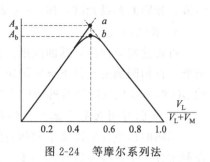

图 2-24　等摩尔系列法

　　具体方法是：预先配制好物质的量浓度相同的金属离子 M 和配位剂 L 的标准溶液，将两溶液依次按体积比 $V_L/(V_L+V_M)$ 为 0、0.1、0.2、0.3、…、1.0 的比例混合，各溶液总体积（V_L+V_M）保持相同。在同一实验条件下，依次测其吸光度。若 M、L 无吸收，体系中只有 ML_n 有吸收，则以吸光度 A 为纵坐标，以 $\dfrac{V_L}{V_L+V_M}$ 为横坐标作图，得一峰形曲线（图 2-24）。将曲线两侧直线部分延长并相交，由交点对应的 $\dfrac{V_L}{V_L+V_M}$ 值算出配位数 n，$n=\dfrac{V_L}{V_M}$。在图 2-24 中，$\dfrac{V_L}{V_M+V_L}=0.5$，则 $\dfrac{V_L}{V_M}=1$，所以 $n=1$，该配合物配位比为 $1:1$。

二、实验技术

实验 2-1　邻二氮菲分光光度法测微量铁

（一）实验目的

① 熟悉分光光度计的基本结构，学会常见分光光度计的使用。
② 掌握可见分光光度法实验条件的选择。
③ 掌握可见分光光度法测定微量铁的方法。
④ 掌握吸收光谱曲线、标准曲线的绘制方法。

（二）基本原理

用于铁的显色剂很多，其中邻二氮菲是测定微量铁的一种较好的显色剂。

$$Fe^{2+}+3\ \ \longrightarrow\ \left[\left(\quad\right)_3\ Fe\right]_n^{2+}$$

　　邻二氮菲又称邻菲啰啉，它是测定 Fe^{2+} 的一种高灵敏度和高选择性试剂，与 Fe^{2+} 生成稳定的橙色配合物。配合物的 $\varepsilon=1.1\times10^4\,L/(mol\cdot cm)$，在一定酸度下（一般维持在 pH 为 5~6），同时在还原剂存在下，颜色可保持几个月不变。Fe^{3+} 与邻二氮菲生成淡蓝色配合物，在加入显色剂之前，需用盐酸羟胺先将 Fe^{3+} 还原为 Fe^{2+}。此方法选择性高，干扰少。

　　可见分光光度法测定无机离子，一般要经两个过程，第一个是显色过程，第二个是仪器测量过程。为了使测定结果有较高的灵敏度和准确度，必须选择合适的显色条件和测量条件。这些条件主要包括入射波长、显色剂用量、显色时间、溶液酸度等。

　　1. 入射光波长

　　一般应作吸收光谱曲线，选择被测物质的最大吸收波长作为入射光波长，这样不仅灵敏度高，准确度也好。当最大吸收波长附近有干扰物质存在时，可根据"吸收最大，干扰最小"的原则来选择其他波长。

　　2. 显色剂用量

　　显色剂的合适用量可通过实验确定。配制一系列被测元素浓度相同而不同显色剂用量的溶液，分别测其吸光度，作 $A\text{-}c_R$ 曲线，找出曲线平台部分，选择合适用量即可。

3. 溶液酸度

可通过实验选择合适的酸度。固定待测组分及显色剂浓度，改变溶液 pH，制得数个显色液。在相同测定条件下分别测定其吸光度，作出 $A\text{-}pH$ 关系曲线。选择曲线平坦部分对应的 pH 作为显色反应适宜的酸度范围。

4. 显色时间及有色配合物的稳定性

不同的显色反应需要不同的时间。有色配合物的颜色应当稳定足够的时间，至少应保证在测定过程中，吸光度基本不变，以保证测定结果的准确度。可通过 $A\text{-}t$ 关系曲线来选择合适的测量时间。

（三）仪器与试剂

1. 仪器

可见分光光度计（721 型或 722 型）或紫外-可见分光光度计，容量瓶，移液管，吸量管。

2. 试剂

① 铁标准溶液（100.0μg/mL）　准确称取 0.8634g $NH_4Fe(SO_4)_2 \cdot 12H_2O$ 置于烧杯中，加入 10mL 3mol/L H_2SO_4 溶液，移入 1000mL 容量瓶中，用纯水稀释至标线，摇匀。

② 铁标准溶液（10.00μg/mL）　移取 100.0μg/mL 铁标准溶液 10.00mL 于 100mL 容量瓶中，并用纯水稀释至标线，摇匀。

③ 盐酸羟胺溶液　10%（用时配制）。

④ 邻二氮菲溶液　0.15%，先用少量乙醇溶解，再用蒸馏水稀释至所需浓度（避光保存，2 周内有效）。

⑤ 醋酸钠溶液　1.0mol/L。

⑥ 氢氧化钠溶液　1.0mol/L。

（四）实验步骤

1. 吸收光谱曲线的测绘并选择测量波长

（1）有色溶液的配制　取两只 50mL 干净的容量瓶，分别加入 10μg/mL 铁标准溶液 0、6.00mL，再分别加入 10%盐酸羟胺 1mL，1mol/L NaAc 溶液 5mL 及 0.15%邻二氮菲溶液 2mL，每加一种试剂后均要摇匀再加入另一种试剂，最后用水稀释至刻度。

（2）测绘吸收光谱曲线并选择测量波长　以不含铁的试剂空白溶液作参比，用 2cm 比色皿在 722 型分光光度计上从波长 420～600nm 间测定有色溶液的吸光度。通常在最大吸收波长前后，每隔 10～20nm 测一次吸光度，在最大吸收波长左右，每隔 5nm 测一次吸光度。注意：每改变一次波长，均要用参比溶液调节透光度值为 100%。

以波长为横坐标、吸光度为纵坐标，绘制吸收光谱曲线。选择吸收光谱曲线的峰值波长为本实验有色溶液的测定波长。

记录表格：

λ/nm	420	440	460	480	490	500	505	510
A								
λ/nm	515	520	530	540	560	580	600	620
A								

2. 显色时间、有色溶液的稳定性试验

取两只 50mL 干净的容量瓶，分别加入 $10\mu g/mL$ 铁标准溶液 0.00、6.00mL，再分别加入 10% 盐酸羟胺 1mL，1mol/L NaAc 溶液 5mL 及 0.15% 邻二氮菲溶液 2mL，每加一种试剂后均要摇匀再加入另一种试剂，最后用水稀释至刻度。迅速用 2cm 比色皿，以试剂空白溶液为参比，在选定波长处测定吸光度，并记录时间。以后隔 5min、10min、20min、30min、60min、120min 测定一次吸光度。记录各吸光度值。

t/min	0	5	10	20	30	60	120
A							

绘制 A-t 曲线。

3. 显色剂用量试验

取 8 只 50mL 干净的容量瓶，各加入 $10\mu g/mL$ 铁标准溶液 5.00mL，10% 盐酸羟胺溶液 1mL，1mol/L NaAc 溶液 5mL，分别加入 0.15% 邻二氮菲溶液 0、0.1mL、0.5mL、1.0mL、1.5mL、2.0mL、3.0mL、4.0mL，每加一种试剂后均要摇匀再加入另一种试剂，最后用水稀释至刻度。用 2cm 比色皿，以试剂空白溶液为参比，在选定波长处测定吸光度，并记录吸光度。

编号	1	2	3	4	5	6	7	8
邻二氮菲溶液 V_R/mL	0.0	0.1	0.5	1.0	1.5	2.0	3.0	4.0
A								

绘制 A-V_R 曲线。

4. 溶液酸度试验

取 8 只 50mL 干净的容量瓶，各加入 $10\mu g/mL$ 铁标准溶液 5.00mL、10% 盐酸羟胺 1mL、1mol/L HCl 溶液 1mL，然后分别加入 1mol/L NaOH 溶液 0.0、0.3mL、0.5mL、1.0mL、2.0mL、3.0mL、5.0mL，每加一种试剂后均要摇匀再加入另一种试剂，然后各加入 0.15% 邻二氮菲溶液 2mL，最后用纯水稀释至刻度。用精密 pH 试纸测定各溶液的 pH。用 2cm 比色皿，以试剂空白溶液为参比，在选定波长处测定吸光度，并记录吸光度。

编号	1	2	3	4	5	6	7	8
$V_{\text{NaOH}}/\text{mL}$	0.0	0.3	0.5	1.0	2.0	3.0	4.0	5.0
pH								
A								

绘制 A-pH 曲线。

5. 工作曲线的测绘

(1) 标准系列有色溶液的配制 取 6 只 50mL 干净的容量瓶，分别加入 $10\mu g/mL$ 铁标准溶液 0.00、2.00mL、4.00mL、6.00mL、8.00mL、10.00mL，再分别加入 10% 盐酸羟胺 1mL，1mol/L NaAc 溶液 5mL 及 0.15% 邻二氮菲溶液 2mL，每加一种试剂后均要摇匀再加入另一种试剂，最后用纯水稀释至刻度。

(2) 测定并记录各溶液的吸光度 用 2cm 比色皿，以试剂空白为参比溶液，在选定的波长下，测定并记录各溶液的吸光度。

6. 水样中铁含量的测定

取两只 50mL 容量瓶，分别加入适量（以测得的吸光度落在工作曲线中部为宜）的待测水样，按工作曲线测定的步骤配制有色液和测定其吸光度，并记录吸光度值。

类型	铁标准系列溶液($c = 10\mu g/mL$)					水样	
编号	1	2	3	4	5	6	7
铁标准溶液体积/mL	2.00	4.00	6.00	8.00	10.00	V_x	V_x
A							

（五）数据处理

① 绘制 Fe^{2+}-邻二氮菲吸收曲线，求出 λ_{max}。

② 绘制 A-t 曲线，确定合适的显色时间。

③ 绘制 A-V_R 曲线，确定合适的显色剂用量。

④ 绘制 A-pH 曲线，确定适宜的 pH 范围。

⑤ 绘制工作曲线，计算回归方程及相关系数。

⑥ 根据试样吸光度求水样中铁含量。

（六）思考题

① 实验中为什么要进行各种条件的试验？

② 绘制工作曲线时，坐标分度大小如何选择才能保证读出测量值的全部有效数字？

实验 2-2 水杨酸含量的测定

（一）实验目的

① 进一步熟练吸收曲线的绘制方法。

② 掌握利用紫外吸收光谱曲线定性的方法。

③ 掌握紫外分光光度法测定水杨酸的方法。

（二）基本原理

水杨酸，又称邻羟基苯甲酸，为白色结晶性粉末，无臭，味先微苦后转辛。化学式 $C_6H_4(OH)(COOH)$，相对分子质量 138.121，相对密度 1.443。水杨酸易溶于乙醇、乙醚、氯仿、苯、丙酮、松节油，不易溶于水。

水杨酸是重要的精细化工原料。在医药工业中，水杨酸是一种用途极广的消毒防腐剂；水杨酸具有优秀的"去角质、清理毛孔"能力，安全性高，且对皮肤的刺激较果酸更低，近年来成为保养护肤品的新宠儿。水杨酸的衍生物很多，其中之一就是医学上常用的药物阿司匹林。

水杨酸在紫外区吸收稳定、重现性好，可以利用紫外吸收光谱曲线进行定性分析、工作曲线法进行定量分析。

（三）仪器与试剂

1. 仪器

紫外-可见分光光度计，石英吸收池，容量瓶，移液管，吸量管。

2. 试剂

（1）水杨酸标准溶液（1mg/mL） 1mg/mL 的标准溶液，作为储备液。准确吸取 1mg/mL 的水杨酸标准储备液 10mL，在 100mL 容量瓶中定容，则得到浓度为 $100\mu g/mL$ 的水杨酸标准溶液。

（2）两种（也可以多种）未知液　未知液均配成浓度约为 $10\mu g/mL$ 的待测溶液（其中一种为水杨酸）。

（四）实验步骤

1. 定性（绘制吸收曲线）

将水杨酸标准储备液配成浓度约为 $10\mu g/mL$ 的溶液。以蒸馏水为参比，于波长 200～350nm 范围内分别测定标准溶液和两种未知液吸光度，并作吸收光谱曲线。根据吸收曲线的形状确定哪种未知液为水杨酸，并从吸收光谱曲线上确定最大吸收波长作为定量测定时的测量波长。

2. 定量

（1）工作曲线绘制　取 7 只 50mL 干净的容量瓶，分别准确移取 0.00、1.00mL、2.00mL、4.00mL、6.00mL、8.00mL、10.00mL 的 $100\mu g/mL$ 水杨酸标准溶液，用纯水稀释至刻度（浓度分别为 0.00、$2.00\mu g/mL$、$4.00\mu g/mL$、$8.00\mu g/mL$、$12.00\mu g/mL$、$16.00\mu g/mL$、$20.00\mu g/mL$）。以试剂空白为参比溶液，在选定的波长下，测定并记录各溶液的吸光度。

编号	1	2	3	4	5	6	7
$100\mu g/mL$ 标液体积/mL	0.00	1.00	2.00	4.00	6.00	8.00	10.00
水杨酸浓度/$(\mu g/mL)$	0.00	2.00	4.00	8.00	12.00	16.00	20.00
A							

然后以浓度为横坐标，以相应的吸光度为纵坐标绘制工作曲线。

（2）水样中铁含量的测定　准确移取 10mL 水杨酸未知液，在 50mL 容量瓶中定容，在选定的波长下测吸光度。从工作曲线上查得未知液的浓度。

（五）数据处理

① 绘制水杨酸和未知液的吸收曲线，确定哪种未知液是水杨酸。

② 绘制水杨酸的标准曲线。

③ 根据标准曲线和样品吸光度求样品中水杨酸含量。

（六）思考题

本实验参比液用的是什么物质？

实验 2-3　紫外分光光度法测定水中总酚含量

（一）实验目的

① 熟悉紫外分光光度法测有机物的方法。

② 熟练掌握紫外-可见分光光度计的使用。

（二）基本原理

酚类化合物在 210～300nm 处有较强吸收，加入 NaOH 溶液后产生红移现象，吸光度增加。在 239.0nm 和 292.6nm 附近有两个吸收峰出现，而 238.0 处的吸收值比 292.6nm 处的吸收值大 3 倍左右。用酸化水作空白，以抵消水样中其他物质的作用，其线性范围在 0～20mg/L。

（三）仪器与试剂

1. 仪器

紫外-可见分光光度计，1cm 石英比色皿。

2. 试剂

100mg/L 储备液，4mol/L NaOH 溶液，0.5mol/L HCl 溶液。

（四）实验步骤

1. 配制苯酚溶液的标准系列

① 准确吸收 1000mg/L 的苯酚溶液 5.00mL 移入 100mL 容量瓶中，用去离子水定容，此溶液为 50.00g/L 苯酚工作溶液。

② 准备好 6 个 25mL 比色管，用刻度吸量管分别准确加入苯酚标准溶液（50.00mg/L）：0.00、1.00mL、2.00mL、3.00mL、4.00mL、5.00mL，除参比溶液以酸化水做空白外，其余每支比色管中都加 2 滴 4mol/L NaOH 溶液，然后用去离子水定容，此苯酚标准系列的浓度分别为 0.00、2.00mg/L、4.00mg/L、6.00mg/L、8.00mg/L、10.00mg/L。

2. 绘制吸收曲线

以不含酚的溶液作参比，用标准系列中含酚 6.00mg/L 的溶液作吸收曲线，测定波长范围 220～300nm，绘制吸收曲线，求出最大吸收波长 λ_{max}。

λ/nm	220	230	235	238	240	245	250
A							
λ/nm	260	270	280	290	292	295	300
A							

$\lambda_{max} = $ _____ nm

3. 标准曲线绘制和未知试样测定

以不含酚的溶液作参比，绘制标准曲线及测定未知水样。

溶液	苯酚标准液					试液
吸取体积/mL						
总含苯酚量/(μg/25mL)						
A						

在 λ_{max} 波长处测定标准溶液的吸光度和未知水样的吸光度，绘制工作曲线。从工作曲线查得未知水样酚的含量。实验结果以 1L 水中含酚多少毫克（mg/L）表示。

（五）思考题

① 本实验与可见光分光光度法有何异同？

② 本实验能否使用玻璃比色皿？

习　题

1. 物质的紫外-可见吸收光谱的产生是由于（　　）。

A. 分子的振动　　　　　　　　　　　　　B. 分子的转动

C. 原子核外层电子的跃迁　　　　　　　　D. 原子核内层电子的跃迁

2. 用实验方法测定某金属配合物的摩尔吸收系数 ε，测定值的大小决定于（　　）。

A. 配合物的浓度　　　B. 配合物的性质　　　C. 比色皿的厚度　　　D. 入射光强度

3. 有两种不同有色溶液均符合朗伯-比尔定律，测定时若比色皿厚度、入射光强度及溶液浓度皆相等，以下说法正确的是（　　）。

A. 透过光强度相等　　　　　　　　　　　B. 吸光度相等

C. 吸光系数相等 D. 以上说法都不对

4. 分光光度法的吸光度与（　　）无关。

A. 入射光的波长 B. 溶液的浓度

C. 液层的高度 D. 液层的厚度

5. 在分光光度法中，宜选用的吸光度读数范围为（　　）。

A. 0～100 B. 0～1 C. 0.2～0.8 D. 0～∞

6. 物质的颜色是由于选择性地吸收了白光中的某些波长的光所致，硫酸铜呈现蓝色是由于它吸收了白光中的（　　）。

A. 蓝色光 B. 绿色光 C. 黄色光 D. 青色光

7. 在分光光度法中，（　　）是导致偏离朗伯-比尔定律的因素之一。

A. 吸光物质浓度大于 0.01mol/L B. 波长选择不当

C. 液层厚度 D. 大气压力

8. 某显色剂在 pH 为 1～6 时显黄色，pH 为 6～12 时显橙色，pH＞13 时显红色，该显色剂与金属离子配合后呈红色，则显色反应应在（　　）的溶液上进行。

A. pH=1～6 B. pH=6～12 C. pH=7 D. pH＞13

9. 透明有色溶液被稀释时，其最大吸收波长位置会（　　）。

A. 向长波长方向移动 B. 向短波长方向移动

C. 不移动，但吸收峰高度降低 D. 不移动，但吸收峰高度增高

10. pH=5.5 时，用二甲酚橙为显色剂测定某一试液中微量 Zn^{2+}。若试液本身无色，二甲酚橙与其他共存离子不显色，则在用分光光度法测定锌时，应选择的参比液是（　　）。

A. 不含 Zn^{2+} 的试剂参比液 B. 蒸馏水

C. 含 Zn^{2+} 的二甲酚橙溶液 D. 不含二甲酚橙的试液

11. 某有色溶液在某波长测得 $A=0.22$，同样条件下将其浓度增加一倍，而比色皿厚度减小为原来的一半，则测得的吸光度为（　　）。

A. 0.22 B. 0.44 C. 0.66 D. 0.11

12. 某吸光物质在一定条件下，摩尔吸光系数很大，则表明（　　）。

A. 该物质的浓度很大 B. 光通过该物质溶液的光程长

C. 该物质对某波长的光吸收能力很强 D. 该物质的摩尔质量高

13. 某有色溶液在某一波长下用 2cm 吸收池测得其吸光度为 0.750，若改用 0.5cm 和 3cm 吸收池，则吸光度各为多少？

14. 已知甲苯在 208nm 的摩尔吸光系数 $\varepsilon=7900$ L/(mol·cm)，要在 5cm 吸收池中得到 $A=0.434$，问需要将多少质量的甲苯溶成 100mL 体积？（$M_{甲苯}=92.71$g/mol）

15. 某化合物的最大吸收波长 $\lambda_{max}=250$nm，该化合物的浓度为 1.0×10^{-5}mol/L 的溶液时，透射比为 50%（用 2cm 吸收池），求该化合物在 250nm 处的摩尔吸光系数。

16. 某亚铁螯合物的摩尔吸光系数为 12000L/(mol·cm)，若采用 1.00cm 的吸收池，欲把吸光度读数限制在 0.187～0.699，分析的浓度范围是多少？

17. 在波长为 510nm 处，以邻二氮菲分光光度法测定铁。取 7 个 50mL 的容量瓶，分别加入 10μg/mL 的铁标准溶液 0.00、1.00mL、2.00mL、3.00mL、4.00mL、5.00mL 和 10.00mL 的工业废水，经同样处理后显色、稀释至刻度，用 2cm 比色皿测得上述溶液的吸光度为 0.000、0.120、0.240、0.361、0.480、0.600 和 0.400。求工业废水中的铁含量。

18. 用 SCN^- 测定试样中的铁，在波长 480nm 处用 1cm 吸收池测定 1.2mg/mL Fe^{3+} 标准溶液的吸光度为 0.120；在同样的条件下测定试样溶液，吸光度为 0.520，求试液中 Fe^{3+} 的浓度（mg/mL）。

19. 有 20μg/mL 钴标准溶液，测其吸光度 $A_s=0.365$，求在相同条件下，测吸光度 $A_x=0.402$ 的含钴样液中钴的含量。

20. 已知某溶液含甲、乙两种有色物质，为分别测定混合液中甲和乙的浓度，分别以纯甲物质和纯乙

物质在波长 λ_1 和 λ_2 做工作曲线，求得甲物质在 λ_1 和 λ_2 时的 $\varepsilon_{A1}=4200$ 和 $\varepsilon_{A2}=700$；乙物质在 λ_1 和 λ_2 时的 $\varepsilon_{B1}=600$ 和 $\varepsilon_{B2}=6400$。最后在 λ_1 和 λ_2 对试液进行测定，得 $A_1=0.600$ 与 $A_2=0.900$。求试液中的甲物质和乙物质的浓度。在上述测定时均用 1cm 比色皿。

21. 未知相对分子质量的某试样，通过某有机试剂 R（$M_R=316g/mol$）处理后转化为盐（1：1 加成化合物）。当波长为 230nm 时，盐在乙醚中的摩尔吸光系数为 1.05×10^4 L/(mol·cm)。现将 0.1200g 盐溶于乙醚中，准确配制 2L 溶液，用 1cm 比色皿、在 230nm 波长下测得溶液吸光度 $A=0.830$，试计算未知试样的相对分子质量。

22. Fe^{2+} 与某显色剂 L 形成有色配合物，$\lambda_{max}=515nm$。设两种溶液的浓度均为 1.00×10^{-3} mol/L，在一系列 50mL 容量瓶中加入 2.00mL Fe^{2+} 及不同量的 L，在 515nm 波长处用 1.0cm 吸收池测量吸光度值。结果如下：

$V_{(L)}$/mL	2.00	3.00	4.00	5.00	6.00	8.00	10.00	12.00
A	0.240	0.360	0.480	0.593	0.700	0.720	0.720	0.720

用摩尔比法求配合物的配位数。

第三章　红外吸收光谱法

【学习目标】

1. 了解红外光谱产生的原因，熟悉 FTIR 红外光谱仪的构成及特点。
2. 熟悉红外光谱法在物质结构鉴定和定量分析中的应用。
3. 能根据红外光谱图和基团频率判断化合物官能团，并能推测其可能结构。
4. 掌握红外光谱法中的定量方法。
5. 能操作 FTIR 红外光谱仪绘制化合物红外光谱图，并进行库检索确定化合物结构。

红外吸收光谱（infrared absorption spectroscopy，IR）又称为分子振动-转动光谱。当样品受到频率连续变化的红外光照射时，分子吸收了某些特征频率的红外光，并由其振动和转动运动引起了偶极矩的变化，产生了分子振动能级和转动能级的跃迁，使相应于这些吸收区域的透射光强度减弱而形成了红外吸收光谱。利用红外吸收光谱进行定性定量分析的方法称为红外吸收光谱法。由于物质的红外吸收光谱特征性强，气体、液体、固体样品都可被测定，并具有分析用量少、分析速度快、不破坏样品的特点，红外吸收光谱法已成为现代结构化学、分析化学常用的工具之一。

第一节　红外吸收光谱法的基本原理

红外吸收光谱是分子振动能级跃迁产生的。分子振动能级差为 0.05～1eV，比转动能级差（0.001～0.05eV）大，因此分子发生振动能级变化时都伴随许多转动能级的变化。波长范围在 2.5～25μm（波数范围：400～4000cm^{-1}）的红外光不足以使物质产生电子能级的跃迁，但能引起振动能级与转动能级的跃迁。

一、红外吸收光谱产生的条件

分子产生红外吸收必须满足两个条件。

① 辐射光子的能量与发生振动跃迁所需的跃迁能量相等。

② 分子振动引起偶极矩变化。

当一定频率的红外光照射分子时，如果分子中某个基团的振动频率和外界红外辐射的频率一致，就满足了第一个条件。为满足第二个条件，分子必须有偶极矩的变化。由于构成分子的各原子因价电子得失的难易程度不同而表现出不同的电负性，分子也因此显示出不同的极性，通常用分子的偶极矩 μ 来描述分子的极性大小。设分子中正负电荷中心的电荷分别为 $+q$ 和 $-q$，两中心之间的距离为 d（图 3-1），则

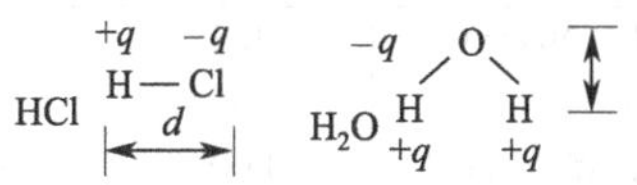

图 3-1　HCl 和 H_2O 偶极矩

$$\mu = qd \tag{3-1}$$

由于分子内原子处于其平衡位置的不断振动状态，在振动过程中 d 的瞬时值也不断变化，因此分子的 μ 也发生相应的改变，分子也具有确定的偶极矩变化频率。上述物质吸收辐射的第二个条件，实质是外界辐射迁移它的能量到分子中去，而这种能量的迁移是通过偶

极矩来实现的。只有当分子内的振动引起偶极矩变化（$\Delta\mu \neq 0$）时才能产生红外吸收，该分子称为红外活性的分子；$\Delta\mu = 0$ 的分子振动不能产生红外吸收，称为非红外活性的，同核双原子分子如 H_2、O_2、N_2 等的振动过程中其偶极矩始终为 0，因此没有红外活性，不会产生红外吸收光谱。

二、分子振动简介

1. 双原子分子的振动

分子中的原子以平衡点为中心，以非常小的振幅作周期性的伸缩振动，即两原子之间距离（键长）发生变化。双原子振动可近似为简谐振动，即把两个质量为 m_1 和 m_2 的原子看作两个刚性小球，连接两原子的化学键设想为无质量的弹簧，弹簧长度 r 就是化学键的长度，如图 3-2 所示。

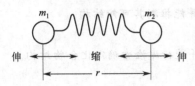

图 3-2 双原子分子振动模型

根据胡克（Hook）定律，图 3-2 中体系基本振动频率计算公式为：

$$\nu = \frac{1}{2\pi c}\sqrt{\frac{k}{\mu}} \tag{3-2}$$

式中　ν——振动频率（以波数表示）；

　　　　k——化学键的力常数，N/cm；

　　　　c——光速；

　　　　μ——双原子折合质量，g。

$$\mu = \frac{m_1 m_2}{m_1 + m_2} \tag{3-3}$$

若把折合质量与原子的相对原子质量单位之间进行换算，折合为相对原子量单位，则式（3-2）简化为：

$$\nu = \frac{N_A^{1/2}}{2\pi c}\sqrt{\frac{k}{\mu}} \approx 1304\sqrt{\frac{k}{\mu}}\,(\text{cm}^{-1}) \tag{3-4}$$

式中　N_A——阿伏伽德罗常数（6.022×10^{23} 个/mol）。

由此可见，影响伸缩振动频率（波数）的直接因素是构成化学键的原子的折合质量和化学键的键力常数。键力常数越大，折合质量越小，化学键的振动频率（波数）越高。表 3-1 列出了一些化学键的伸缩振动频率。

表 3-1　部分化学键振动波数比较

化学键	C—C	C=C	C≡C	C—H	O—H	N—H	C=O
k/(N/cm)	4.5	9.6	15.6	5.1	7.7	6.4	12.1
μ	6	6	6	0.92	0.94	0.93	6.85
计算 ν/cm^{-1}	1128	1648	2101	3068	3729	3418	1731
实测 ν/cm^{-1}	约 1430	约 1670	约 2220	约 2950	约 3450	约 3430	约 1720

由于双原子分子并不是所假想的理想谐振子，当核间距离达到一定值时化学键会断裂，分子离解为原子。所以表 3-1 中计算值与实测值是有差别的。

2. 多原子分子的振动

随着原子数目增多，组成分子的键或基团和空间结构不同，多原子分子的振动比双原子分子要复杂得多。但是，可以把它们的振动分解成许多简单的基本振动。

（1）伸缩振动　原子沿着键轴方向作周期性伸缩，键长发生变化而键角不变的振动称为伸缩振动，用符号 ν 表示。它又分为对称伸缩（ν_s）和不对称伸缩（ν_{as}）振动。对同一基团来说，不对称伸缩振动频率稍高于对称伸缩振动，如图 3-3 所示。由于键长的改变需要的能量比较大，因此，伸缩振动频率比较高。

| 对称伸缩振动 | 非对称伸缩振动 | 剪式振动 | 平面摇摆振动 | 非平面摇摆振动 | 扭曲振动 |

图 3-3　亚甲基的伸缩振动　　　　　　图 3-4　亚甲基的弯曲振动

（2）弯曲振动　又称变角振动，基团键角发生周期变化而键长不变的振动，用符号 δ 表示。弯曲振动分为面内弯曲和面外弯曲振动。

面内弯曲振动又分为两种：一种是剪式振动（δ），基团的键角交替地发生变化；另一种是面内摇摆振动（ρ），在这种弯曲振动中，基团的键角不发生变化，基团只是作为一个整体在分子的平面内左右摇摆，如图 3-4 所示。

面外弯曲振动也分为两种：一种是面外摇摆振动（ω）；另一种是面外扭曲振动（τ），如图 3-4 所示。

三、红外吸收光谱的表示方法

红外吸收光谱一般用 T-ν 表示。即纵坐标为百分透射比 T，%；横坐标为 ν，cm^{-1}。图 3-5 是某有机化合物的红外吸收光谱图。

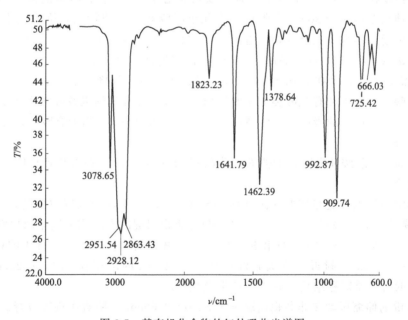

图 3-5　某有机化合物的红外吸收光谱图

光谱的形状、峰的位置、峰的数目和峰的强度是构成红外光谱的基本要素，这些基本要素与分子的结构有密切关系。峰的位置是最大吸收峰处对应的波长或波数，化学键的力常数 k 越大，原子折合质量越小，键的振动频率越大，吸收峰将出现在高波数区；反之，出现在低波数区。峰的数目与分子中的振动数目、光谱产生的条件有关；峰的强度与振动的类型、化学基团的含量等有关。凡是具有不同结构的两个化合物，往往产生不同的红外光谱，因此红外光谱可以用来鉴定未知物的结构组成或确定其化学基团；而利用强度与含量之间的关系可进行定量分析。

第二节　基团频率和特征吸收峰

一、基团频率

组成分子的各种基团如 C—H、O—H、N—H、C=C、C=O、C≡C、C≡N 等，都有自己特定的红外吸收区域，分子的其他部分对其吸收带位置的影响较小。通常把这种能代表基团存在并有较高强度的吸收谱带称为基团频率，其所在的位置一般又称为特征吸收峰。基团频率和特征吸收峰对于利用红外光谱进行分子结构鉴定具有重要意义。

二、红外吸收光谱区域的划分

红外吸收光谱（中红外）的工作范围一般是 $400 \sim 4000 cm^{-1}$，常见基团都在这个区域内产生吸收带。按照红外吸收光谱与分子结构的关系可将整个红外光谱区分为基团频率区和指纹区两个区域。

1. 基团频率区（$1300 \sim 4000 cm^{-1}$）

（1）X—H 伸缩振动区（$2500 \sim 4000 cm^{-1}$）　X 可以是 C、N、O、S 原子。

C—H 的伸缩振动可以分为饱和碳氢（—C—H）和不饱和碳氢（=C—H、≡C—H）两种。饱和碳氢的伸缩振动在 $2800 \sim 3000 cm^{-1}$ 范围内产生吸收峰，属于强吸收。不饱和的碳氢的伸缩振动在 $3000 cm^{-1}$ 以上，以此可以判别化合物中是否含有不饱和 C—H 键。苯环的 C—H 键伸缩振动在 $3030 cm^{-1}$ 附近产生几个吸收峰，它的特征是强度比饱和碳氢键的小，但比较尖锐。不饱和双键的碳氢键（=C—H）的吸收出现在 $3010 \sim 3040 cm^{-1}$，不饱和三键的碳氢键（≡C—H）在更高的 $3300 cm^{-1}$ 区域附近产生吸收峰。

O—H 键的伸缩振动在 $3200 \sim 3650 cm^{-1}$ 范围内产生吸收峰，谱带较强，它可以作为判断物质属于醇类、酚类和有机酸类的重要依据。一般羧酸羟基的吸收峰频率低于醇和酚中羟基的频率，并为宽而强的吸收。需注意的是水分子在 $3300 cm^{-1}$ 附近有吸收，在制备样品时需要除去水分。

N—H 键（脂肪胺和酰胺）的伸缩振动在 $3100 \sim 3500 cm^{-1}$ 范围内产生吸收峰，属于中等强度的尖峰。

（2）叁键和累积双键伸缩振动区（$1900 \sim 2500 cm^{-1}$）　这个区域主要是 C≡C、C≡N 键伸缩振动频率区，以及 C=C=C、C=C=O 等累积双键的不对称伸缩振动频率区。

对于 C≡C 键分为 R—C≡CH 和 R'—C≡C—R 两种类型。R—C≡CH 中的 C≡C 伸缩振动在 $2100 \sim 2140 cm^{-1}$ 附近出现吸收峰；R'—C≡C—R 的出现在 $2190 \sim 2260 cm^{-1}$ 附近；R—C≡C—R 分子是对称结构，则不会产生吸收峰。

C≡N 键的伸缩振动在非共轭情况下于 $2240 \sim 2260 cm^{-1}$ 附近出现吸收峰。

（3）双键伸缩振动区（$1200 \sim 1900 cm^{-1}$）　该区域主要是 C=C、C=O 等键的伸缩振动频率区，是红外吸收光谱中很重要的区域。

C=O 伸缩振动在 $1650 \sim 1900 cm^{-1}$ 范围内出现吸收峰，是红外吸收光谱中最特征的谱带，且强度也是最强的谱带，根据此范围内的吸收峰可判断酮类、醛类、酸类、酯类以及酸酐等有机化合物。酸酐中的 C=O 吸收带由于振动耦合而呈现双峰。

烯烃类化合物的 C=C 伸缩振动在 $1640 \sim 1667 cm^{-1}$ 范围内出现吸收峰，属于中等强度或弱的吸收峰。芳香族化合物环内 C=C 伸缩振动分别在 $1585 \sim 1600 cm^{-1}$ 及 $1400 \sim 1500 cm^{-1}$ 出现两个吸收峰，这是芳环骨架结构振动的特征吸收峰，可用于确认芳环是否存在。

另外，饱和 C—H 变形振动在 $1300 \sim 1500 cm^{-1}$ 间出现吸收峰。—CH_3 在 $1380 cm^{-1}$ 及 $1450 cm^{-1}$ 处有两个峰；$\diagdown CH_2$ 在 $1470 cm^{-1}$ 处有一个峰；—CH 在 $1340 cm^{-1}$ 处有一个峰。

2. 指纹区（$400 \sim 1300 cm^{-1}$）

（1）$900 \sim 1300 cm^{-1}$ 区域　这个区域主要是 C—C、C—N、C—P、C—S、P—O、Si—O、C—X（卤素）等单键的伸缩振动和 C=S、S=O、P=O 等双键的伸缩振动以及一些变形振动吸收频率区。其中甲基的对称变形振动在 $1380 cm^{-1}$ 附近出现吸收峰，这对判断是否存在甲基有参考价值；C—O 单键伸缩振动在 $1050 \sim 1300 cm^{-1}$ 范围内出现吸收峰，是该区域内最强的吸收峰，非常容易识别。醇中的 C—O 单键吸收峰在 $1050 \sim 1100 cm^{-1}$ 范围内；酚则在 $1100 \sim 1250 cm^{-1}$ 范围内；酯在此区间有两组吸收峰，分别为 $1160 \sim 1240 cm^{-1}$ 和 $1050 \sim 1160 cm^{-1}$。

（2）$400 \sim 900 cm^{-1}$ 区域　这个区域主要是一些重原子和一些基团的变形振动频率区。如烯烃 $HRC=CR'H$ 的 C—H 面外变形振动出现的吸收位置取决于双键的取代情况，在反式结构中，吸收峰出现在 $970 \sim 990 cm^{-1}$ 附近；在顺式结构中，吸收峰出现在 $690 cm^{-1}$ 附近。苯环上 H 原子的面外变形振动的吸收峰也出现在此区域，峰位置取决于环上的取代形式。如果在此区间内无强吸收峰，一般表示无芳香族化合物。长碳链饱和烃 $-(CH_2)_n$，$n \geqslant 4$ 时，在

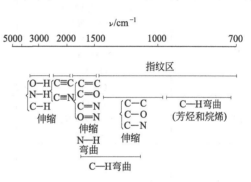

图 3-6　各种基团吸收频率的分布

$722 cm^{-1}$ 处出现吸收峰。图 3-6 为以上各种基团吸收频率的分布。

三、常见官能团的特征吸收频率

官能团的吸收频率对判断有机化合物的类型和分析其分子结构有重要的参考价值。表 3-2 列出了常见官能团的特征频率数据。

四、基团频率的影响因素

在复杂的有机分子中，基团频率除由原子的质量及原子间的化学键力常数决定外，还受到分子内部结构和外部环境的影响。因而同样的基团在不同的分子和不同的环境中基团频率可能会有一个较大的范围。影响基团频率变化的因素可分为内部因素和外部因素。

1. 内部因素

（1）电子效应　包括诱导效应、共轭效应等，它们都会导致成键原子间电子云分布发生变化。

① 诱导效应。由于取代基具有不同的电负性，通过静电诱导作用，引起分子中电子分布发生变化，从而改变了键力常数，使基团的特征频率发生变化。

例如，当电负性较强的元素（如卤素）与羰基上的碳原子相连时，诱导效应导致电子云由氧原子转向双键，引起 C=O 键的力常数增加，使其振动频率升高，吸收峰向高波数移动。元素的电负性越强或取代数目越多，诱导效应越强，吸收峰向高波数移动的程度越显

表 3-2　常见官能团的特征频率

化合物种类	官能团	振动形式	振动频率/cm^{-1}
芳烃	—C—H	伸缩振动	3000～3100
	C=C	苯环骨架振动	约1600和约1500
	C—H(苯)	面外变形振动	约670
	C—H(单取代)	面外变形振动	730～770和685～715
	C—H(邻位双取代)	面外变形振动	735～770
	C—H(间位双取代)	面外变形振动	约880和690～780
	C—H(对位双取代)	面外变形振动	800～850
醇	O—H	伸缩振动	约3650;或3300～3400(含有氢键)
	C—O	伸缩振动	1000～1260
醚	C—O—C(脂肪烃)	伸缩振动	1000～1300
	C—O—C(芳香烃)	伸缩振动	约1250和约1120
醛	O=C—H	伸缩振动	2820和2720
	C=O	伸缩振动	约1725
酮	C=O	伸缩振动	约1715
	C—C	伸缩振动	1100～1300
酸	O—H(游离OH)	伸缩振动	3500～3580
	O—H(二聚体)	伸缩振动	2500～3200
	C=O	伸缩振动	1710～1760
	C—O—C	伸缩振动	1210～1320
	O—H	面内变形振动	1400～1440
	O—H	面外变形振动	900～950
酯	C=O	伸缩振动	1735～1750
	C—O—C(乙酸酯)	伸缩振动	1230～1260
	C—O—C	伸缩振动	1160～1210
酰卤	C=O	伸缩振动	1775～1810
	C—Cl	伸缩振动	550～730
酸酐	C=O	伸缩振动	1800～1830和1740～1775
	C—O	伸缩振动	900～1300
胺	N—H	伸缩振动	3300～3500(双峰)
	N—H	变形振动	1500～1640
	C—N(烷基碳)	伸缩振动	1025～1200
	C—N(芳基碳)	伸缩振动	1325～1360
	N—H	变形振动	约800
酰胺	N—H	伸缩振动	3180～3500
	C=O	伸缩振动	1630～1680
	N—H(伯酰胺)	变形振动	1550～1640
	N—H(仲酰胺)	变形振动	1515～1570
	N—H	面外变形振动	约700

著。如羰基的伸缩振动随着连接基团电负性的变化，羰基的伸缩振动频率变化情况如下：

② 共轭效应。共轭效应使共轭体系中的电子云密度平均化，结果使原来的双键略有伸长（即电子云密度降低）、力常数减小，使其吸收频率向低波数方向移动。例如酮分子中的 C=O，因与苯环共轭而使 C=O 的力常数减小，振动频率降低。

$$
\underset{1710\sim1725cm^{-1}}{R-\overset{\displaystyle O}{\overset{\|}{C}}-R} \qquad \underset{1680\sim1695cm^{-1}}{\overset{\displaystyle O}{\overset{\|}{C}}-R} \qquad \underset{1661\sim1667cm^{-1}}{\overset{\displaystyle O}{\overset{\|}{C}}}
$$

（2）氢键的影响　氢键的形成使电子云密度平均化，从而使伸缩振动频率降低。最明显的是羧酸，分子中羰基和羟基之间容易形成氢键，使羰基的频率降低。游离羧酸的 C=O 键频率出现在 $1760cm^{-1}$ 左右，在固体或液体中，由于羧酸形成二聚体，C=O 键频率出现在 $1700cm^{-1}$。

$$
\text{RCOOH（游离）} \qquad \underset{1760cm^{-1}}{} \qquad R-C \underset{O-H--O}{\overset{O--H-O}{}} C-R \quad \text{（二聚体）} \qquad \underset{1700cm^{-1}}{}
$$

（3）振动耦合　当两个振动频率相同或相近的基团通过一个公共原子相连时，由于一个键的振动通过公共原子使另一个键的长度发生改变，产生一个"微扰"，从而形成了强烈的振动相互作用。其结果使振动频率发生变化，一个向高频移动，另一个向低频移动，谱带分裂。振动耦合常出现在一些二羰基化合物中，如羧酸酐两个羰基的振动耦合，使—C=O吸收峰分裂成两个峰，波数分别为 $1820cm^{-1}$ 和 $1760cm^{-1}$。

2. 外部因素

外部因素主要指测定时物质的状态以及溶剂效应等因素。同一化合物，气态时光谱谱带的波数相对较高。

在极性溶剂中，极性基团的伸缩振动由于受极性溶剂分子的作用，使键力常数减小，波数降低，而吸收强度增大；对于变形振动，由于基团受到束缚作用，变形所需能量增大，所以波数升高。当溶剂分子与溶质形成氢键时，光谱所受的影响更显著。因此，在红外光谱测定中，应尽量采用非极性的溶剂。如将羧酸的 CCl_4 溶液稀释到一定程度，即可解离为游离的羧酸，此时羰基的伸缩振动频率将恢复到游离的 $1760cm^{-1}$ 附近。

第三节　傅里叶变换红外光谱仪

红外光谱仪可分为色散型红外光谱仪和傅里叶变换红外光谱仪，而后者是目前及今后一段时期的主要类型。

一、仪器组成

傅里叶变换红外光谱仪简称 FTIR，由红外光源、干涉仪（迈克尔逊干涉仪）、试样插入装置、检测器、计算机等部分组成，如图 3-7 所示。可用于定性分析和定量分析，可测出吸光度值，并进行 *A-T* 转换。图 3-8 是尼高力公司生产的 AVATAR 360 型傅里叶变换红外光谱仪。

1. 光源

光源要能发出稳定、高强度连续波长的红外光，通常使用能斯特灯或硅碳棒。硅碳棒由碳化硅烧结而成，为实心棒；能斯特灯由铈、锆、钍和钇等氧化物烧结而成的实心棒或空心棒。

2. 干涉仪

迈克尔逊干涉仪的作用是将复色光变为干涉光，中红外中的分束器主要由溴化钾制成，近红外分束器一般以石英和 $CaCl_2$ 为材料。

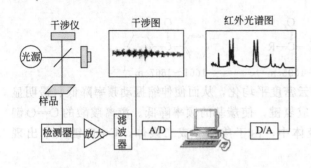

图 3-7　FTIR 红外光谱仪组成　　　图 3-8　AVATAR 360 型傅里叶变换红外光谱仪

3. 检测器

傅里叶红外光谱仪中检测器一般用硫酸三甘肽（TGS）作热检测器，该检测器响应速度快，可用于快速扫描。

二、基本原理

傅里叶变换红外光谱仪的核心部分是迈克尔逊干涉仪和计算机。干涉仪将光源来的信号以干涉图的形式送往计算机进行快速的傅里叶变换的数学处理，最后将干涉图还原为吸收光谱图。其示意如图 3-9 所示。

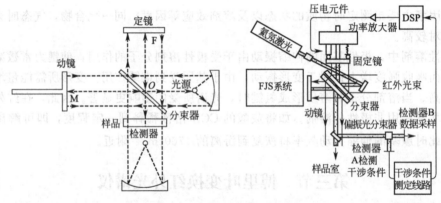

图 3-9　迈克尔逊干涉仪结构示意

迈克尔逊干涉仪由动镜 M、定镜 F、分束器和检测器组成。光源发出的红外光线辐射经准直后其平行光束射到分束器上，分束器使一半辐射反射，另一半辐射透过。被分束器反射的一半到达定镜，经定镜反射，透过分束器，穿过样品，到达检测器。由光源来的另一半辐射透过分束器到达动镜，经动镜反射后回到分束器，再经分束器反射，透过样品，到达检测器，因此检测器上检测到的是两束光的相干光信号。两束光通过样品到达检测器时，由于存在光程差而发生干涉。动镜从某一固定起点以恒定的速度向一侧运动，到达终点，这就完成了一次扫描。以后动镜回到起点，视信噪比（S/N）的要求周而复始进行若干次累加扫描。

光程差 δ 是通过动镜的来回定速移动产生的。当一波长为 λ_1 的单色光进入干涉仪时，若动镜处于起始位置，动镜和定镜到光束分裂器的距离相等，即 $\delta=0$，两束光到达检测器时位相相同，发生相长干涉，强度最大；两束光到达检测器光程差为 $\lambda/2$ 的偶数倍（即波长的整数倍）时，两束光也同相，强度最大；光程差为 $\lambda/2$ 的奇数倍时，两光束异相，发生相消干涉，强度最小；光程差介于两者之间时，相干光强度也对应介于两者之间。当动镜连续往返移动时，检测器的信号将呈现余弦变化，如图 3-10(a) 所示。图 3-10(b) 为另一波长

λ_2 的单色光经干涉仪后的干涉图。如果是两种波长 λ_1、λ_2 的光一起进入干涉仪，则得到两种单色光干涉图的加合图，如图 3-10(c) 所示。当入射光是连续频率的复色光时，得到的是中心极大而向两侧迅速衰减的对称干涉图，如图 3-10(d) 所示。这种干涉图是所有各种单色光干涉图的总加合图。

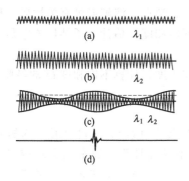

图 3-10 FTIR 光谱干涉图

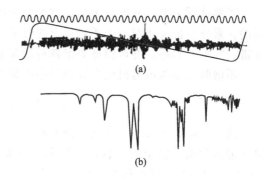

图 3-11 傅里叶变换示意

当复色光通过试样时，由于试样选择吸收了某些波长的光，则干涉图发生了变化，变得极为复杂，如图 3-11(a) 所示。这种复杂的干涉图是难以解释的，需要经过计算机进行快速的傅里叶变换，就可得到透射率随波数变化的普通红外光谱图，如图 3-11(b) 所示。

三、傅里叶变换红外光谱仪特点

(1) 扫描速度快 傅里叶变换仪器的动镜一次运动完成一次扫描所需时间仅为 1s，可作快速反应动力学研究，并可与气相色谱、液相色谱联用。

(2) 具有很高的分辨率 一般色散型分辨率为 $0.2 \sim 1 \text{cm}^{-1}$。由于将激光参比引入到了迈克尔逊干涉仪中，波数测定的准确度更高，FTIR 分辨能力可达到 $0.005 \sim 0.01 \text{cm}^{-1}$。

(3) 灵敏度高 因傅里叶变换红外光谱仪不用狭缝和单色器，辐射通量只与干涉仪中的平面镜大小有关，因此在相同的分辨率下，其辐射能量比色散型要大得多，大大提高了谱图的信噪比，可检测 10^{-8}g 数量级的样品。

(4) 研究的光谱范围宽 一般色散型测定的波长范围为 $400 \sim 4000 \text{cm}^{-1}$，而 FTIR 还可从中红外扩展到远红外区，即 $10 \sim 4000 \text{cm}^{-1}$，对测定无机化合物十分有利。

由于傅里叶变换红外光谱仪的突出优点，目前几乎取代了色散型红外光谱仪。

第四节 红外吸收光谱法的定性、定量方法

红外吸收光谱法广泛用于有机化合物的定性鉴定、结构分析和定量分析。

一、定性分析

红外吸收光谱对有机化合物的定性分析具有鲜明的特征性。因为每一种化合物都具有特征的红外吸收光谱，其谱带数目、位置、形状和相对强度均随化合物及其聚集态的不同而不同。

红外吸收光谱定性分析大致可分为官能团定性和结构分析两个方面。官能团定性是根据化合物的红外吸收光谱的特征基团频率来检定物质含有哪些基团，从而确定有关化合物的类别。结构分析则还需要由化合物的红外吸收光谱并结合其他实验资料（如相对分子质量、物理常数、紫外光谱、核磁共振波谱、质谱等）来推断有关化合物的化学结构。

应用红外吸收光谱进行定性分析的一般过程如下所述。

1. 试样的分离和精制

试样不纯会给光谱解析带来困难，因此对混合试样要进行分离，对不纯试样要进行提纯，以得到单一纯物质。试样分离、提纯通常采用分馏、萃取、重结晶、柱色谱、薄层色谱等。

2. 了解试样来源及性质

了解试样来源、元素分析值、相对分子质量、熔点、沸点、溶解度等有关性质。根据试样的元素分析值及相对分子质量得出的分子式，计算不饱和度，估计分子结构式中是否含有双键、叁键及苯环，并可验证光谱解析结果的合理性。

不饱和度是表示有机化合物分子中碳原子的不饱和程度，计算不饱和度 U 的经验式为：

$$U = 1 + n_4 + \frac{1}{2}(n_3 - n_1)$$

式中，n_1、n_3 和 n_4 分别为分子式中一价（通常为氢及卤素）、三价（通常为氮）和四价（通常为碳）原子的数目，二价元素（如氧、硫）不参加计算。通常规定双键（$C\!=\!C$、$C\!=\!O$）和饱和环状结构的不饱和度为 1，三键（$C\!\equiv\!C$、$C\!\equiv\!N$ 等）的不饱和度为 2，苯环的不饱和度为 4（可理解为 1 个环加 3 个双键），链状饱和烃的不饱和度为 0。

当 $U=0$ 时，表示分子是饱和的，可能为链状烷烃及其不含双键的衍生物；

当 $U=1$ 时，可能有一个双键或一个脂环；

当 $U=2$ 时，可能有两个双键或两个脂环，可能有一个双键和一个脂环，也可能有一个叁键；

当 $U=4$ 时，可能有一个苯环等，以此类推。

3. 谱图解析

红外光谱的解析主要是根据样品的红外吸收光谱信息，推导出样品可能的分子结构。谱图解析并没有一个确定的程序可循，往往具有一定的经验性，主要根据光谱图的位置、强度和形状三个要素进行结构推测。光谱解析习惯上多用两区域法，即特征区及指纹区。现将每个区域在光谱解析中主要解决的问题分述如下。

（1）特征区

① 化合物具有哪些官能团，第一强峰有可能估计出化合物类别。

② 确定化合物是芳香族还是脂肪族、饱和烃还是不饱和烃，主要由 C—H 伸缩振动类型来判断。

C—H 伸缩振动多发生在 $2800 \sim 3100 \mathrm{cm}^{-1}$ 之间，以 $3000 \mathrm{cm}^{-1}$ 为界，高于 $3000 \mathrm{cm}^{-1}$ 为不饱和烃，低于 $3000 \mathrm{cm}^{-1}$ 为饱和烃。芳香族化合物的苯环骨架振动吸收在 $1470 \sim 1620 \mathrm{cm}^{-1}$ 之间，若在 $(1600 \pm 20) \mathrm{cm}^{-1}$、$(1500 \pm 25) \mathrm{cm}^{-1}$ 有吸收，确定化合物是芳香族。

（2）指纹区

① 作为化合物含有什么基团的旁证，指纹区许多吸收峰都是特征区吸收峰的相关峰。

② 确定化合物的细微结构。

对于已知物的鉴定，只要将试样的谱图与标准样品的谱图进行对照，或者与文献中对应标准物的谱图进行对照。如果两张谱图中各吸收峰的位置和形状完全相同，峰的相对强度一样，就可以认为样品是该种标准物。如果两张谱图不一样，或峰位置不一致，则说明两者不为同一化合物，或样品中可能含有杂质。

【例 3-1】 未知化合物分子式为 C_8H_{16}，其红外光谱图如图 3-5 所示，试推测其结构。

解 由分子式计算其不饱和度：

$$U = 1 + n_4 + \frac{1}{2}(n_3 - n_1) = 1 + 8 + \frac{1}{2}(0 - 16) = 1$$

$3079cm^{-1}$ 处有吸收峰，说明存在与不饱和碳相连的氢，因此该化合物肯定为烯；在 $1642cm^{-1}$ 处还有 $C=C$ 伸缩振动吸收，更进一步证实烯烃存在。

$910cm^{-1}$、$993cm^{-1}$ 处的 C—H 弯曲振动吸收说明该化合物有端基乙烯基，$1823cm^{-1}$ 的吸收是 $910cm^{-1}$ 吸收的倍峰。

通过 $2928cm^{-1}$、$1462cm^{-1}$ 的较强吸收及 $2951cm^{-1}$、$1379cm^{-1}$ 的较弱吸收可知未知物 CH_2 多、CH_3 少。

综上所述，未知物（主体）为正构端基乙烯，即 1-辛烯。

【例 3-2】　未知物分子式为 C_3H_6O，其红外光谱图如图 3-12 所示，试推其结构。

解　不饱和度 $U=1+n_4+\dfrac{1}{2}(n_3-n_1)=1+3+\dfrac{1}{2}(0-6)=1$

以 $3084cm^{-1}$、$3014cm^{-1}$、$1647cm^{-1}$、$993cm^{-1}$、$919cm^{-1}$ 等处的吸收峰，可判断出该化合物具有端取代乙烯。

因分子式含氧，在 $3338cm^{-1}$ 处又有吸收强、峰形圆而钝的谱带。因此该未知物必为一种醇类化合物。再结合 $1028cm^{-1}$ 的吸收，知其为伯醇。由于该—CH_2—OH 与双键相连，C—O 伸缩振动频率较通常伯醇（约 $1050cm^{-1}$）往低波数移动了 $22cm^{-1}$。

综合上述信息，未知物结构为：$CH_2=CH—CH_2—OH$。

官能团区的其余谱峰可指认如下：

$2986.78cm^{-1}$：$=CH_2$ 的一个吸收（另一吸收在 $3084cm^{-1}$）；

$2916.29cm^{-1}$、$2986.78cm^{-1}$：—CH_2— 的碳氢伸缩振动；

$1846.23cm^{-1}$：是 $918.64cm^{-1}$ 的倍频；

$1423.86cm^{-1}$：CH_2 弯曲振动，因—OH 的电负性，较常见的 $1470cm^{-1}$ 有低波数位移。

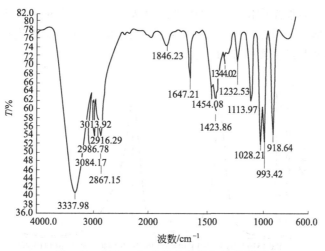

图 3-12　[例 3-2] 中化合物的红外光谱图

要熟练地进行红外光谱的解析，凭借的是扎实的红外光谱方面的知识和大量的实践经验，对于一般的分析人员而言，主要是通过基团频率判断化合物中存在的官能团或不存在的官能团，来确定该化合物属于哪一类或确定是否有某种化合物存在，尤其在有机合成中对合成产物的判断非常有帮助。

4. 计算机图谱检索

计算机技术的发展，使得人们可以把大量的化合物的红外吸收信息谱存入计算机中形成红外吸收光谱库，并通过计算机快速进行数据处理，自动识别。计算机图谱检索已成为红外吸收光谱及多种其他分析仪器在定性分析方面非常便捷的工具。当红外光谱仪扫描出样品的红外光谱图后，利用红外吸收光谱操作软件进行库检索，很快就能在信息库中查出与样品图谱一致或接近的谱图及对应的化合物名称。

二、定量分析

红外吸收光谱定量分析是通过对特征吸收谱带强度的测量来求出组分含量的。

1. 定量分析的理论依据

与紫外可见分光光度法相同，红外光谱定量分析的理论依据也是朗伯-比尔定律。由于红外吸收光谱的谱带较多，选择的余地大，所以能方便地对单一组分和多组分进行定量分析。此外，该法不受样品状态的限制，能定量测定气体、液体和固体样品。

在用溶液法进行定量分析时所用的溶剂都会有红外吸收，所以要在参比光路中用相同厚度的池子装上溶剂进行补偿，以消除溶剂吸收，得到样品的光谱图。但是在溶剂吸收特别强的区域不能真实地记录溶质的吸收，因为该区域的光能几乎被溶剂全部吸收，记录下的谱线在此区域为平坦的曲线。所以在选择溶剂时不要让观察的吸收峰落在溶剂的强吸收区域内。常用的溶剂吸收峰位置如下。

氯仿：$2990 \sim 3010cm^{-1}$，$1200 \sim 1240cm^{-1}$，$650 \sim 815cm^{-1}$；二硫化碳：$2120 \sim 2220cm^{-1}$，$1420 \sim 1630cm^{-1}$；四氯化碳：$725 \sim 820cm^{-1}$。

在选择溶剂时还要注意溶剂的其他影响，如形成氢键、样品与溶剂发生反应等。由于液体池窗片常用 KBr 材料，而 KBr 溶于水，所以溶剂中不能含水。

2. 测量方法

一般采用峰高法，在求峰高时一般采用基线法，即用新基线代替零吸收线进行补偿。首先将红外光谱图转化为吸光度图，选用谱带两侧吸光度最小的两点 A 和 B，连成直线 AB 作为新的基线求峰高，如图 3-13 所示。然后就可利用朗伯-比尔定律进行定量分析了，定量分析方法可采用标准曲线法或标准加入法。

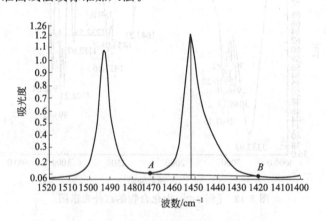

图 3-13　红外光谱峰高定量法示意

第五节　红外吸收光谱法实验技术

要利用红外光谱法进行结构解析和定量，必须有一张高质量红外光谱图，除了仪器本身的因素外，还必须有合适的样品制备方法。

一、红外光谱法对试样的要求

红外光谱的试样可以是液体、固体或气体，一般应要求以下几点。

① 试样应该是单一组分的纯物质，纯度应大于 98% 或符合商业规格，才便于与纯物质的标准光谱进行对照。因此，对于多组分的试样，应在测定前尽量预先用分馏、萃取、重结晶或色谱法进行分离提纯，否则各组分光谱相互重叠，无法进行谱图解析。

② 试样中不应含有游离水。水本身会产生红外吸收，严重干扰样品光谱，而且会侵蚀吸收池的盐窗。

③ 试样中被测组分的浓度和测量厚度要合适，使吸收强度适中，一般要使谱图中大多数吸收峰的透射比处于 15%～75% 之间。太稀或太薄时，一些弱峰可能不出现，太浓或太厚时，可能使一些强峰的记录超出，无法确定峰位置。

二、制样的方法

1. 固体样品

固体样品可以用压片法、调糊法和薄膜法。

（1）压片法　固体样品常用压片法。将固体样品 0.5～1.0mg 与 150mg 左右的 KBr 混合均匀，在玛瑙研钵中一起研细混匀，将少许研磨好的粉末置于模具中，安放于压片机中压成均匀透明薄片（不能有裂纹），然后装于样品架上，即可用于测定。图 3-14 是用于制样时的模具、样品夹和压片工具。

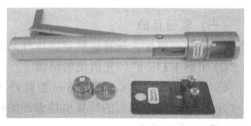

图 3-14　制样和压片工具

（2）调糊法　将干燥处理后的样品 2～5mg 研细，滴 1～2 滴液体石蜡或全氟代烃混合，调成糊状，涂在盐片上，并用两盐片夹住。石蜡油的吸收光谱较简单，但此法不能用来研究饱和烷烃的吸收情况。

（3）薄膜法　该法主要用于某些高分子聚合物的测定。可以将其直接加热熔化后涂抹或压制成膜，也可以把样品溶于挥发性强的有机溶剂中，滴加在盐板上，待有机溶剂挥发后形成薄膜，置于光路中测量。

2. 液体样品

对液体或溶液样品可以采用液体池法和液膜法。

（1）液体池法　对于沸点低、挥发性较大的液体，可采用液体池法。液体池的结构如图 3-15 所示。它由 2 个 KBr 盐片（4,6）作为窗板，中间夹一薄层垫片（5）板，形成一个小空间，一个盐片上有 2 个小孔，用注射器注入样品，样品注入后，要将塞子将 2 个孔堵住，并将液体池安装于光谱仪内样品架上即可测量。液体的厚度由聚四氟乙烯片的厚度决定，通常为 0.01～1mm。

（2）液膜法　对沸点较高的液体（沸点高于 80℃），常用液膜法。

使用 2 块 KBr 片，如图 3-16 所示。将液体滴 1～2 滴到盐片上，用另一块盐片将其夹住，

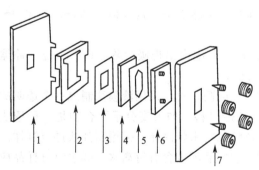

图 3-15　液体池的结构

1—后框架；2—窗片框架；3—垫片；4—后窗片；
5—聚四氟乙烯隔片；6—前窗片；7—前框架

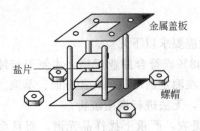

图 3-16 液膜法示意

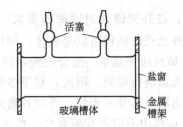

图 3-17 红外光谱气体池结构示意

用螺丝固定后放入样品室测量。

3. 气体样品

对于气体样品，可将它直接充入已预先抽真空的气体池中进行测量，它的两端粘有红外透光的 NaCl 或 KBr 窗片，气体池的结构如图 3-17 所示。气体池还可用于挥发性很强的液体样品的测定。

三、实验技术

实验 3-1 红外吸收光谱测绘和结构分析

(一) 实验目的

① 掌握薄膜法、压片法测定固体样品的制样技术。

② 了解 FTIR 红外光谱仪的结构。

③ 学习并掌握 AVATAR 360 型红外光谱仪使用。

④ 学会红外光谱图的计算机检索的结构鉴定方法。

(二) 基本原理

在聚苯乙烯的结构中，有亚甲基（CH_2）、次甲基（CH）、苯环上不饱和碳氢基团（＝CH）和碳碳骨架（C＝C）。因此，聚苯乙烯的基本振动形式及频率有以下几种。

① 亚甲基的反对称伸缩振动：$2926cm^{-1}$。

② 亚甲基的对称伸缩振动：$2853cm^{-1}$。

③ 亚甲基的对称弯曲振动：$1465cm^{-1}$。

④ 苯环上不饱和碳氢基团伸缩振动：$3000 \sim 3100cm^{-1}$。

⑤ 次甲基的伸缩振动：$2955cm^{-1}$。

⑥ 苯环骨架振动：$1450 \sim 1600cm^{-1}$。

⑦ 苯环上不饱和碳氢基团的面外弯曲振动（苯环上邻接 5 个氢）：$730 \sim 770cm^{-1}$，$690 \sim 710cm^{-1}$ 等。

在苯甲酸中，C＝O 伸缩振动在 $1650 \sim 1900cm^{-1}$ 范围内出现吸收峰，O—H 键的伸缩振动在 $3200 \sim 3650cm^{-1}$ 范围内产生吸收峰，谱带较强。

高分子聚合物因为难以研细，因此在进行红外光谱测定时，采用液膜法制成一个透明的薄膜，本实验采用 CCl_4 作溶剂溶解聚乙烯或聚苯乙烯材料。如果高分子聚合物是一种透明的薄膜材料，则可以直接用于测定。苯甲酸是颗粒状或粉末状固体，采用压片法进行制样。

红外光谱测量用的样品在制样前，必须做到：①样品不应含有游离水；②多组分样品应预先分离；③最终的分析试样要充分除去溶剂。

进行红外光谱定性分析，通常有两种方法。

(1) 用标准物质对照 在相同的制样和测定条件下（包括仪器条件、浓度、压力、温度等），分别测绘被分析化合物（要保证试样的纯度）和标准的纯化合物的红外光谱图，若两者吸收峰的频率、数目和强度完全一致，则可认为两者是相同的化合物。

（2）查阅标准光谱图 现代红外光谱仪器一般都配有标准光谱图，通过仪器操作软件进行谱库检索。

（三）仪器与试剂

1. 仪器

FTIR 红外光谱仪 1 台及研钵、压片模具、压片机、样品架等配套制样工具，红外灯，不锈钢铲。

2. 试剂

KBr 粉（光谱纯），聚苯乙烯塑料，CCl_4，苯甲酸。

（四）实验步骤

1. 聚苯乙烯红外光谱测绘（薄膜法制样）

① 配制浓度为 12% 的四氯化碳聚苯乙烯溶液。在一干净玻璃板（4cm×4cm）上直立一段两端都磨平的玻璃管（直径 3cm 左右），用滴管吸取配好的聚苯乙烯溶液滴入玻璃管内的玻璃板上，并使液面流平呈一薄层，然后让其在室温下自然干燥（如室温较低可稍稍提高干燥温度）。成膜后可用不锈钢镊子小心地取下薄膜，并于红外灯下烘干，进一步除去溶剂。

图 3-18 压好片的试样安放于样品架上

② 将薄膜置于样片夹持器上，在 AVATAR 360 红外分光光度计上测绘谱图。在测绘光谱图时，要注意在软件的操作方法中选择是先采集样品还是先采集背景。如果选择的是采集样品前先采集背景，则在进行采集背景时，样品不能放于仪器的试样架上。

2. 苯甲酸红外光谱测绘（压片法制样）

① 按约 1:100 的质量比例取少量的苯甲酸和溴化钾粉末，在玛瑙研钵中充分磨细（颗粒大小约 2μm），将其在红外灯下烘干 10min 左右（温度不宜太高），然后用不锈钢铲取少量样品置于制样模具不锈钢圆孔内，覆上模盖，在压片机上进行压片，即可得到附着在圆孔内的试样薄片（记住：薄片不要从孔内取下），该薄片要求透明无裂痕，否则应重新取样重压。

② 将试样放于样品架上（如图 3-18 所示），适当拧紧固定螺丝，这样就可以安放到光谱仪中测绘吸收光谱图了。

（五）数据处理

1. 图谱处理

① 打开本次实验的红外光谱图，标注光谱图上吸收峰的波数。

② 根据化合物名称和结构，确定各官能团对应的吸收峰。

2. 红外光谱库检索

如果计算机中安装有红外光谱库，则可以进行库检索。对比检索到的化合物名称和红外光谱图与本实验化合物和图谱是否一致。

（六）思考题

① 研磨试样时为什么要求研磨至 2μm 左右？

② 对于高聚物，很难研磨成细小的颗粒，采用什么制样方法比较好？

③ 在含氧有机物中，如果在 $1600\sim1900cm^{-1}$ 区域中有强吸收谱带，能否判断分子中有碳基存在？

实验 3-2 正丁醇-环己烷溶液中正丁醇含量的测定

(一) 实验目的

① 掌握标准曲线法在红外光谱分析中的定量分析技术。

② 了解红外光谱法进行纯组分定量分析的全过程。

③ 学会不同浓度溶液的配制、样品含量的计算等技巧。

(二) 基本原理

红外定量分析的依据是朗伯-比尔定律。但由于存在杂散光和散射光，糊状法制备的试样不适于作定量分析，即便是液池法和压片法，由于盐片的不平整、颗粒不均匀，也会造成吸光度同浓度之间的非线性关系而偏离比尔定律。所以在定量分析中，吸光度值要用工作曲线的方法来获得。另外还必须采用基线法求得试样的吸光度值，才能保证相对误差小于 3%。

(三) 仪器与试剂

1. 仪器

FTIR 红外光谱仪一台，一对液体池，样品架，注射器。

2. 试剂

正丁醇，环己烷，未知含量样品。

(四) 实验步骤

(1) 测定液体池的厚度　其中厚度较小的作为参比池，厚度较大的为样品池。

(2) 工作曲线的测试　分别取标准溶液（其浓度为 20%）1mL、2mL、3mL、4mL、5mL 放到 10mL 容量瓶中，用溶剂稀释至刻度，测定每一个样品的红外谱图。用仪器自带的定量分析软件绘制工作曲线。

(3) 测定未知样品的谱图。

(五) 数据处理

软件自动读取相应的峰高值并计算未知样品的含量，最后输出结果报告。

(六) 注意事项

配制一系列不同浓度的样品，最高浓度和最低浓度的特征吸收峰的吸光度值应在 0～1.5 之间。测定每一个样品都要清洗液体池，应确保其干净。否则，标准曲线的相关系数会很差，一般应大于 0.9995。

(七) 思考题

① 一般情况下，何种液体试样用液体池进行红外光谱的测定？

② 标准曲线的相关系数与哪些因素有关？

习　题

1. 红外吸收光谱产生的原因是（　　）。

A. 分子外层电子、振动、转动能级的跃迁

B. 原子外层电子、振动、转动能级的跃迁

C. 分子振动-转动能级的跃迁

D. 分子外层电子的能级跃迁

2. 在含羰基的分子中，与羰基相连接的原子的极性增加会使分子中该键的红外吸收峰（ ）。

A. 向高波数方向移动　　　　　　　　B. 向低波数方向移动

C. 不移动　　　　　　　　　　　　　D. 稍有振动

3. 一个含氧化合物的红外光谱图在 $3200 \sim 3600cm^{-1}$ 有吸收峰，下列化合物最可能的是（ ）。

A. CH_3—CHO　B. CH_3—CO—CH_3　C. CH_3—CHOH—CH_3　D. CH_3—O—CH_2—CH_3

4. 用红外吸收光谱法测定有机物结构时，试样应该是（ ）。

A. 单质　　　　　B. 纯物质　　　　　C. 混合物　　　　　D. 任何试样

5. 以下四种气体不吸收红外光的是（ ）。

A. H_2O　　　　　B. CO_2　　　　　C. HCl　　　　　D. O_2

6. 红外光谱法，试样状态可以是（ ）。

A. 气态　　　　　B. 液态　　　　　C. 固态　　　　　D. 气态、液态、固态都可以

7. H_2O 在红外光谱中出现的吸收峰的数目为（ ）。

A. 2　　　　　B. 3　　　　　C. 4　　　　　D. 5

8. 在红外光谱中，C=O 的伸缩振动所产生的吸收峰出现的波数（cm^{-1}）范围是（ ）。

A. $2100 \sim 2400$　B. $1650 \sim 1900$　C. $1500 \sim 1600$　D. $650 \sim 1000$

9. 下列化学键的伸缩振动所产生的吸收峰波数最大的是（ ）。

A. C=O　　　　　B. C=C　　　　　C. C—H　　　　　D. O—H

10. 在醇类化合物中，O—H 伸缩振动频率随溶液浓度增加而向低波数移动，原因是（ ）。

A. 溶液极性变大　B. 分子间氢键增强　C. 诱导效应变大　D. 易产生振动耦合

11. 伸缩振动包括＿＿＿＿和＿＿＿＿；弯曲振动包括＿＿＿＿和＿＿＿＿。

12. 在苯的红外吸收光谱图中：

(1) $3000 \sim 3300cm^{-1}$ 处，由＿＿＿＿＿＿＿＿＿振动引起的吸收峰；

(2) $1400 \sim 1675cm^{-1}$ 处，由＿＿＿＿＿＿＿＿＿振动引起的吸收峰；

(3) $650 \sim 1000cm^{-1}$ 处，由＿＿＿＿＿＿＿＿＿振动引起的吸收峰。

13. 红外吸收光谱的区域可划分为＿＿＿＿和＿＿＿＿两个区域。

14. 计算下列分子的不饱和度：

C_8H_{10}　　$C_8H_{10}O$　　$C_4H_{11}N$　　$C_{10}H_{12}S$　　$C_8H_{17}Cl$　　$C_7H_{13}O_2Br$

15. 某化合物的分子式为 C_8H_{14}，其不饱和度为＿＿＿＿，可能含有＿＿＿＿个双键或＿＿＿＿个叁键。

16. 产生红外吸收的条件是什么？是否所有分子振动都会产生红外吸收光谱？为什么？

17. 氯仿（$CHCl_3$）的红外光谱说明 C—H 伸缩振动频率为 $3100cm^{-1}$，对于氘代氯仿（CH^2Cl_3），其 C—^{2}H 振动频率是否会改变？如果变化的话，是向高波数还是低波数位移？为什么？

18. 红外定量分析时对溶剂有何要求？

19. 计算乙酰氯中 C=O 和 C—Cl 键伸缩振动的基本振动频率（波数）各是多少？已知化学键力常数分别为 12.1N/cm 和 3.4N/cm。

20. 某液态化合物的分子式为 C_2H_6O，其液态薄膜的红外光谱如下。试判断该物质的结构。

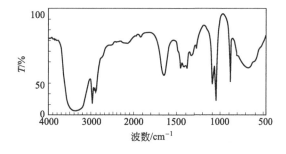

21. 一种分子式为 C_7H_8O 的化合物具有以下红外光谱图，试判断该化合物的结构。

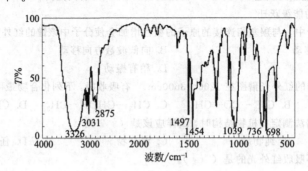

第四章 原子光谱分析法

【学习目标】

1. 熟悉原子吸收分光光度计结构和测定原理。
2. 掌握火焰法、石墨炉法的定量分析方法。
3. 熟练原子吸收中制样技术、分析最佳条件选择等操作技术。
4. 了解原子发射光谱的产生以及定性方法、定量方法。

第一节 原子吸收分光光度计结构与原理

用于测量和记录待测物质在一定条件下形成的基态原子蒸气对其特征光谱线的吸收程度并进行分析测定的仪器，称为原子吸收光谱仪或原子吸收分光光度计。目前，国内外商品化的原子吸收分光光度计仪器种类很多，但是其基本结构基本相同，光源、原子化器、分光系统和检测系统这四大部件都是必不可少的。图 4-1 为火焰原子吸收分光光度计的结构和工作原理示意。图 4-2 是普析通用生产的 TAS-990 原子吸收分光光度计。

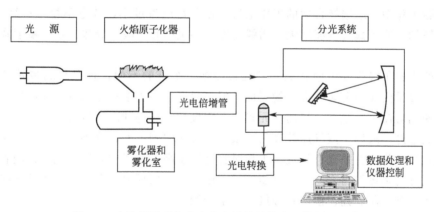

图 4-1 火焰原子吸收分光光度计的结构和工作原理示意

光源发射的待测元素的特征谱线，通过原子化器中待测元素的原子蒸气时，部分被吸收，透过部分经分光系统和检测系统即可测得该特征谱线被吸收的程度即吸光度。根据吸光度与浓度呈线性关系，即可求出待测物的含量，这就是原子吸收光谱法的测定原理。

一、光源

光源是原子吸收分光光度计的一个重要组成部件，其功能是发射被测元素的特征共振辐射。对光源的基本要求如下所述。

① 发射的共振辐射的半宽度要明显小于吸收线的半宽度。

② 辐射强度大、背景低，低于特征共振辐射强

图 4-2 TAS-990 原子吸收分光光度计

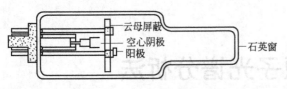

图 4-3 空心阴极灯的结构和外形

度的 1%。

③ 稳定性好，30min 之内漂移不超过 1%；噪声小于 0.1%。

④ 有较长的使用寿命，价格便宜，结构可靠，使用方便等。

蒸气放电灯、无极放电灯和空心阴极灯都能符合上述要求。这里介绍原子吸收光谱法中常用的空心阴极灯。

空心阴极灯又称元素灯，简称 HCL。典型的空心阴极灯的结构如图 4-3 所示。由待测元素材料制成圆筒形空心阴极，由钨材料制成棒型阳极，阴电极密封在充有惰性气体、前端带有石英窗的玻璃灯管中。

在工作时，仪器的电源电路为灯的两极加 200～500V 的电压。根据不同元素的检测要求，提供不同的灯工作电流。灯通电后，阴极发出的电子在电场作用下射向阳极，并在运动的过程中与充入的惰性气体原子碰撞，使其电离，电离后的正离子在电场的作用下向阴极加速运动，轰击阴极表面，使阴极表面金属原子溅射出来。溅射出来的原子再与电子、惰性气体原子及离子发生碰撞而被激发。处于激发态的离子不稳定，瞬间要从高能态返回到原来的基态，并以光的形式释放出多余的能量，产生待测元素的特征光谱线。由于许多元素的光谱处于紫外区，所以灯的透光窗须使用石英玻璃（玻璃对紫外线会有吸收）。

在实际工作中，应选择合适的工作电流。使用灯电流过小，放电不稳定；灯电流过大，溅射作用增加，原子蒸气密度增大，谱线变宽，甚至引起自吸，导致测定灵敏度降低，灯寿命缩短。

为了改进原子吸收分析中每测一种元素需换一个灯的不便，现在制成多元素空心阴极灯，灯的阴极是由几种金属的混合物制成。但多元素空心阴极灯存在发射强度低、易产生光谱干扰及使用寿命短等缺点。目前多元素空心阴极灯没有得到广泛应用。

无极放电灯一般用于蒸气压较高的元素或化合物的测定上，这种灯是一个石英管，管内放进数毫克金属化合物并充有氩气。工作时将灯置于高频电场中，氩气激发伴随着管内温度升高，金属化合物蒸发出来，并进一步离解、激发，从而辐射出金属元素的共振线。无极放电灯主要用于砷、硒、镉、锡、贵金属等元素的测定。

二、原子化器

原子化器的功能是提供能量，使试样干燥、蒸发和原子化。光源发出的特征辐射在这里被基态原子吸收，因此也可把它视为"吸收池"。使试样原子化的方法主要有火焰原子化法和非火焰原子化法。对原子化器的基本要求：必须具有足够高的原子化效率；必须具有良好的稳定性和重现性；操作简单及低的干扰水平等。

1. 火焰原子化器

火焰原子化法中，目前应用较广泛的是预混合型火焰原子化器，它是由雾化器、雾化室、供气系统和燃烧器四部分组成，如图 4-4 所示。

(1) 雾化器 雾化器的作用是将试液变成细雾。雾粒越细、越多，在火焰中生成的基态自由原子就越多。目前，应用最广的是气动同心型喷雾器，压缩空气或其他助燃气体从雾化器的环形间隙高速喷出时，喷嘴口便产生负压，吸入试液沿毛细管提升，由雾化器喷管喷出，同时被高速气流分散成雾粒。喷雾器喷出的雾滴碰到玻璃球上，可产生进一步细化作用。生成的雾滴粒度和试液的吸入率，影响测定的精密度和化学干扰的大小。目前，喷雾器多采用不锈钢、聚四氟乙烯或玻璃等制成。

（2）雾化室　雾化室的作用主要是使大雾滴沉降、凝聚并从废液口排出；使雾粒与燃气及助燃气充分混合形成气溶胶，以便在燃烧时得到稳定的火焰。其中的扰流器可使雾滴变细，同时可以阻挡大的雾滴进入火焰。一般的喷雾装置的雾化效率为 5%～15%。

（3）燃烧器　试液的细雾滴进入燃烧器，在火焰中经过干燥、熔化、蒸发和离解等过程后，产生大量的基态自由原子及少量的激发态原子、离子和分子。通常要求燃烧器的原子化程度高、火焰稳定、吸收光程长、噪声小等。燃烧器有单缝和三缝两种。燃烧器的缝长和缝宽应根据所用燃料确定。目前，单缝燃烧器应用最广。为了扩大测量元素含量范围，燃烧器可以旋转一定的角度以改变吸收光程。

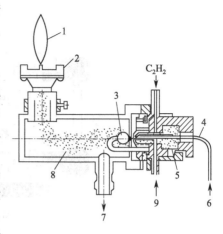

图 4-4　预混合型火焰原子化器
1—火焰；2—燃烧器；3—撞击球；
4—毛细管；5—雾化室；6—试液；7—废液；
8—雾化室；9—助燃气（空气或笑气）

（4）火焰　燃气和助燃气的种类不同，火焰的最高温度也不同。

原子吸收光谱法中常用的是乙炔-空气火焰，适用于多数元素的测定。空气可以由压缩空气钢瓶、活塞式空气压缩机或膜动式空气压缩机供给。活塞式空气压缩机的出口压力为 0.4～0.6MPa，应配空气过滤减压阀，调节出口压力为 0.3MPa 左右。膜动式压缩机，一般由安全阀排气调到使用压强。空气经转子流量计流入雾化器。在湿度大的地方，气路可加气水分离器除水。

乙炔由钢瓶或乙炔发生器供给。使用乙炔应注意安全：乙炔瓶存放和使用时只能直立，不能横躺卧放，以防丙酮流出引起燃烧爆炸；开启乙炔瓶的瓶阀时，不要超过一圈半，一般只开 3/4 圈；存放乙炔瓶的室内场所应注意通风换气，防止泄漏的乙炔气滞留；燃气钢瓶与乙炔发生器附近不应该有明火；在使用过程中要经常用手触摸瓶壁，如局部温度升高超过 40℃（有些烫手），应立即停止使用，在采取水降温并妥善处理后，送充气单位检查。

乙炔-氧化亚氮火焰适用于耐高温、难解离和激发电位较高的元素的原子化。氧化亚氮由钢瓶供给，使用乙炔-氧化亚氮火焰时应小心，注意防止回火，禁止直接点燃乙炔-氧化亚氮火焰。点燃时，应先点燃空气-乙炔火焰并调节出富燃火焰，再过渡到乙炔-氧化亚氮火焰，并保持为"富燃"（保持有桃红色的中间层火焰，是乙炔-氧化亚氮火焰"富燃"的特征）。雾化室应装有安全塞，当回火时安全塞被冲开而不造成其他破坏。

2. 非火焰原子化器

非火焰原子化器是利用电热、阴极溅射、高频感应或激光等方法使试样中的待测元素原子化。应用最广的是石墨炉原子化器，其结构如图 4-5 所示。

石墨炉原子化器通常是用一个长 30～60mm、外径 8～9mm、内径 4～6mm 的石墨管制成，管上留有直径为 1～2mm 的小孔（有三孔和单孔两种）以供注射试样和通惰性气体之用。管两端有可使光束通过的石英窗和连接石墨管的金属电极。通电后，石墨管迅速发热，使注入的试样蒸发和原子化。为了保护管体，管外设计有水冷外套。管上小孔通入的惰性气体如 N_2、Ar 等可使已形成的基态原子和石墨管不被氧化。

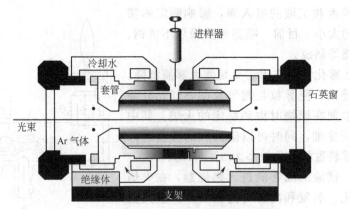

图 4-5 石墨炉原子化器

原子化程序分为干燥、灰化、原子化、净化 4 个阶段。测定时，试样用微量进样器注入石墨管，先通入小电流，在 110℃左右干燥试样，除去溶剂；再升温到 130～1530℃灰化试样，除去基体；然后升温到 2030～3030℃，在短时间内将待测元素高温原子化，并记录吸光度值；最后升温到 3030℃以上，使管内残留的待测元素挥发掉，消除其对下一试样产生的记忆效应，即净化。

与火焰原子化器相比，石墨炉原子化器的原子化效率高，在可调的高温下试样利用率达 100%，气相中基态原子浓度比火焰原子化器高数百倍，且基态原子在光路中的停留时间更长，因而灵敏度高得多，绝对检出下限为 $10^{-14}～10^{-10}$ g，特别适用于低含量样品分析，取样量少，能直接分析液体和固体样品。但石墨炉原子化器操作条件不易控制，背景吸收较大，重现性、准确性均不如火焰原子化器，且设备复杂、费用较高。

三、单色器

原子吸收分光光度计的单色器是由入射狭缝、准直元件、色散元件（常用光栅）和出射狭缝组成。图 4-6 是一种单光束单色器的示意。

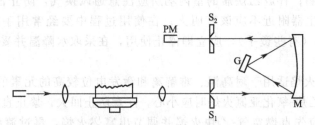

图 4-6 单光束单色器示意

G—光栅；M—反射镜；S_1—入射狭缝；S_2—出射狭缝；PM—检测器

光源发出的特征光经第一透镜聚集在待测原子蒸气时，部分被基态原子吸收，透过部分经第二透镜聚集在单色器的入射狭缝 S_1，经反射镜 M 反射到单色器的光栅上进行色散后，再经出射狭缝 S_2，反射到检测器 PM 上。

在固定空心阴极灯光源的原子吸收光路中，分光系统的分辨能力取决于色散元件的色散率和狭缝宽度。对光栅而言，色散本领常用线色散率的倒数表示，即 $D = d\lambda/dL$，其含义是在单色器焦面上每毫米距离内所含的波长数（单位：nm/mm）。此值愈小，色散率愈大。狭缝的宽度与色散率倒数的乘积称为单色器的光谱通带，即通过单色器出射狭缝的光束的波长宽度（光电倍增管所接受到的光的波长范围）。其数学表达式为：

$$W = DS \tag{4-1}$$

式中　W——单色器通带宽度，nm；

S——狭缝宽度，mm。

对具体仪器来说，色散原件的色散率已固定。此时的分辨能力仅与仪器的狭缝宽度有关。减小狭缝宽度，可提高分辨能力，有利于消除干扰谱线。但狭缝宽度太小，会导致透过光强度减弱，分析灵敏度下降。一般狭缝宽度调节在 0.01～2mm 之间。对干扰谱线较少的元素，可适当采用较宽的狭缝；而对多谱线元素如 Fe、Ni、稀土元素等复杂谱线的元素或存在连续背景时，宜采用较窄狭缝。

四、检测系统

原子吸收光谱仪的检测系统是由光电转换器、放大器和显示器组成的，它的作用就是把单色器分出的光信号转换为电信号，经放大器放大后以透射比或吸光度的形式显示出来。

原子吸收中常用的光电转换器是光电倍增管。其作用是将单色器分出的光信号进行光电转换。放大器主要是将光电倍增管输出的电压信号放大。显示系统由记录器、数字直读装置、电子计算机程序控制等组成。

第二节　原子吸收光谱分析的定量方法

一、标准曲线法

配制与试样溶液相同或相近基体的含有不同浓度的待测元素的标准溶液，在给定的实验条件下，分别测得其吸光度 A。以吸光度为纵坐标、待测元素相应的浓度为横坐标，绘制 A-c 标准曲线。在相同实验条件下，测出待测试样溶液的吸光度，在标准曲线上查出其浓度即可求出待测元素的含量。

测定时一般应注意以下几点。

① 配制标准系列的浓度，应控制在吸光度与浓度呈直线的范围内，浓度过大或过小都会超出此直线范围，造成标准曲线弯曲、测定结果不准。一般将吸光度控制在 0.1～0.8 之内。

② 测量过程应严格保持条件不变。

标准曲线法的优点是大批量样品测定非常方便。不足之处是对个别样品测定仍需配制标准系列，手续比较麻烦；对于组成复杂的样品测定，标准样的组成难以与其相近，基体效应差别较大，测定的准确度欠佳。

二、标准加入法

将试样分成体积相同的若干份（一般为 5 份），除一份外，其余各份分别加入已知量的不同浓度的标准溶液，如 c_1、c_2、c_3、c_4，稀释、定容到相同的体积后，分别测量其吸光度 A_0、A_1、A_2、A_3、A_4。以加入待测元素的标准量为横坐标，测得相应的吸光度为纵坐标作图，可得一条直线。将此直线外推至横坐标相交处，此点与原点的距离即为稀释后试样中待测元素的浓度。

在使用标准加入法时应注意以下几点。

① 至少要配制 4 种不同比例加入量的待测元素标准溶液，以提高测量准确度。

② 绘制的工作曲线斜率不能太小，否则外延后将引入较大误差，为此应使一次加入量 c_0 与未知量 c_x 尽量接近。

③ 标准加入法能消除基体效应带来的干扰，但不能消除背景吸收带来的干扰。

④待测元素的浓度与对应的吸光度应呈线性关系，即绘制工作曲线应呈直线，而且当待测元素不存在时，工作曲线应该通过零点。

⑤ 对批量样品测定手续太繁，不宜采用标准加入法；对成分复杂的少量样品测定和低含量成分分析，准确度较高。

第三节　原子吸收分光光度计的日常维护

为确保原子吸收分光光度计各功能部件的正常使用并延长使用寿命，操作人员对仪器要做好日常维护、开机检测及设备使用记录；保管人员负责仪器的日常管理，定期维护、保养等。

一、常见故障排除

在仪器使用过程中，由于试样的复杂性及操作条件的改变等原因，经常会发生毛细管堵塞、燃烧头积炭、点火电极不打火、石墨管损坏等故障。进样毛细管阻塞时，应用软细金属丝疏通；燃烧器混合室内有沉积物时可以用清洗液或超声波清洗；当石墨管结构损坏后更换新管时，应当用清洁器或清洁液清洗石墨锥的内表面和石墨炉炉腔，除去碳化物的沉积，新的石墨管安放好后，应进行热处理，即空烧，重复 3~4 次；燃烧头上有积炭时需要进行清除，方法是待熄灭火焰后将滤纸一折为二，插入燃烧头缝隙来回擦洗，以便将燃烧头缝内壁的积炭除去，如清洗无效，则要拆下燃烧头用溶剂清洗。

二、紧急情况处理

① 仪器工作时，如果遇到突然停电，此时如正在做火焰分析，则应迅速关闭燃气；若正在做石墨炉分析时，则迅速切断主机电源；然后将仪器各部分的控制机构恢复到停机状态，待通电后，再按仪器的操作程序重新开启。

② 在做石墨炉分析时，如遇到突然停水，应迅速切断主电源，以免烧坏石墨炉。

③ 操作时如嗅到乙炔或石油气的气味，这是由于燃气管道或气路系统某个连接头处漏气，应立即关闭燃气进行检测，待查出漏气部位并密封后再继续使用。

④ 显示仪表（表头、数字表或记录仪）突然波动，这类情况多数因电子线路中个别元件损坏、某处导线断路或短路、高压控制失灵等造成。另外，电源电压变动太大或稳压器发生故障，也会引起显示仪表的波动现象。如遇到上述情况，应立即关闭仪器，待查明原因、排除故障后再开启。

⑤ 发生回火，应立即关闭燃气，然后再将仪器开关、调节装置恢复到启动前的状态。查明回火原因并采取相应措施后再继续使用。造成回火的主要原因是气流速度小于燃烧速度。其直接原因有：突然停电或助燃气体压缩机出现故障使助燃气体压力降低；废液口水封不好；燃烧器的缝增宽；助燃气和燃气比例失调；防爆膜破损；用乙炔-氧化亚氮火焰时，乙炔气流量过小等。

第四节　原子吸收光谱法的应用和实验技术

一、原子吸收光谱法的应用

原子吸收光谱分析在我国已广泛应用于冶金、地质、环境保护、医疗卫生、农业、化工、食品等部门的研究和监测工作。原子吸收光谱分析能够测定几乎全部的金属元素和大多数的半金属元素。

二、样品处理技术

样品的预处理是在进行原子吸收测定之前，将样品处理成溶液状态，也就是对试样进行分解，使微量元素处于溶解状态。样品经过预处理后才能进行火焰原子吸收光谱测定。常用的方法有灰化法、湿消化法及密封微波溶样法。

1. 干法灰化

如饲料中 Cu、Fe、Mn、Zn、Mg 等元素的测定可以使用高温灰化法，即将饲料样品在高温下灼烧，使样品中含有的纤维素、蛋白质和油脂等有机物质分解挥发，仅留下矿物质灰分。灰分用 1 : 1 盐酸或 1 : 1 硝酸 5mL 溶解后，无损失地转移到 100mL 容量瓶中，用超纯水或新鲜双蒸水定容至刻度待测，同样方法测定空白液。

干灰化法的优点是适合于大批样品分析，而且由于溶解灰分时消耗较少的酸，所以空白值比湿法消化要低；缺点是样品消化时间长，难以被彻底消化，且回收率比较低（如铅、镉、锌等）。干法灰化需要掌握好灰化温度和灰化时间，最佳灰化温度和时间是确保样品灰化完全和防止元素挥发损失的关键条件，时间过短则样品分解不完全，回收率低，时间过长则易带来元素的挥发损失。易挥发元素的测定如 Hg、As、Se 等不宜用高温灰化法。

2. 湿法消化

即用酸消煮来破坏有机物的方法。湿法消化常用的酸是硝酸、高氯酸。在使用硝酸-高氯酸消化时，一定要先将硝酸加入样品放置几小时或过夜，使之与样品充分混合，在电热板上消化以后再加入高氯酸，以防止在硝酸分解完全后，局部温度升高而导致高氯酸和有机物作用产生爆炸危险。

与干法灰化相比，湿法消化不容易损失金属元素，所需时间也较短，缺点是酸的用量大，造成较高的试剂空白。

另外，也可用双氧水辅助混酸消化。双氧水在酸性介质中能在低温下分解，产生高能态的活性氧，硝酸分解产生的二氧化氮有催化氧化的能力，两者配合使用可增强混酸的氧化能力，提高反应速率，从而使样品完全分解。

3. 密封微波溶样技术

利用样品与酸的混合物对微波能的吸收达到快速加热消解样品的目的。微波加热具有加热速率快、效率高的优点，尤其在密闭容器中，可以在数分钟之内达到很高的温度和压力，使样品快速溶解。此外，密闭容器微波消解能避免样品中存在的或在样品消解时形成的挥发性分子组分中痕量元素的损失，还能减少酸的使用量从而显著降低空白值，保证测量结果的准确性。同时，微波消解易于实行自动化，可与其他分析仪器实行连续分析。近十年来此技术在原子吸收光谱分析的样品前处理方面取得了广泛应用，具有广阔的发展前景。但密封微波溶样的条件探索和仪器的最佳设计等还有待于大量实践来确定。

三、测定条件的选择

在原子吸收光谱法实际测试中，应综合各方面的因素，做好分析测试最佳条件的选择。通常主要考虑原子吸收分光光度计的操作条件，即元素分析线、灯电流、火焰、燃烧器的高度、狭缝宽度及进样量等。

1. 分析线的选择

在测试待测试液时，为了获得较高的灵敏度，通常选择元素的共振线作为分析线。但并非在任何情况下都作这样的选择。例如，对于 As、Se、Hg 等元素的测定，它们的灵敏线都处于远紫外区，而在这个光谱区间内，由于不同组成的火焰都有较为强烈的背景吸收，所以此时选择这些元素的共振线作为分析线显然是不适宜的，此时可选择非共振线作分析线进行测定。另外，在待测组分的浓度较高时，即使共振线不受干扰，也不宜选择元素的灵敏线作分析线用。因为灵敏线是待测元素的原子蒸气吸收最强烈的入射线，若选择元素的共振线为分析线，吸收值有可能会突破标准曲线的有效线性范围，给待测元素的准确定量带来不必要的误差。所以，应考虑选择灵敏度较低的元素的共振线作为分析线。但在微量元素的分析测定中，必须选择吸收最强的共振发射线。

当然，最佳分析线的选择应根据具体情况，通过实验来确定。

2. 灯电流的选择

空心阴极灯的主要任务是辐射出能用于峰值吸收的待测元素的锐线光谱——即特征谱线。那么欲达到这个目的，就须选择有良好发射性能的空心阴极灯，由于空心阴极灯的发射特性取决于灯电流的大小，所以，选择最适宜的灯电流就成为能否准确分析的操作条件之一。

空心阴极灯一般需要预热 10～30min 才能达到稳定输出。灯电流过小，放电不稳定，故光谱输出不稳定，且光谱输出强度小；灯电流过大，发射谱线变宽，导致灵敏度下降，校正曲线弯曲，灯寿命缩短。选用灯电流的一般原则是：在保证有足够强且稳定的光强输出条件下，尽量使用较低的工作电流。通常以空心阴极灯上标明的最大电流的 1/2～2/3 作为工作电流。在具体的分析场合，最适宜的工作电流由实验确定。

3. 火焰的选择

在火焰原子化法中，火焰类型和特性是影响原子化效率的主要因素。对低温、中温元素，使用空气-乙炔火焰；对高温元素，宜采用氧化亚氮-乙炔高温火焰；对分析线位于短波区（200nm 以下）的元素，使用空气-氢火焰是合适的。在确定火焰类型之后，还应通过实验进一步确定燃助比。对于易氧化而形成难解离氧化物的元素（如铝、钡、铬和钼等），富燃火焰（燃助比大于它们之间的化学反应计量量）是有利的；对碱金属和不易氧化的元素（如银、金和钯等），用贫燃火焰（燃助比小于化学反应计量量）是有利的；而化学计量火焰（燃助比与它们之间的化学反应计量量相近）对大多数元素都是适用的。

4. 燃烧器的高度

不同性质的元素，其基态原子浓度随燃烧器的高度即火焰的高度的分布是不同的。如氧化物稳定性高的 Cr，随火焰高度的增加，其氧化特性增强，形成氧化物的倾向增大，基态原子数目减少，因而吸收值相对降低；而不易氧化的 Ag，其吸收值随火焰高度的增加而增大。但对于氧化物稳定性居中的 Mg 来说，其吸收值开始时是随火焰高度的增加而增加，但达到一峰值后却又随火焰高度的增加而降低。所以，测定时应根据待测元素的性质，仔细调节燃烧器的高度，使光束从基态原子浓度最大的火焰区穿过，以获得最佳的灵敏度。

5. 狭缝宽度

在原子吸收光谱分析法中，谱线重叠的可能性一般比较小，因此，测定时可选择较宽的狭缝，从而使光强增大，提高信噪比。但还应考虑单色器分辨能力的大小、火焰背景的发射强弱以及吸收线附近是否有干扰线或非吸收线的存在等。如果单色器的分辨能力强、火焰背景的发射弱、吸收线附近无干扰线，则可选择较宽的狭缝；否则，应选择较窄的狭缝。

6. 进样量的选择

进样量过小，吸收信号弱，甚至会低于仪器的检测限，不便于测量。进样量过大，在火焰原子化法中，对火焰产生冷却效应；在石墨炉原子化法中，会增加除残的困难。在实际工作中，应测定吸光度随进样量的变化，达到最满意的吸光度的进样量，即为应选择的进样量。

总之，对于通常所遇到的上述条件，原则上均应以实验手段来确定最佳操作条件。

四、干扰及其消除

原子吸收光谱法采用的是锐线光源，应用的是共振吸收线，吸收线的数目比发射线的数目少得多，谱线相互重叠的概率较小；而且原子吸收跃迁的起始状态为基态，基态原子数目（N_0）受温度的影响较小，所以，N_0 近似等于总原子数。因此，在原子吸收光谱分析法中，干扰一般较少。但在实际工作中，一些干扰还是不容忽视的。所以，必须了解产生干扰的原因，以便采取措施使干扰对测定的影响最小。

一般来说，原子吸收光谱分析中的干扰主要有两大类型。第一类为光谱干扰，包括谱线干扰和背景吸收所产生的干扰；第二类为物理干扰、化学干扰和电离干扰等。

1. 光谱干扰及其消除

光谱干扰主要产生于光源和原子化器。

（1）光源产生的干扰

① 与分析线相邻的其他谱线的存在所引起的干扰。

a. 共存谱线为待测元素线。这种情况多发生在多谱线元素的测定中。如：在镍空心阴极灯的发射线中，分析线 232.0nm 附近还有许多条发射谱线（如 231.6nm），而这些谱线又不被镍元素所吸收，这样测定的灵敏度就会下降，自然会导致工作曲线的弯曲。不过，这样的干扰可借助于调节狭缝宽度的办法来控制。

b. 共存谱线为非待测元素的谱线。若此谱线为该元素的非吸收线，则会使测定的灵敏度下降；但若为该元素的吸收线，则当试液中含有该元素时，就会使试液产生"假吸收"，使待测元素的吸光度增加，产生正误差。当然，这种误差的产生主要是空心阴极灯的阴极材料不纯引起的，且常见于多元素灯。避免这种干扰的方法是选用合适的单元素灯。

② 谱线重叠的干扰。一般谱线重叠的可能性较小，但并不能完全排除这种干扰存在的可能性。一般这种情况是由共存元素的共振线与待测元素的共振线重叠而引起的。例如：被测元素铁的共振线为 271.9025nm，而共存元素 Pt 的共振线为 271.9038nm；又如被测元素 Si 的共振线为 250.6899nm，共存元素 V 的共振线为 250.6905nm 等。在一定的条件下，就会发生干扰。遇到这种情况，可选择灵敏度较低的谱线进行测量，以避免干扰。

（2）与原子化器有关的干扰 这类干扰主要是由于背景吸收造成的。背景吸收的干扰是由气体分子对光的吸收和高浓度盐的固体微粒对光的散射所引起的。

① 火焰成分对光的吸收。波长越短，火焰成分中的 OH、CH 及 CO 等基团或分子对辐射的吸收就越严重。通常可通过调节零点或改换火焰组成等办法来消除。

② 固体对光的散射。在进行低含量或痕量分析时，大量的盐类物质进入原子化器，这些盐类的细小微粒处于光路中，会使共振线发生散射而产生"假吸收"，从而引入误差。所以，背景吸收（分子吸收）主要是由于在火焰或无火焰原子化器中形成了分子或较大的质点，因此，在待测元素吸收共振线的同时，会因为这些物质对共振线的吸收或散射而使部分共振线损失，产生误差。

消除这种背景吸收对分析测定结果的影响，可通过测量与分析线相近的非吸收线的吸收，再从分析线的总吸收中扣除这部分吸收来校正；也可以用与试样组成相似的标准溶液来校正。当然，现代原子吸收分光光度计中都具有自动校正背景吸收的功能。

2. 物理干扰（基体效应）

此类干扰是指试样在转移、蒸发过程中的某些物理因素的变化而引起的干扰效应。它主要影响试样喷入火焰的速度、雾化效率、雾滴大小及其分布、溶剂与固体微粒的蒸发等。主要因素有：试液的黏度影响试样喷入火焰的速度；试液的表面张力影响雾滴的大小及分布；溶剂的蒸气压影响其蒸发速度；雾化气体的压力影响试液喷入量的多少。这些因素的存在，对火焰中待测元素的原子数量有明显的影响，当然会影响到吸光度的测定。

采用配制与试液组成相近似的标准溶液或标准加入法均可消除这种干扰。因为这种干扰对试样中的各元素的影响是相似的。

3. 化学干扰

化学干扰是由于液相或气相中被测元素的原子与干扰物质组分之间形成热力学性质更稳定的化合物，从而影响被测元素化合物的解离及其原子化。磷酸根对钙的干扰，硅、钛形成难解离的氧化物，钨、硼、稀土元素等生成难解离的碳化物，从而使有关元素不能有效原子化，都是化学干扰的例子。化学干扰是一种选择性干扰。

消除化学干扰的方法有：化学分离、使用高温火焰、加入释放剂和保护剂、使用基体改进剂等。例如在测定钙时，若试液中存在磷酸根，则钙易在高温下与磷酸根反应生成难解离的 $Ca_2P_2O_7$，加入释放剂 $LaCl_3$ 后，La^{3+} 与 PO_4^{3-} 可生成更稳定的 $LaPO_4$，从而抑制了磷酸根对钙的反应；或者加入保护剂 EDTA，可有效地防止磷酸根对钙测定的干扰，这是因为 Ca 与 EDTA 形成更稳定的 Ca-EDTA 配合物，而 Ca-EDTA 在火焰中很容易被原子化，既达到了消除干扰的目的，又实现了钙的测定，使测定的灵敏度大大提高。在石墨炉原子吸收法中，加入基体改进剂，提高被测物质的稳定性或降低被测元素的原子化温度以消除干扰。例如，汞极易挥发，加入硫化物生成稳定性较高的硫化汞，灰化温度可提高到 300℃；测定海水中 Cu、Fe、Mn、As，加入 NH_4NO_3，使 NaCl 转化为 NH_4Cl，在原子化之前低于 500℃ 的灰化阶段除去。另外也可以采用萃取、沉淀、离子交换等化学分离的方法，提前将干扰或待测元素分离出去，然后再进行测定。

4. 电离干扰

高温下原子电离，使基态原子的浓度减少，引起原子吸收信号降低，此种干扰被称为电离干扰。这种情况是电离电位不大于 6eV 的元素特有的，它们在火焰中易电离，且火焰温度越高，此干扰的影响就越严重。碱金属及碱土金属的这种干扰现象尤为明显。电离效应随温度升高、电离平衡常数增大而增大，随被测元素浓度增高而减小。

加入更易电离的碱金属元素（消电离剂），可以有效地消除电离干扰。

五、实验技术

实验 4-1　原子吸收测定最佳实验条件的选择

（一）实验目的

① 了解原子吸收分光光度计的构造、性能及操作方法。

② 了解实验条件对灵敏度、准确度的影响及最佳实验条件的选择。

（二）基本原理

在原子吸收分析中，测定条件的选择对测定的灵敏度、准确度有很大的影响。通常选择共振线作分析线测定具有较高的灵敏度。

使用空心阴极灯时，工作电流不能超过最大允许的工作电流。灯的工作电流过大，易产生自吸（自蚀）作用，使谱线变宽、测定灵敏度降低、工作曲线弯曲、灯的寿命短。灯的工作电流小，谱线变宽小，灵敏度高。但灯电流过低，发光强度减弱，发光不稳定，信噪比下降。在保证稳定和适当光强输出情况下尽可能选较低的灯电流。

燃气和助燃气流量的改变，直接影响测定的灵敏度，燃助比为1∶4的化学计量火焰，温度较高，火焰稳定，背景低，噪声小，大多数元素都用这种火焰。

燃助比小于1∶6的火焰为贫燃火焰，该火焰燃烧充分，温度较高，用于不易氧化的元素的测定。燃助比大于1∶3的火焰为富燃火焰，该火焰温度较低，噪声较大，但其还原气氛较强，适合测定已形成难溶氧化物的元素。

被测元素基态原子的浓度，在不同的火焰高度，分布是不均匀的，故火焰高度不同，基态原子浓度也不同。

（三）仪器与试剂

1. 仪器

原子吸收分光光度计，铜空心阴极灯，空气压缩机，乙炔钢瓶，250mL 容量瓶，10mL 移液管。

2. 试剂

铜标准溶液 100μg/mL。

（四）实验步骤

1. 配制 250mL 4μg/mL 的铜标准溶液

用移液管吸取 10.00mL 浓度为 100μg/mL 的铜标准液至 250mL 容量瓶中，用蒸馏水定容并混匀。

2. 分析线的选择

在 324.8nm、282.4nm、296.1nm 和 301.0nm 波长下分别测定所配制的 4μg/mL 的铜标准溶液的吸光度。根据对分析试样灵敏度的要求、干扰的情况，选择合适的分析线，试液浓度低时，选择灵敏线，试液浓度高时，选择次灵敏线，并要选择没有干扰的谱线。

3. 空心阴极灯的工作电流的选择

在上述选择的波长下，喷雾所配制的 4μg/mL 的铜标准溶液，每改变一次灯电流，记录对应的吸光度信号，每测定一个数值前，必须喷入蒸馏水调零（以下实验均相同）。

4. 助燃比选择

固定其他条件和助燃气流量，喷入所配制的 4μg/mL 的铜标准溶液，改变燃气流量，记录吸光度。

5. 燃烧头高度的选择

喷入所配制的 4μg/mL 的铜标准溶液，改变燃烧头的高度，逐一记录对应的吸光度。

（五）实验数据及结果

① 绘制吸光度-灯电流曲线，找出最佳灯电流。
② 绘制吸光度-燃气流量曲线，找出最佳燃助比。
③ 绘制吸光度-燃烧头高度曲线，找出燃烧头最佳高度。

（六）注意事项

① 实验时要打开通风设备，使金属蒸气及时排出室外。

② 点火时，先开空气，后开乙炔气。熄火时，先关乙炔气，后关空气。室内若有乙炔气味，应该立即关掉乙炔气源，开通风橱，排除问题后，再继续进行实验。

(七) 思考题

① 如何选择最佳实验条件？实验时，若条件发生变化，对结果有什么影响？

② 在原子吸收光谱仪中，为什么单色仪位于火焰原子化器之后，而紫外分光光度计的单色仪则位于试样室之前？

实验 4-2　火焰原子吸收法测定水中总铬（标准曲线法）

(一) 实验目的

① 进一步熟悉原子吸收分光光度计的使用，熟练火焰法的操作步骤。

② 掌握标准曲线法测定水中总铬的定量方法。

(二) 基本原理

采用空气-乙炔火焰原子吸收法测定水中铬时，由于空气-乙炔火焰法测定铬的灵敏度不高，而且当样品中存在铁和镍等元素时，还会对铬的测定产生明显的干扰等问题，因此使用空气-乙炔火焰法测定铬有一定的技术难度。实验证明，对于铁和镍的干扰可采用加入基体改进剂——铵盐的方法予以抑制和消除；另外，由于铬在火焰中易形成氧化物，因此测定铬时应采用具有富燃性空气-乙炔火焰。

(三) 仪器与试剂

1. **仪器**

原子吸收光谱仪，铬空心阴极灯，空气压缩机，乙炔钢瓶，容量瓶，分刻度吸量管。

仪器操作条件：调节仪器光路、燃烧器位置、燃助气比等，使仪器处于最佳工作状态。

波长 357.9nm，灯电流 10mA，狭缝 0.7nm，空气-乙炔火焰（富燃）。

2. **试剂**

① 1.00g/L 铬标准储备液。准确称取 2.8330g 重铬酸钾，用水溶解并定容至 1L。

② 50.00mg/L 铬标准工作液。移取铬标准储备液 5.00mL 于 100mL 容量瓶中，加水定容至标线。

③ 10％氯化铵溶液，HNO_3（体积比 1：1）溶液。

(四) 实验步骤

1. **标准曲线的绘制**

准确移取铬标准使用液 0.00、0.50mL、1.00mL、2.00mL、3.00mL、4.00mL 于 50mL 容量瓶中，然后，分别加入 5mL NH_4Cl 溶液，3mL 硝酸（1+1）溶液，用水定容至标线，摇匀，其铬的含量为 0.00、0.50mg/L、1.00mg/L、2.00mg/L、3.00mg/L、4.00mg/L。此浓度范围应包括试液中铬的浓度。按仪器参考条件由低到高浓度顺次测定标准溶液的吸光度。用减去空白的吸光度与相对应的元素含量（mg/L）绘制校准曲线。

2. **试样测定**

取适量试液，加入 5mL NH_4Cl 溶液，3mL 硝酸（1+1）溶液，用水定容至标线，摇匀，在与标准曲线相同条件下测定试液的吸光度。由吸光度值在校准曲线上查得铬含量。

(五) 思考题

在用火焰原子吸收光谱法测定铬含量时用什么火焰（富燃焰、贫燃焰和化学计量焰）？为什么？

实验 4-3　原子吸收光谱法测定黄酒中铜含量（标准加入法）

（一）实验目的

① 学习使用标准加入法进行定量分析。

② 掌握黄酒中有机物质的消化方法。

③ 熟练原子吸收分光光度计的基本操作。

（二）基本原理

如果试样中基体成分不能被准确知道，或是十分复杂，可采用标准加入法，其测定过程和原理如下：一般吸取若干份等体积试液置于相应只等容积的容量瓶中，从第二只容量瓶开始，分别按比例递增加入待测元素的标准溶液，然后用溶剂稀释至刻度，摇匀，分别测定溶液 c_x，$c_x + c_0$，$c_x + 2c_0$，$c_x + 3c_0$，…的吸光度为 A_x，A_1，A_2，…，然后以吸光度 A 对待测元素标准溶液的加入量作图，得工作曲线，其纵轴上截距 A_0 为只含试样 c_0 的吸光度，延长直线与横坐标轴相交于 c_x，即为所要测定的试样中该元素的浓度。

采用原子吸收光谱分析法测定有机金属化合物、生物材料或含有大量有机溶剂的试样中的金属元素时，由于有机化合物在火焰中燃烧，将改变火焰性质、温度、组成等，并且还经常在火焰中生成未燃尽的碳的微细颗粒，影响光的吸收，因此一般预先以湿法消化或干法灰化的方法除去有机物。湿法消化是使用具有强氧化性酸，例如 HNO_3、H_2SO_4、$HClO_4$ 等与有机化合物溶液共沸，使有机化合物分解除去。干法灰化是在高温下灰化、灼烧，使有机物质被空气中的氧所氧化而被破坏。本实验采用湿法消化黄酒中的有机物质。

（三）仪器和试剂

1. 仪器

原子吸收分光光度计，铜空心阴极灯，无油空气压缩机，乙炔钢瓶，通风设备，容量瓶，移液管等。

仪器操作条件：波长 324.8nm，灯电流 2mA，狭缝 0.2nm，燃烧器高度 6mm，乙炔流量 1.5～2L/min，空气流量 5～7L/min。

2. 试剂

① 金属铜（优级纯），浓盐酸、浓硝酸、浓硫酸（均为优级纯）。

② 铜标准储备液（1000μg/mL）。准确称取 0.5000g 金属铜于 100mL 烧杯中，盖上表面皿，加入 10mL 浓硝酸溶液溶解，然后把溶液转移到 500mL 容量瓶中，用 1∶100 硝酸溶液稀释到刻度，摇匀备用。

③ 铜标准使用液（100μg/mL）：准确吸取 10mL 上述铜标准储备液于 100mL 容量瓶中，用 1∶100 硝酸溶液稀释至刻度，摇匀备用。

（四）实验步骤

1. 试样制备

量取 200mL 黄酒试样于 1000mL 高筒烧杯中，加热蒸发至浆液状，慢慢加入 20mL 浓硫酸，并搅拌，加热消化。若一次消化不完全，可再加入 20mL 浓硫酸继续消化。然后加入 10mL 浓硝酸，加热，若溶液呈黑色，再加入 5mL 浓硝酸，继续加热，如此反复直至溶液呈淡黄色，此时黄酒中的有机物质全部被消化。将消化液转移到 100mL 容量瓶中，并用去离子水稀释至刻度，摇匀备用。

2. 工作曲线的绘制

取 5 只 100mL 容量瓶，各加入 10mL 上述黄酒消化液，然后分别加入 0.00、2.00mL、4.00mL、6.00mL、8.00mL 铜标准使用液（100μg/mL），用去离子水稀释至刻度，摇匀备用。该标准溶液系列铜的质量浓度分别为 0.00、2.00μg/mL、4.00μg/mL、6.00μg/mL、8.00μg/mL。

根据实验条件，将原子吸收分光光度计按操作步骤进行调节，待仪器读数稳定后即可进样。在测定之前，先用去离子水喷雾，调节读数至零点，然后按照浓度由低到高的原则，依次间隔测量铜标准系列溶液并记录吸光度。以吸光度为纵坐标，以加入的标准溶液的质量浓度为横坐标绘制工作曲线。

3. 试样测定

将上述工作曲线延长，外推至与横坐标相交，根据交点值计算黄酒中铜的含量，以 μg/mL 表示。

（五）思考题

① 采用标准加入法进行定量分析有何优点？

② 为什么标准加入法中工作曲线外推与浓度轴的相交点，就是试液中待测元素的浓度？

实验 4-4 石墨炉原子吸收光谱法测定食品中铅的含量（标准曲线法）

（一）实验目的

① 了解石墨炉原子吸收光谱法的原理及特点。

② 掌握石墨炉原子吸收光谱法的操作技术。

③ 熟悉石墨炉原子吸收光谱法的应用。

（二）基本原理

石墨炉原子吸收法试样可以停留在石墨管中较长时间，原子化效率高（>90%），克服了火焰原子吸收法雾化及原子化效率低的缺陷，方法的绝对灵敏度比火焰法高几个数量级，最低可测至 10^{-14}g，试样用量少，还可直接进行固体和黏度大的试样的测定。但该法仪器较复杂，背景吸收干扰较大，数据重现性不如火焰法。

石墨炉原子吸收法原子化过程可分如下几步。

（1）干燥　先通小电流，在稍高于溶剂沸点的温度下蒸发溶剂，把试样转化成干燥的固体。

（2）灰化　把试样中复杂的物质分解为简单的化合物或把试样中易挥发的无机基体蒸发及把有机物分解，减小因分子吸收而引起的背景干扰。

（3）原子化　即把试样分解为基态原子。

（4）净化　在下一个试样测定前提高石墨炉的温度，高温除去遗留下来的试样，以消除记忆效应。

（三）仪器和试剂

1. 仪器

原子吸收分光光度计（带石墨炉），铅空心阴极灯，氩气钢瓶，冷却水（可用接自来水代替），微量注射器 10μL 或 50μL，容量瓶，分刻度吸量管等。

仪器操作条件：仪器参考条件为波长 283.3nm，狭缝 0.2～1.0nm，灯电流 5～7mA，干燥温度 120℃、20s，灰化温度 450℃、持续 15～20s，原子化温度 1700～2300℃、持续

4～5s，背景灯校正为氘灯。

2. 试剂

0.5mol/L 硝酸，HNO_3（1∶1），混合酸（HNO_3∶$HClO_4$ 体积比 4∶1），铅粒 99.99%，二次去离子水。

铅的储备液（1.00mg/mL）：准确称取 1.000g 金属铅，分次加少量硝酸（1+1），加热溶解，总量不超过 37mL，移入 1000mL 容量瓶，加水至标线，混匀备用。

铅的标准使用液：每次吸取铅标准储备液 1.00mL 于 100mL 容量瓶中，加 0.5mol/L 硝酸至刻度，如此经多次稀释成每毫升含 10.0ng、20.0ng、40.0ng、60.0ng、80.0ng 的铅标准使用液。

（四）实验步骤

1. 样品预处理

① 粮食、豆类去除杂物后，磨碎，过 20 目筛，储于塑料瓶中，保存备用。

② 蔬菜、水果、鱼类、肉类及蛋类等水分含量高的鲜样，用食品加工机打成匀浆，储于塑料瓶中，保存备用。

2. 湿法消解

样品用清水、去离子水或二次蒸馏水洗净，并用干净纱布轻轻擦干，然后切碎混匀。称取试样 1.0000～5.0000g 于锥形瓶中，加 10mL 混合酸，加盖浸泡过夜，加一表面皿盖在烧杯口放在电炉上消解，若变棕黑色，再加混合酸，直到冒白烟，消化液成无色透明或略带黄色，放冷，用滴管将试样消化液洗入或过滤入（视消化后试样的盐分而定）10mL 或 25mL 容量瓶中，用水少量多次洗涤锥形瓶，洗液合并于容量瓶中，定容至标线，混匀备用；同时做试剂空白。

3. 标准曲线的绘制

吸取上述所配制的不同浓度的铅标准使用液 10.0ng/mL、20.0ng/mL、40.0ng/mL、60.0ng/mL、80.0ng/mL 各 10μL，注入石墨炉，经干燥、灰化、原子化、除残后测得其吸光度，画出标准曲线或并求得吸光度与浓度的一元线性回归方程。

4. 试样测定

分别吸取试样液和试剂空白液各 10μL，注入石墨炉，测得其吸光度。

（五）数据处理

① 将试样液和试剂空白液的吸光度值从标准曲线上查出对应浓度或代入一元线性回归方程中求得铅含量。

② 试样中铅含量计算

$$X = \frac{(c_1 - c_2)V}{m}$$

式中　X——试样中铅的含量，mg/kg；

　　　c_1——测定试样液中铅的含量，ng/mL；

　　　c_2——空白液中的铅含量，ng/mL；

　　　V——试样消化液定容时的总体积，mL；

　　　m——试样质量，g。

（六）思考题

① 石墨炉原子吸收分光光度法为何灵敏度较高？

② 如何选择石墨炉原子化的实验条件？

第五节　原子发射光谱法

一、发射光谱基本原理

原子发射光谱法（AES），是利用物质在热激发或电激发下，根据每种元素的原子或离子发射的特征光谱来判断物质的组成，从而进行元素的定性分析与定量分析的方法。

原子发射光谱法包括了 3 个主要的过程，即：由光源提供能量使样品蒸发、形成气态原子，并进一步使气态原子激发而产生光辐射；将光源发出的复合光经单色器分解成按波长顺序排列的谱线，形成光谱；用检测器检测光谱中谱线的波长和强度。由于待测元素原子的能级结构不同，因此发射谱线的特征不同，据此可对样品进行定性分析；而根据待测元素原子的浓度不同，因此发射强度不同，可实现元素的定量测定。

在通常的情况下，原子处于基态。基态原子受到激发跃迁到能量较高的激发态。激发态原子是不稳定的，平均寿命为 $10^{-10}\sim10^{-8}$ s。随后激发原子就要跃迁回到低能态或基态，同时释放出多余的能量，如果以辐射的形式释放能量，该能量就是释放光子的能量。因为原子核外电子能量是量子化的，因此伴随电子跃迁而释放的光子能量就等于电子发生跃迁的两能级的能量差：

$$\Delta E = h\gamma = \frac{c}{\lambda} \tag{4-2}$$

式中　h——普朗克常数；

　　　c——光速；

　　　γ，λ——分别为发射谱线的特征频率和特征波长。

二、原子发射光谱仪

用来观察和记录原子发射光谱并进行光谱分析的仪器称为原子发射光谱仪，仪器主要由激发源、分光系统和检测系统 3 个部分组成。

1. 激发源

激发源的作用是为试样蒸发、原子化和激发发光提供所需的能量，它的性能影响着谱线的数目和强度。因此，通常要求激发源的灵敏度高（即可使样品中的微量分析成分蒸发和激发发光）、稳定性和再现性强、谱线背景低、适应范围广。在分析具体试样时，应根据分析的元素和对灵敏度及精确度的要求选择适当的激发源。常用的激发源是直流电弧、交流电弧、高压火花以及电感耦合等离子体等。

（1）直流电弧（DCA）　固定电极（作阴极）和待分析试样（作阳极）之间构成放电间隙 D，称为分析间隙。直流电弧一般采用接触法电弧，先将上下两个电极通上直流电，然后将电极轻轻接触，接触点因电阻很大而使电极灼热，将电极拉开，电弧即点燃。分析间隙的试样受热蒸发进入电弧中，分解为原子或离子并激发而发射光谱。

直流电弧的温度高，蒸发到弧隙蒸气云中去的原子浓度较高，因此，分析的绝对灵敏度很高，背景较小，适合于分析痕量元素。主要缺点是电弧稳定性差，因此分析重现性差。

（2）低压交流电弧（ACA）　采用低压交流电源依靠引燃装置为激活器，击穿分析间隙点燃电弧并维持电弧不灭的激发光源。与直流相比，交流电弧的电极头温度稍低一些，蒸发温度稍低一些，所以灵敏度稍差一些。但由于有控制放电装置，故电弧较稳定。可用于所有元素的光谱定性分析；用于金属、合金中低含量元素的定量分析。

（3）高压火花（spark） 高压火花与电弧的工作原理基本相同，区别主要在于电弧是电源通过变压器直接向电极间隙注入能量产生的，而火花则是变压器（升压到 15000V）先向电容器充电，当电容器两端电压达到电极间隙的击穿电压后，由电容器向电极分析间隙注入能量，形成火花。放电结束后，又重新充电、放电，反复进行。因此火花实际上是一种高频电弧。

火花放电瞬间产生的电流密度比电弧大得多，利用火花可以得到比电弧更高的加热温度，能使难激发元素激发发光，使原子强烈电离，因此，火花激发出的主要是离子光谱，它的谱线较原子光谱简单。由于其放电的稳定性好，因此适用于低熔点易挥发物质或难激发元素和高含量金属元素的定量分析，但高压火花电极头温度低，蒸发能力低，绝对灵敏度低，故不适用于痕量分析。

（4）电感耦合等离子体（ICP） 等离子体，一般指有相当电离程度的气体，它由离子、电子及未电离的中性粒子所组成，其正负电荷密度几乎相等，从整体看呈中性（如电弧中的高温部分就是这类等离子体）。与一般的气体不同，等离子体能导电。

常见的 ICP 激发源由高频发生器和感应线圈、炬管和供气系统、样品引入系统组成，如图 4-7 所示。等离子炬管为一个三层同轴石英管，外层以切线方向导入冷却 Ar 气流，中层通入辅助气 Ar 气起维持等离子体的作用，内层由载气把试样溶液以气溶胶的形式引入等离子体中。

ICP 焰炬形成原理如图 4-8 所示。石英管外绕以高频感应线圈，利用高频电流感应线圈将高频电能耦合到石英管内，用电火花引燃使引发管内的气体（Ar）放电，形成等离子体。当这些带电离子达到足够的电导率时，就会产生一股垂直于管轴方向的环形涡电流，这股几百安培的感应电流瞬间将气体加热到近 9000～10000K 的高温，在石英管内形成高温火球，当用 Ar 气将火球吹出石英管口，即形成感应焰炬。试液被雾化后由载气将其带入等离子体内，加热到很高的温度而激发。

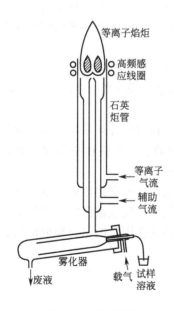

图 4-7 ICP 焰炬

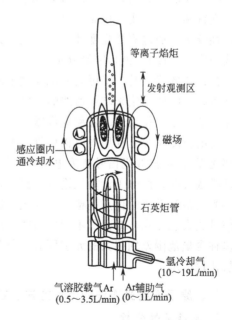

图 4-8 ICP 焰炬形成原理

以 ICP 作为激发源的发射分析（ICP-AES）具有显著特点，其灵敏度高，稳定性好，分析的精密度高，一般相对标准偏差在 $0.5\% \sim 2\%$；工作线性的线性范围宽，可达 $4 \sim 6$ 个数量级，因此同一份试液可用于从宏量至痕量元素的分析；试样消耗少，特别适合于液态样品分析；由于不用电极，因此不会产生样品污染；同时 Ar 气背景干扰少，信噪比高，在 Ar 气的保护下，不会产生其他的化学反应，因而对于难激发的或易氧化的元素更为适宜，因此应用范围更广。但是 ICP 作为激发源也存在一定的缺点，主要是仪器价格昂贵，等离子工作气体的费用较高；测定非金属元素时，灵敏度较低。尽管如此，ICP 激发源突出的优点使其应用已越来越广泛。

2. 分光系统

分光系统的作用是将试样中待测元素的激发态原子（或离子）所发射的特征光经分光后，得到按波长顺序排列的光谱，以便进行定性分析和定量分析。

常用的分光系统有棱镜分光系统和光栅分光系统两种类型。棱镜分光系统是利用棱镜对不同波长的光有不同的折射率，复合光便被分解为各种单色光，从而达到分光的目的。多用石英棱镜为色散元件，可适用于紫外和可见光区。光栅分光系统的色散元件采用了光栅（通常由一个镀铝的光学平面或凹面上刻印等距离的平行沟槽做成的），利用光在光栅上产生的衍射和干涉来实现分光的。

光栅色散与棱镜色散比较，具有较高的色散与分辨能力，适用的波长范围宽，而且色散率近乎常数，谱线按波长均匀排列。其缺点是有时出现"鬼线"（由于光栅刻线间隔的误差引起在不该有谱线的地方出现的"伪线"）和多级衍射的干扰。

3. 检测系统

检测系统的作用是将原子的发射光谱记录或检测出来以进行定性分析或定量分析。常用的检测系统有摄谱检测系统和光电检测系统两种类型。

摄谱检测系统是把感光板置于分光系统的焦平面处，通过摄谱、显影、定影等一系列操作，把分光后得到的光谱记录和显示在感光板上，然后通过映谱仪（又称投影仪，用于放大、观察和辨认谱线的仪器）放大，同标准图谱比较或通过比长计测定待测谱线的波长，进行定性分析；通过测微光度计（又叫黑度计，是一种测量照相底板上谱线黑度的仪器）测量谱线强度（黑度），进行定量分析。

摄谱法的优点是：①可同时记录整个波长范围的谱线；②具有较好的分辨能力；③可用增加曝光时间的方法来增加谱线的黑度（强度），而且可使激发条件不稳定时产生的波动平均化。缺点是操作烦琐、检测速度慢。

光电检测系统是利用光电倍增管一类的光电转换器，连接在分光系统的出口狭缝处（代替感光板），将谱线光信号变为电信号，再送入电子放大装置，直接由指示仪表显示，或者经过模数转换，由电子计算机进行数据处理，打印出分析结果。

光电检测系统的优点是检测速度快，准确度较高；适用于较宽的波长范围；光电倍增管对信号放大能力强，对强弱不同的谱线可用不同的放大倍率，线性范围宽，特别适用于样品中多种含量范围差别很大的元素同时进行分析。缺点是检测受固定的出口狭缝限制，全定性分析比较困难。

三、原子发射光谱法的定性方法、定量方法

1. 光谱定性分析

（1）光谱定性分析的基本原理　由于各元素原子结构的不同，在光源的激发作用下，可以产生一系列特征的光谱线，其波长由产生跃迁的两能级的能量差决定。因此根据原子光谱中的元素特征谱线就可以确定试样中是否存在被检元素。只要试样光谱中检出了某元素的2～3条灵敏线（灵敏线指元素特征光谱中强度较大的谱线，通常是具有较低激发电位和较大跃迁概率的共振线）就可确证试样中存在该元素。反之，若在试样中未检出某元素的灵敏线，就说明试样中不存在被检元素或该元素的含量在检测灵敏度以下。

（2）光谱的定性分析方法　原子发射光谱定性分析就是根据光谱图中是否有某元素的特征谱线出现来判定试样中是否含有某种元素。根据确认谱线波长的方法不同，定性分析常用方法有标准试样光谱比较法和标准光谱图比较法。

标准试样光谱比较法是将待测元素的纯物质与试样在相同条件下同时并列摄谱于同一感光板上，在映谱仪上检查试样光谱与纯物质光谱。若两者谱线出现在同一波长位置上，即可说明某一元素的某条谱线存在。例如，欲检查某 TiO_2 试样中是否含有 Pb，只需将 TiO_2 试样和已知含 Pb 的 TiO_2 标准试样并列摄于同一感光板上，比较并检查试样光谱中是否含有 Pb 的谱线存在，便可确定试样中是否含有 Pb。这种方法只适合于试样中少数指定元素的定性鉴定（简项分析），对于测定复杂组尤其是要进行全定性分析时，就需要用铁光谱比较法。

标准光谱图比较法又称为铁光谱比较法。铁的谱线较多，而且分布在较广的波长范围内（在 210～660nm 内大约有 4600 条谱线），相距很近，每条谱线的波长都已被精确测定，载于谱线表内。铁光谱比较法是以铁的光谱线作为波长的标尺，将各个元素的最后线按波长位置标插在铁光谱上方相关的位置上，制成元素标准光谱图。在定性分析时，将试样和纯铁并列摄谱。只要在映谱仪上观察所得谱片，使元素标准光谱图上的铁光谱谱线与谱片上摄取的铁谱线相重合，如果试样中未知元素的谱线与标准光谱图中已标明的某元素谱线出现的位置相重合，则该元素就有存在的可能。

2. 光谱半定量分析

在实际工作中，有时只需要知道试样中元素的大致含量，不需要知道其准确含量。例如钢材与合金的分类、矿产品位的大致估计等，另外，有时在进行光谱定性分析时，需要同时给出元素的大致含量，在这些情况下，可以采用光谱半定量分析，快速、简便地解决问题，其误差一般为 30%～100%。常用的光谱半定量分析方法是谱线黑度比较法。配制一个基体与试样组成近似的被测元素的标准系列（如 1%、0.1%、0.01%、0.001%），在相同条件下，在同一块感光板上标准系列与试样并列摄谱，然后在映谱仪上用目视法直接比较试样与标准系列中被测元素分析线的黑度。黑度若相同，则可做出试样中被测元素的含量与标准样品中某一个被测元素含量近似相等的判断。例如，分析矿石中的铅，即找出试样中灵敏线283.3nm，再与标准系列中的铅 283.3nm 线相比较，如果试样中的铅线的黑度介于 0.01%～0.001% 之间，并接近于 0.01%，则可表示为 0.01%～0.001%。

3. 光谱定量分析

（1）定量分析的基本关系式　光谱定量分析主要是根据谱线强度与被测元素浓度的关系来进行的。实验证明，当温度一定时，谱线强度（I）与元素浓度（c）之间的关系符合下列经验公式：

$$I = ac^b \tag{4-3}$$

此式称为赛伯-罗马金公式，是光谱定量分析的基本关系式。b 为自吸系数，与谱线的自吸收现象有关。b 随浓度 c 增加而减小，当浓度较高时，$b<1$；当浓度很小无自吸时，$b=1$。因此，在定量分析中，选择合适的分析线是十分重要的。a 是与试样蒸发、激发过程以及试样组成有关的一个参数。在实验中，试样蒸发、激发条件以及试样组成发生任何变化，均可使参数 a 发生变化，直接影响 I。因此，要根据谱线的绝对强度进行定量分析，往往得不到

准确的结果。所以，实际光谱分析中，常采用一种相对的方法，即内标法，来消除工作条件的变化对测定的影响。

（2）内标法定量分析的基本关系式　内标法的原理是：在被测元素的谱线中选一条线作为分析线，在基体元素（或定量加入的其他元素）的谱线中选一条与分析线相近的谱线作为内标线（或称比较线），这两条谱线组成分析线对。分析线与内标线的绝对强度的比值称为相对强度。内标法就是借测量分析线对的相对强度来进行定量分析的。

设分析线强度为 I_1，内标线强度为 I_2，被测元素浓度与内标元素浓度分别为 c_1 和 c_2，b_1 和 b_2 分别为分析线和内标线的自吸系数。

$$I_1 = a_1 c_1^{b_1} \tag{4-4}$$

$$I_2 = a_2 c_2^{b_2} \tag{4-5}$$

分析线与内标线强度之比 R 称为相对强度。

$$R = \frac{I_1}{I_2} = \frac{a_1 c_1^{b_1}}{a_2 c_2^{b_2}} \tag{4-6}$$

式中内标元素 c_2 为常数，实验条件一定时，$A = \dfrac{a_1}{a_2 c_2^{b_2}}$ 为常数，则：

$$R = \frac{I_1}{I_2} = A c_1^{b_1} \frac{a_1 c_1^{b_1}}{a_2 c_2^{b_2}} \tag{4-7}$$

将 c_1 改写为 c，并取对数：

$$\lg R = \lg \frac{I}{I_i} = b_1 \lg c + \lg A \tag{4-8}$$

式（4-8）为内标法的基本公式。以 $\lg R$ 对 $\lg c$ 所作的曲线即为相应的工作曲线。只要测出谱线的相对强度 R，便可从相应的工作曲线上求得试样中欲测元素的含量。

内标法可在很大程度上消除光源放电不稳定等因素带来的影响，因为尽管光源变化对分析线的绝对强度有较大的影响，但对分析线和内标线的影响基本是一致的，所以对其相对影响不大。这就是内标法的优点。

对内标元素和分析线对的选择应考虑以下几点：原来试样内应不含或仅含有极少量所加内标元素，也可选用基体元素作为内标元素；要选择激发电位相同或接近的分析线对；两条谱线的波长应尽可能接近；所选线对的强度不应相差过大；所选用的谱线应不受其他元素谱线的干扰，也不应是自吸收严重的谱线；内标元素与分析元素的挥发率应相近。

4. 光谱定量分析方法——三标准试样法

实际工作中常将 3 个以上的已知不同含量的标准试样和被分析试样于同一实验条件下摄谱于同一感光板上。根据各个标准试样分析线对的黑度差与校准试样中欲测成分的 c 含量的对数绘制工作曲线，然后根据未知试样分析线对的黑度差在工作曲线上查出试样被测元素含量。

四、原子发射光谱法的应用

原子发射光谱法由于具有对多元素同时测定的特性，使其成为水质、环境、冶金、地质、化学制剂、石油化工、食品等部门进行定性分析、半定量分析和定量分析的手段之一。近年来，由于 ICP 等新型激发源的普及和发展以及电子计算机技术的广泛应用，使得原子发射光谱分析方法更向前迈进了一步，许多元素分析的灵敏度及分析精度有了大幅度的提高。目前除惰性气体不能进行检测和元素周期表的右上方的那些难激发的非金属元素如 C、N、O、F、Cl 及元素周期表中碱金属族的 H、Rb、Cs 的测定结果不好外，它可以分析元素周期表中的绝大多数元素。

和其他一些多元素同时测定的方法如质谱法和中子活化法比较，发射光谱法的特点是仪器操作步骤简单、价格相对较便宜、污染少、流程短的环保性方法。

习 题

1. 在测定钙时，若试液中存在磷酸根，则钙易在高温下与磷酸根反应生成难解离的 $Ca_2P_2O_7$，加入 $LaCl_3$ 后，La^{3+} 与 PO_4^{3-} 可生成更稳定的 $LaPO_4$，从而抑制了磷酸根对钙的反应。加入的 $LaCl_3$ 称为（   ）。

A. 保护剂　　　　B. 消电离剂　　　　C. 释放剂　　　　D. 配位剂

2. 原子吸收光谱分析中，常见消电离剂有（   ）。

A. CsCl　　　　B. AgCl　　　　C. $BaCl_2$　　　　D. O_2

3. 关于原子吸收分光光度计的操作，测试完毕时下列操作正确的是（   ）。

A. 先关乙炔　　　　B. 后关空气　　　　C. 先关空气　　　　D. 后关乙炔

4. AAS 法中，塞曼效应法是用来消除（   ）。

A. 化学干扰　　　　B. 物理干扰　　　　C. 电离干扰　　　　D. 背景干扰

5. 无法直接用 AES 法分析的元素是（   ）。

A. Br　　　　B. La　　　　C. Bi　　　　D. Ca

6. 火焰原子吸收法和石墨炉原子吸收法的主要区别在于（   ）。

A. 所依据的原子吸收原理不同　　　　B. 所利用的分光系统不同

C. 原子化方式不同　　　　D. 光源不同

7. 测定试样溶液中的钙时，试样经喷雾器喷雾形成雾珠，较大的雾珠在_____内经撞击球撞击成为较小的雾珠，未撞击到的大雾珠经冷凝后沿_____流出。

8. 富燃火焰由于燃烧不完全，形成强_____气氛，其比贫燃焰的温度_____，有利于熔点较高的_____的分解。

9. 空心阴极灯是把待测元素的纯金属、合金或化合物作_____极。

10. 石墨炉升温程序分为_____、_____、原子化、除残四步。

11. 石墨炉原子化器与火焰原子化器都可使待测物原子化，但两种原子化器的加热方式有本质的区别。前者是靠_____加热，而后者则是靠_____加热。

12. Zn(I) 213.9nm 为_____的原子线。

13. 原子的外层电子从基态跃迁到高能态时所产生的谱线称为_____。

14. 原子吸收光谱仪主要由哪几部分组成？各有何作用？

15. 与火焰原子化相比，石墨炉原子化有哪些优缺点？

16. 光谱干扰有哪些？如何消除？

17. 某原子吸收分光光度计，对浓度为 $0.20\mu g/mL$ 的 Ca^{2+} 溶液和 Mg^{2+} 标准溶液进行测定，吸光度分别为 0.054 和 0.072。比较两个元素哪个灵敏度高？

18. 用原子吸收法测定试液中的镍时，测得该试液的吸光度读数为 0.306，取 9.00mL 该试液加入 $10.0\mu g/mL$ 的镍标准溶液 1.00mL，在相同条件下测得吸光度为 0.569，问该试液中镍的浓度是多少？

19. 测定某天然水中钙的含量，分别取 1.00mL、2.00mL、3.00mL、4.00mL、5.00mL 的 $100\mu g/mL$ 钙标准使用液后用蒸馏水稀释定容至 50.00mL。取 5.00mL 天然水样于 50.00mL 容量瓶中并以蒸馏水稀释至刻度。在原子吸收分光光度计上测定标准溶液及样品的吸光度分别为 0.223、0.445、0.677、1.120 及 0.525。求该天然水中钙的含量。

20. 测定某植株中锌的含量时，将 3 份 1.000g 植株样品处理后分别加入 0、1.00mL、2.00mL 的 0.0500mol/L 标准溶液后稀释定容至 25.00mL，在原子吸收分光光度计上测定吸光度分别为 0.229、0.450、0.677。求植株中锌的含量。

21. 用 AAS 法测某水样中的锌。先将水样稀释 2.5 倍，测得吸光度为 0.219；再将 $0.50\mu g/mL$ 的锌标准溶液喷入火焰，测得吸光度为 0.341；计算每毫升水样中含锌多少微克。

第五章　电化学分析法

【学习目标】

1. 掌握电位分析法的基本原理，熟悉方法的特点和应用。
2. 了解极谱分析法、库仑滴定法的基本原理和应用范围。
3. 熟悉各种电化学分析仪器的结构并了解各部件的作用。
4. 能熟练操作常见的电位分析法仪器，并能根据实验数据计算得到最终结果。
5. 熟悉常见的极谱分析法仪器和库仑滴定法仪器，并能进行操作。
6. 掌握常见的电化学分析实验数据的处理方法。

电化学分析（electrochemical analysis methods）是利用物质的电化学性质建立起来的一类分析方法。通常利用电极和待测试液组装成原电池或电解池，根据电池的某些物理量（如电位、电流、电量、电导等）和待测试液的组成或含量之间的关系来进行分析。根据分析所测量的电化学参数的不同，可将电化学分析法分为电位分析法、极谱分析法、库仑分析法、电解分析法、电导分析法等。各种电化学分析方法既具有很高的灵敏度和准确度，也具有较高的选择性（电导分析法和某些电解分析法除外）。本章重点讨论电位分析法，简要介绍极谱分析法和库仑分析法。

电化学分析是非常重要的一类仪器分析方法，应用非常广泛，既可用于常量组分的测定，也能进行微量和痕量组分的分析，适用于测定许多金属离子、非金属离子及一些有机化合物。如溶液 pH、卤素离子、钙离子等一些常见离子浓度常采用此类方法测定。由于电化学分析仪器设备简单、价格低廉、操作简便，且易于实现自动化和连续分析，现已被广泛应用于化工生产自动控制和环保监测等领域。

第一节　电化学分析仪器结构与原理

电化学分析仪器通过测定电极与待测试液组装成的化学电池的某些物理量，根据这些物理量和待测组分含量之间的特定关系计算得到待测组分的含量。根据测定的电化学参数的不同，可将电化学分析仪器分为电位分析法仪器、极谱分析法仪器、库仑分析法仪器等，下面分别予以介绍。

一、电位分析法仪器

电位分析法仪器是通过测量指示电极、参比电极和待测试液组装成的原电池的电动势，根据电动势和待测组分的浓度（活度）之间符合能斯特方程进行定量分析的一类仪器。电位分析仪器又分为直接电位法仪器和电位滴定法仪器。

1. 直接电位法仪器

直接电位仪器是测定电极与待测试液组装成的原电池的电动势，根据测得的电动势和待测组分的活度符合能斯特方程，通过计算得到待测组分的活度。常见的直接电位法仪器装置如图 5-1 所示，主要由以下几部分组成。

（1）电极　包括指示电极和参比电极，其中指示电极的电极电位随待测离子活度的变化而改变，而参比电极的电极电位基本恒定，与待测离子的活度无关。

（2）精密毫伏计或离子计　用以测定指示电极、参比电极和待测试液组装的原电池的电动势。为了精确测量电动势，要求电路中的电流应很小，故要求精密毫伏计的阻抗必须非常高，一般在 $10^{10}\Omega$ 以上。

（3）搅拌装置　为缩短电极的响应时间，测量过程中应不断搅拌溶液。常用的搅拌装置是电磁搅拌器。

（4）试液容器　用来盛装待测试液，与电极和毫伏计构成原电池。

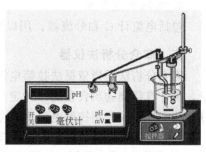

图 5-1　直接电位法仪器装置

2. 电位滴定法仪器

电位滴定法与普通滴定分析相似，也是用已知准确浓度的滴定剂来滴定待测物质，然后根据消耗掉的滴定剂的量来计算待测物质的含量。不同之处在于两者判断滴定终点的方法不同，电位滴定法根据到达滴定终点时原电池电动势的突跃来判断终点。

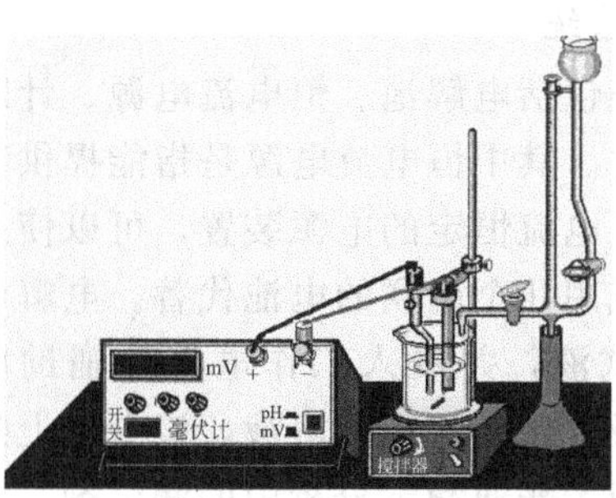

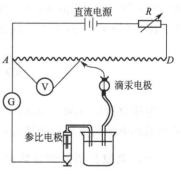

图 5-2　电位滴定法仪器装置

电位滴定法仪器与直接电位法仪器相比，多了滴定装置这一部分。图 5-2 所示是手动电位滴定仪，滴定装置是普通手动滴定管，它的操作和普通滴定分析完全相同。开始时滴定速度可稍快些，接近滴定终点时，应逐渐放慢滴定速度，在电池电动势产生突跃的瞬间立即停止滴定。

为了提高测定的准确度和精密度，近年来又出现了自动电位滴定仪。它的滴定管不是手动控制而是靠电磁阀自动控制，到达滴定终点时自动停止滴定，并显示滴定所消耗的滴定剂的体积。

电位分析法仪器简单，灵敏度高，操作方便，易于普及，广泛应用于测定溶液的 pH 和一些常见离子如 F^-、Br^-、I^-、S^{2-}、K^+、Na^+ 的浓度（活度）。但由于直接电位法的准确度不高，误差可达 2%，因而不适合进行常量分析，一般只用于微量分析，而电位滴定仪器则适用于半微量组分和常量组分的分析。

二、极谱分析法仪器

极谱分析法是通过测量特殊电解条件下的电流-电压曲线来进行分析的一类电化学分析方法。极谱分析方法包括直流极谱法、单扫描极谱法、循环伏安法、方波极谱法、脉冲极谱法、溶出伏安法等，尽管这些方法所需的仪器不尽相同，但其基本装置都是相同的。直流极谱法是出现最早的经典极谱分析方法，其仪器装置如图 5-3 所示，主要包括三部分。

1. 电解池

包括一个面积很大的参比电极（常用 SCE）、一个面积很小（约为 $10^{-2}\,cm^2$）的滴汞电极和待测试液。

2. 电压扫描装置

包括直流电源、滑线电阻 AD 和伏特计 V。随接触点的滑动，可调节加在电解池上的电压，其数值由伏特计测量。

图 5-3　极谱分析的仪器装置

3. 电流测量装置

包括电流计 G 和分流器，用以测量通过电解池的电流。

三、库仑分析法仪器

库仑分析法是指依据法拉第电解定律，通过测量流经电极和待测溶液组装的电解池的电量，来计算待测物质含量的一种定量分析方法。可分为控制电位库仑分析法和控制电流库仑分析法，这里仅介绍控制电流库仑分析法。

控制电流库仑分析法也称恒电流库仑分析法或库仑滴定法。库仑滴定法与普通滴定分析的根本区别是：它的滴定剂不是预先配好的已知准确浓度的标准溶液，而是通过电解产生的。根据滴定过程中消耗的电量可以计算出与待测物质反应的滴定剂的量，再根据滴定剂和待测物质反应的化学计量关系求出待测物质的含量。库仑滴定法仪器装置如图 5-4 所示，由电解系统和指示终点系统两部分组成。

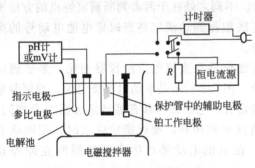

图 5-4　库仑滴定法仪器装置

1. 电解系统

电解系统包括电解池、恒电流电源、计时器等主要部件。其中恒电流电源是指能提供直流电压并保证电流恒定的电源装置，可以使用直流稳压器或用几个串联的电池代替。电解池中盛装待测试液，并浸入工作电极和辅助电极。工作电极直接浸入待测溶液，该电极上的反应产物相当于普通滴定分析中的滴定剂，能和待测物质定量地发生化学反应；辅助电极（或称对电极）的作用是为了和工作电极组成电解池，为了防止其上发生电极反应干扰测定，通常将辅助电极放在保护管中，只通过保护管底端的一层多孔隔膜与待测溶液相通。计时器采用精密电子计时器，利用双掷开关可同时控制计时器和电解电路，使电解和计时同步进行。另外，通常在电解池中还应安装除气装置，主要为了除去电解溶液中的 O_2，防止其在电极上发生反应干扰测定。

电解系统的作用是电解产生滴定剂，并通过精密测定电解时间，求出电解消耗的电量，从而计算出与待测物质反应的滴定剂的量。

2. 终点指示系统

终点指示系统的作用是指示滴定终点的到达。具体装置根据指示终点的方法而定，可以像普通滴定分析一样利用指示剂的颜色变化判断终点，也可用电位法或电流法等电化学方法指示终点。图 5-4 所示即是采用电位法确定终点，其原理和电位滴定法指示终点的原理相同。

第二节　电位分析基本原理

电位分析法（potentiometric analysis）是在几乎无电流的条件下通过测量电极和试液组装成的原电池的电动势来确定物质含量的电化学分析法。

一、电位分析的理论依据

溶液中的离子活度与电极电位之间的关系符合能斯特方程式：

$$\varphi = \varphi^{\ominus} + \frac{RT}{nF} \ln \frac{a_{氧化态}}{a_{还原态}} \tag{5-1}$$

式中　φ——电极平衡时的电极电位；

$\varphi^{\ominus}$——电对的标准电极电位；

R——气体常数，$8.314 J/(K \cdot mol)$；

T——绝对温度，K；

n——电极反应中转移的电子数；

F——法拉第常数，$96487 C/mol$；

a——平衡时离子氧化态和还原态的活度，mol/L。

对于金属离子 M^{n+} 来说，还原态一般都是固体金属，活度均为 1。将其代入能斯特方程，并将自然对数转换为常用对数：

$$\varphi = \varphi^{\ominus} + \frac{2.303RT}{nF} \lg a_{M^{n+}} \qquad (5-2)$$

式(5-2)表明，溶液的电极电位和离子的活度有关，只要测出溶液的电极电位，就能计算出离子的活度，这就是直接电位法测定的理论依据。

电位滴定法和一般的容量分析法类似，不同的地方是电位滴定法根据被滴定溶液电极电位的突跃来判断滴定终点的到达。

需要指出的是电位分析法测的是溶液中离子的活度，它与离子的浓度之间的关系是：

$$a = c\gamma \qquad (5-3)$$

式中，γ 是活度系数，当溶液极稀时，γ 趋向于 1，此时可用溶液中离子的浓度代替离子的活度。因此，当溶液浓度很小时，可认为电位分析法测出的是离子的浓度。

二、参比电极和指示电极

在电位分析中，通常用两支电极与待测溶液组成原电池。其中一支电极的电位恒定不变，称为参比电极；而另一支电极的电极电位与待测离子的活度（浓度）之间符合能斯特方程关系式，称为指示电极。通过测量原电池的电动势，依据能斯特方程可求出待测离子的活度，而通过测量电位滴定过程中电动势的变化，可确定滴定终点。

1. 参比电极

目前金属与其离子间电极电位的绝对值尚无法测定，要想比较不同金属离子不同浓度的溶液电极电位的大小，必须选择一个参比电极。对参比电极的要求是电位稳定、重现性好、可逆性好、制作简便、使用寿命长。最精确的参比电极是标准氢电极，但由于其制作比较麻烦，实际中应用不多。常用的参比电极是甘汞电极和银-氯化银电极。

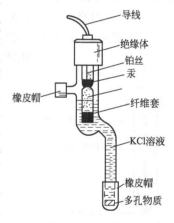

图 5-5　甘汞电极

（1）甘汞电极　甘汞电极由金属汞、氯化亚汞和氯化钾溶液组成，其结构如图 5-5 所示。

甘汞电极有两个玻璃套管：内套管上端封接一根铂丝，铂丝插入纯汞中，纯汞下面置一层汞与甘汞（Hg_2Cl_2）的糊状物；外套管盛装氯化钾溶液，电极下端是玻璃砂芯或熔结陶瓷芯等多孔物质，构成电极与外界溶液连接的通道。

甘汞电极的半电池为：$Hg, Hg_2Cl_2(s) | KCl$

电极反应：　　　　　　$Hg_2Cl_2 + 2e \rightleftharpoons 2Hg + 2Cl^-$

25℃时，电极电位：$\varphi = \varphi^{\ominus}_{Hg_2Cl_2/Hg} + \dfrac{0.0592}{2} \lg \dfrac{a_{Hg_2Cl_2}}{a^2_{Hg} a^2_{Cl^-}}$

由于 Hg、Hg_2Cl_2 都是固体，故活度都被视为 1，上式变为：

$$\varphi = \varphi^{\ominus}_{Hg_2Cl_2/Hg} - 0.0592 \lg a_{Cl^-} \tag{5-4}$$

式(5-4)表明，在一定温度下，甘汞电极的电极电位取决于电极溶液中 Cl^- 的活度，只要 Cl^- 的活度一定，电极的电位就是一个恒定值。甘汞电极中氯化钾溶液常用的浓度有 3 种，每种浓度对应的电极电位见表 5-1 所列。

表 5-1　甘汞电极的电极电位（25℃）

电极类型	0.1mol/L 甘汞电极	标准甘汞电极（NCE）	饱和甘汞电极（SCE）
KCl 浓度	0.1mol/L	1mol/L	饱和溶液
电极电位/V	+0.3365	+0.2828	+0.2438

电位分析法中常用的参比电极为饱和甘汞电极（SCE）。在使用饱和甘汞电极时，需注意以下几个问题：

① 使用前应取下电极下端口和上侧加液口的小胶帽，不用时戴上；

② 电极内饱和 KCl 溶液的液位应保持足够的高度，不足时应补加，并在电极下端要保持有少量 KCl 晶体存在，以保证 KCl 溶液的饱和性；

③ 使用前应检查电极内是否有气泡，若有气泡应及时排除，否则将导致电路断路或仪器读数不稳定；

④ 使用前要检查电极下端多孔物质是否堵塞；

⑤ 测定时，电极应垂直置于溶液中，内参比溶液的液面应较待测溶液的液面高，以防止待测溶液向电极内渗透；

⑥ 当待测溶液中含有 Ag^+、S^{2-}、Cl^- 及高氯酸等物质时，应加置 KNO_3 盐桥。

（2）银-氯化银电极　将银丝表面镀一层氯化银，浸入到用氯化银饱和的一定浓度的氯化钾溶液中，即构成银-氯化银电极，其结构如图 5-6 所示。

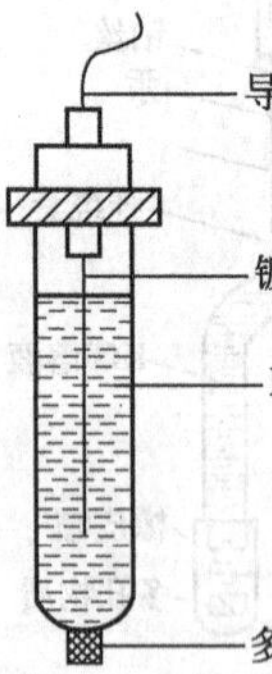

图 5-6　银-氯化银电极

该电极的半电池为：Ag，$AgCl(s)|KCl$

电极反应为：　$AgCl + e \rightleftharpoons Ag + Cl^-$

25℃时，电极电位：

$$\varphi = \varphi^{\ominus}_{AgCl/Ag} + 0.0592 \lg \dfrac{a_{AgCl}}{a_{Ag} a_{Cl^-}}$$

由于 Ag、AgCl 都是固体，故活度都被视为 1，上式变为：

$$\varphi = \varphi^{\ominus}_{AgCl/Ag} - 0.0592 \lg a_{Cl^-} \tag{5-5}$$

式(5-5)表明，在一定温度下，Ag-AgCl 电极的电极电位取决于电极溶液中 Cl^- 的活度，只要 Cl^- 的活度一定，电极的电位就是一个恒定值。Ag-AgCl 电极中 KCl 溶液常用的浓度也有 3 种，每种浓度对应的电极电位见表 5-2 所列。

表 5-2　银-氯化银电极的电极电位（25℃）

电极类型	0.1mol/L 电极	标准银-氯化银电极（NCE）	饱和银-氯化银电极（NCE）
KCl 浓度	0.1mol/L	1mol/L	饱和溶液
电极电位/V	+0.2880	+0.2223	+0.2000

2. 指示电极

指示电极的电位随待测离子活度的变化而改变。为避免共存离子的干扰，要求指示电极对其响应离子应具有较高的选择性。另外，指示电极还应具有灵敏度高、测量浓度范围宽、响应速度快等特点。按结构和原理的不同，可将指示电极分为金属-金属离子电极、金属-金属难溶盐电极、惰性金属电极和离子选择性电极等。

（1）金属-金属离子电极　　这类电极是将金属浸在含有该金属离子的电解质溶液中组成，也称第一类电极，简称金属电极。电极反应为：

$$M^{n+} + ne \rightleftharpoons M$$

25℃时，其电极电位：

$$\varphi = \varphi^\ominus + \frac{0.0592}{n}\lg a_{M^{n+}} \tag{5-6}$$

式（5-6）表明，该类电极电位仅取决于溶液中金属离子的活度，因此可用金属电极测定溶液中相同金属离子的活度。常用来组成这类电极的金属有银、锌、铜、铅、汞等。

（2）金属-金属难溶盐电极　　将金属表面覆盖一层该金属的难溶盐，然后将其浸在与该难溶盐有相同阴离子的溶液中，即可制成此类电极，也称为第二类电极。其电极电位取决于溶液中能与该金属离子生成难溶盐的阴离子的活度，所以又称为阴离子电极。

此类电极作指示电极时，可用来测定并不直接参与电子转移的金属难溶盐的阴离子的活度。由于这类电极电位值稳定、重现性好，因而常被用作参比电极。如前面介绍的参比电极中的甘汞电极和 Ag-AgCl 电极均属于该类电极。

（3）惰性金属电极　　惰性金属电极也称为零类电极，它是由化学性质稳定的惰性材料，如铂、金、石墨等做成棒状或片状，浸入含有同一元素的两种不同氧化态的离子溶液中组成。这类电极本身不参加电化学反应，仅起传导电子的作用。如将铂片插入含有 Fe^{2+}、Fe^{3+} 的溶液中，电极反应为：

$$Fe^{3+} + e \rightleftharpoons Fe^{2+}$$

25℃时，其电极电位：

$$\varphi = \varphi^\ominus + 0.0592\lg \frac{a_{Fe^{3+}}}{a_{Fe^{2+}}} \tag{5-7}$$

式（5-7）表明，虽然铂电极本身不参与电极反应，但其电极电位能反映出溶液中 Fe^{3+} 和 Fe^{2+} 活度比值的大小，也即惰性金属电极的电位取决于溶液中进行电极反应金属的氧化态与还原态活度的比值。正是基于这种特性，此类电极常被选作氧化还原电位滴定中的指示电极。

（4）离子选择性电极（ion-selective electrod，ISE）　　这是电位分析中最常用的一类指示电极。此类电极是以固态或液态敏感膜作为传感器，通过离子的交换与扩散产生膜电位，而膜电位与溶液中响应离子的活度之间符合能斯特方程。离子选择性电极的种类很多，每种电极都能选择性测定对该电极有电位响应的特定离子的浓度。有关离子选择性电极的详细内容将在下一节介绍。

三、电位分析的分类及特点

1. 分类

电位分析法分为直接电位法（direct potentiometry）和电位滴定法（potentiometric titration）。

直接电位法是将待测溶液、参比电极和指示电极组装成原电池，通过测量原电池电动势，根据电动势与待测离子活度之间的关系（符合能斯特方程）来求算待测离子活度（浓度）的定量分析方法。常用于溶液 pH 和一些离子浓度的测定。

电位滴定法是通过滴定过程中指示电极电位的突跃来判断滴定终点到达的分析方法。电位滴定法与普通容量分析的区别就是判断滴定终点的方法不同，可用于电位滴定的化学反应类型很多，常见的酸碱、氧化还原、沉淀、配位等各类滴定反应都可用电位法来确定滴定终点。

2. 特点

电位分析法具有以下特点。

① 仪器设备简单，价格低廉，操作简便，适合于现场操作。

② 测定速度快。由于输出的是电信号，易传递，适合连续测定和自动显示，目前在化工生产自动控制和环境监测中已广泛应用。

③ 选择性好。利用离子选择性电极，可测定一些组成复杂的试样，对有色、浑浊、不透明溶液中的组分也可直接测定。

④ 测量范围宽。直接电位法适用于微量组分的测定，检出下限可达 10^{-8} mol/L；而电位滴定法则适用于半微量组分和常量组分的测定。

⑤ 应用广泛。近年来，随着一些新型离子选择性电极的研制成功，电位分析法尤其是直接电位法的应用越来越广泛。

第三节 离子选择性电极

一、离子选择性电极的分类

离子选择性电极是对特定离子有选择性响应的一类电极，是电位分析法的主要部件。根据国际纯粹与应用化学联合会（IUPAC）的推荐，按照膜的组成和结构的不同，将离子选择性电极分类如下：

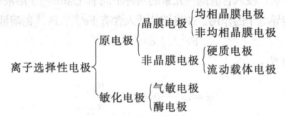

二、原电极

原电极是指敏感膜直接与待测试液接触的离子选择性电极，它又分为晶膜电极和非晶膜电极。

1. 晶膜电极

晶膜电极的敏感膜由一种或几种难溶盐晶体压制而成，分为均相晶膜电极和非均相晶膜电极。均相晶膜电极的晶膜由一种或多种难溶盐晶体混合物压制而成。由于难溶盐晶体膜很薄、易碎，所以有时将难溶盐晶体按一定比例分散到惰性支持体的单体里一起压制成膜，这样制成的电极称为非均相晶膜电极。晶膜电极结构如图 5-7 所示。

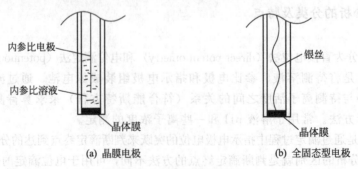

图 5-7 晶膜电极的结构

氟离子电极是典型的均相晶膜电极,结构如图 5-8 所示,敏感膜晶体主要是 LaF_3,其中掺杂少量 EuF_2 或 CaF_2 晶体以增加晶膜的导电性和缩短电极的响应时间,内参比电极是银-氯化银电极,内参比溶液是 0.1mol/L NaCl 和 0.1mol/L NaF 混合溶液。

LaF_3 晶膜表面存在晶格离子空穴,当晶膜与试液接触时,试液中的 F^- 能进入到晶格离子空穴,而晶膜中的 F^- 也会扩散进入溶液而在膜中留下新空穴,当离子交换达到平衡时,晶膜表面与试液两相界面上形成双电层而产生膜电位:

$$\varphi_{膜} = K - \frac{2.303RT}{nF}\lg a_{F^-} \tag{5-8}$$

氟离子选择性电极对 F^- 活度的线性响应范围是 $10^{-6} \sim 1mol/L$。溶液的酸碱性对其测定准确度有较大影响。pH 过低,溶液中的 H^+ 会与部分 F^- 反应生成 HF 或 HF_2^-,使测定结果偏低;pH 过高,OH^- 与晶体膜 LaF_3 发生下面反应:

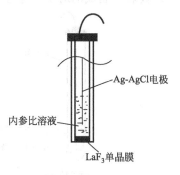

图 5-8　氟离子选择性电极

$$3OH^- + LaF_3 \longrightarrow La(OH)_3 + 3F^-$$

由于上述反应释放出 F^-,使测定结果偏高。实践证明,氟离子选择性电极测定的适宜 pH 范围为 $5.0 \sim 5.5$。另外,当溶液中存在 Be^{2+}、Al^{3+}、Fe^{3+} 等能与 F^- 稳定配位的阳离子时,也会干扰 F^- 活度的测定,通常用加入掩蔽剂的方法来消除干扰。

除氟离子电极外,常见的晶膜电极还有 Cl^-、Br^-、I^- 等卤素离子电极、S^{2-} 电极和 Cu^{2+}、Pb^{2+}、Cd^{2+} 等阳离子电极,它们的晶膜组成和性能见表 5-3 所列。

表 5-3　晶膜电极的品种和性能

电 极	膜材料	线形响应浓度范围 $c/(mol/L)$	适用 pH 范围	主要干扰离子
Cl^-	$AgCl + Ag_2S$	$5 \times 10^{-5} \sim 1 \times 10^{-1}$	$2 \sim 12$	$Br^-, S_2O_3^{2-}, I^-, CN^-, S^{2-}$
Br^-	$AgBr + Ag_2S$	$5 \times 10^{-6} \sim 1 \times 10^{-1}$	$2 \sim 12$	$S_2O_3^{2-}, I^-, CN^-, S^{2-}$
I^-	$AgI + Ag_2S$	$1 \times 10^{-7} \sim 1 \times 10^{-1}$	$2 \sim 11$	S^{2-}
Ag^+, S^{2-}	Ag_2S	$1 \times 10^{-7} \sim 1 \times 10^{-1}$	$2 \sim 12$	Hg^{2+}
Cu^{2+}	$CuS + Ag_2S$	$5 \times 10^{-7} \sim 1 \times 10^{-1}$	$2 \sim 10$	$Ag^+, Hg^{2+}, Fe^{3+}, Cl^-$
Pb^{2+}	$PbS + Ag_2S$	$5 \times 10^{-7} \sim 1 \times 10^{-1}$	$3 \sim 6$	$Cd^{2+}, Ag^+, Hg^{2+}, Cu^{2+}, Fe^{3+}, Cl^-$
Cd^{2+}	$PbS + Ag_2S$	$5 \times 10^{-7} \sim 1 \times 10^{-1}$	$3 \sim 10$	$Pb^{2+}, Ag^+, Hg^{2+}, Cu^{2+}, Fe^{3+}$

2. 非晶膜电极

(1) 玻璃电极　玻璃电极是使用最早的一类晶膜电极,它的敏感膜由特殊玻璃吹制而成,对一价阳离子响应,包括 H^+、Li^+、K^+、Na^+ 等。之所以对不同阳离子有响应,是由于敏感膜的玻璃成分不同造成的。不同玻璃电极的玻璃膜组成及其性能见表 5-4 所列。

表 5-4　不同玻璃电极的玻璃膜组成及性能

响应离子	玻璃膜组成(摩尔分数)/%			选择性系数
	Na_2O	Al_2O_3	SiO_2	
H^+	21.4	CaO 6.4	72.2	
Li^+	Li_2O 15	25	60	$Na^+ 0.3, K^+ < 1 \times 10^{-3}$
Na^+	11	18	71	$K^+ 3.3 \times 10^{-3}$(pH 为 7),3.6×10^{-4}(pH 为 11),$Ag^+ 500$
K^+	27	5	68	$Na^+ 5 \times 10^{-2}$
Ag^+	11	18	71	$Na^+ 1 \times 10^{-3}$

下面以应用最广泛的 pH 玻璃电极为例介绍玻璃电极的结构和响应机理，其结构如图 5-9 所示，内参比电极为银-氯化银电极，内参比溶液为 0.1mol/L HCl 溶液，玻璃管底端为特殊玻璃吹制成的对 H^+ 有选择性响应的球状敏感玻璃膜。

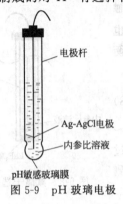

图 5-9 pH 玻璃电极

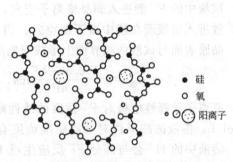

图 5-10 硅酸盐玻璃的结构

pH 玻璃电极的响应机理也与离子的扩散有关。硅酸盐玻璃的结构如图 5-10 所示，硅氧键之间相互结合形成网状结构，各阳离子中只有体积较小的 Na^+ 可在晶格的空穴中自由移动。pH 玻璃电极浸入待测溶液中时，玻璃膜外层的 Na^+ 会和溶液中的 H^+ 发生交换：

$$G^- Na^+ + H^+ \rightleftharpoons G^- H^+ + Na^+$$

玻璃膜外表面的 Na^+ 全部被溶液中的 H^+ 取代，越往里被 H^+ 取代的 Na^+ 越少，当达到交换平衡时，在玻璃膜外面形成一个水化胶层，这样在试液和玻璃膜外界面之间就形成了相界电位。设试液和玻璃膜外水化胶层的 H^+ 活度分别为 $a_{H^+ 外}$、$a'_{H^+ 外}$，则试液和玻璃膜外界的相界电位：

$$\varphi_{相界外} = K + \frac{RT}{F} \ln \frac{a_{H^+ 外}}{a'_{H^+ 外}} \tag{5-9}$$

同样在玻璃膜内层也和电极的内参比溶液形成一个水化胶层，设内参比溶液和玻璃膜内水化胶层的 H^+ 活度分别为 $a_{H^+ 内}$、$a'_{H^+ 内}$，则在内参比溶液和玻璃膜内界面间的相界电位：

$$\varphi_{相界内} = K + \frac{RT}{F} \ln \frac{a_{H^+ 内}}{a'_{H^+ 内}} \tag{5-10}$$

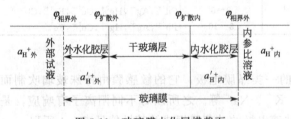

图 5-11 玻璃膜水化层横截面

在两个水化胶层之间存在一个干玻璃层，因此在水中浸泡后的玻璃膜由 3 部分组成：膜内外表面两个各厚约 10^{-4} mm 的水化胶层及膜中间的厚约 0.1mm 的干玻璃层，如图 5-11 所示。

干玻璃层与内外两个水化胶层之间由于离子的扩散作用会产生扩散电位，分别用 $\varphi_{扩散内}$、$\varphi_{扩散外}$ 表示，则玻璃膜的膜电位可用下式计算：

$$\varphi_膜 = \varphi_{相界外} + \varphi_{扩散外} - \varphi_{相界内} - \varphi_{扩散内}$$

当玻璃膜内外表面的性状相同时，可认为：

$$a'_{H^+ 外} = a'_{H^+ 内} \qquad \varphi_{扩散外} = \varphi_{扩散内}$$

则

$$\varphi_膜 = \frac{RT}{nF} \ln \frac{a_{H^+ 外}}{a_{H^+ 内}} \tag{5-11}$$

又内参比溶液的 H^+ 浓度固定，即 $a'_{H^+ 内}$ 是一个常数，故有：

$$\varphi_{膜}=K+\frac{RT}{nF}\ln a_{H^+外} \tag{5-12}$$

当玻璃膜内外溶液中 H^+ 浓度相同时，理论上讲膜电位应该等于零，实际上此时仍存在很小的膜电位，称不对称电位。pH玻璃电极的电极电位包括膜电位、内参比电极电位和不对称电位，25℃时：

$$\varphi_{电极}=\varphi_{膜}+\varphi_{内参比}+\varphi_{不对称}=K'+\frac{RT}{F}\ln a_{H^+}=K'-0.0592pH \tag{5-13}$$

pH玻璃电极的测量范围一般为1～10。当试液 pH<1 时，测定结果偏高，称为"酸差"。这是因为 H^+ 浓度过高使溶液离子强度增大，导致水分子活度下降，因而测定值偏高。当试液 pH>10 时，测定结果偏低，称为"碱差"或"钠差"。出现"钠差"的原因是试液中 H^+ 浓度太低，使得玻璃膜中一些已经和 H^+ 交换的 Na^+ 又重新回到玻璃膜中。如果在玻璃膜中添加 Li_2O 来取代部分 Na_2O，由于锂玻璃晶格中的空穴小，阻止了 Na^+ 返回玻璃膜，可有效减少"钠差"。添加 Li_2O 的pH玻璃电极的测量范围可扩大至1～13.5。

pH玻璃电极的测定不受溶液颜色和浑浊程度的影响，测定速度快且不沾污试液，使用范围广。但电极玻璃球泡很薄，很容易破损，因而使用时需非常小心。

（2）流动载体电极　流动载体电极，亦称液膜电极，其中与被测离子选择性作用的电活性物质即载体可在膜相中流动，结构如图5-12所示。它由两个套管组成，内套管中是内参比电极和内参比溶液，外套管中是电活性物质溶液（常用离子交换剂的有机溶剂溶液），电极底端是载有电活性物质的惰性微孔膜。这种膜由垂熔玻璃、素烧陶瓷或高分子材料制成，并经疏水处理，因而仅允许电活性物质溶液扩散进入形成一层薄膜也即电极的敏感膜。

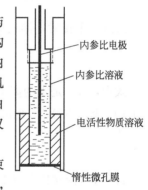

图 5-12　液膜电极

当液膜电极与待测溶液接触时，由于溶液中的响应离子可与束缚在膜相中的电活性物质反应，因而它可在液、膜两相中自由出入，但其伴随离子却被排斥在膜相之外。响应离子在液、膜两相间的交换及在膜相中的扩散破坏了两相界面附近电荷分布的均匀性，从而导致膜电位的产生。

以常用的钙离子电极为例，其内参比电极是 Ag-AgCl 电极，内参比溶液是 0.1mol/L $CaCl_2$ 水溶液，活性物质是 0.1mol/L 二癸基磷酸钙 $[(RO)_2PO_2]_2Ca$ 的苯基磷酸二辛酯溶液。当钙电极与待测试液接触时，由于试液和内参比溶液中的 Ca^{2+} 活度不同，于是在液膜上发生下面的离子交换反应：

$$[(RO)_2PO_2]_2Ca \Longrightarrow 2[(RO)_2PO_2]^- +Ca^{2+}$$

当试液和内参比溶液的 Ca^{2+} 活度相同时，离子交换反应达到平衡，此时膜电位：

$$\varphi_{膜}=K+\frac{2.303RT}{nF}\lg a_{Ca^{2+}} \tag{5-14}$$

液膜电极的选择性取决于电活性物质与响应离子反应产物的稳定性，反应产物在有机相中越稳定，选择性越好。电极的灵敏度则取决于电活性物质在有机相和水相中的分配系数，分配系数越大，检测限越低。

三、敏化电极

1. 气敏电极

气敏电极是测定溶液中气体含量的一类电极，也称气敏探针，其结构如图5-13所示。由离子选择性电极（如 pH 玻璃电极等）作为指示电极，与内参比电极一起插入电极管中组成复合电极，电极管中充满对内参比电极有响应的离子及待测离子组成的溶液，称为中介液，电极管端部紧靠离子选择电极敏感膜处用由醋酸纤维等特殊材料制成的憎水性透气膜把中介液与待测溶液隔开。

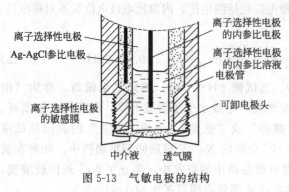

离子选择性电极
Ag-AgCl参比电极
离子选择性电极
的敏感膜

离子选择性电极
的内参比电极
离子选择性电极
的内参比溶液
电极管
可卸电极头

中介液　　透气膜

图 5-13　气敏电极的结构

测量时，试液中的气体通过透气膜进入中介液并发生反应，引起中介液中某化学平衡的移动，使得对指示电极有响应的离子活度发生变化，电极电位也相应发生变化，从而可以指示试样中气体的浓度。

如氨气敏电极，以 pH 玻璃电极为指示电极，透气膜为聚偏四氟乙烯，中介质为 NH_4Cl 溶液。当电极浸入含有 NH_3 的待测试液中，NH_3 穿过透气膜进入 NH_4Cl 溶液，引起下列平衡的移动：

$$NH_3 + H_2O \rightleftharpoons NH_4^+ + OH^- \quad K_b = \frac{[OH^-][NH_4^+]}{[NH_3]}$$

反应达平衡时，溶液中的 H^+ 浓度为：

$$[H^+] = \frac{K_w}{[OH^-]} = \frac{K_w[NH_4^+]}{K_b[NH_3]}$$

式中，K_w 是水的离子积常数，它在一定温度下是常数。由于中介液中含有足够浓度的 NH_4Cl，故 $[NH_4^+]$ 也可视为常数，则上式可写为：

$$[H^+] = \frac{K_w[NH_4^+]}{K_b[NH_3]} = \frac{K'}{[NH_3]}$$

H^+ 可由内参比电极即 pH 玻璃电极指示出来，25℃时其电极电位：

$$\varphi = K + 0.0592\lg[H^+] = K'' - 0.0592\lg[NH_3] \tag{5-15}$$

式(5-15)表明，pH 玻璃电极的电极电位与溶液中 NH_3 浓度的对数呈正比，这就是氨气敏电极定量分析的理论依据。

除氨气敏电极外，常用的气敏电极能分别对 CO_2、NO_2、SO_2、H_2S、HF、HCN 等进行测定。

2. 酶电极

酶电极是在离子选择性电极的敏感膜上覆盖一层活性酶物质，通过酶的界面催化作用，使被测物质在电极敏感膜上定量、快速地发生化学反应生成电极能响应的分子或离子，从而间接测定被测物质。

如尿素酶电极就是将尿素酶固定在凝胶内，然后均匀涂布在氨气敏电极或 CO_2 敏电极的敏感膜表面制成。电极浸入含尿素的溶液中时，尿素分子扩散到电极膜表面，在尿素酶的催化下发生下面的化学反应：

$$CO(NH_2)_2 + H_2O \xrightarrow{\text{尿素酶}} 2NH_3 + CO_2$$

利用氨气敏电极或 CO_2 敏电极作为指示电极测定上述水解反应生成的氨气或 CO_2 的量，就能计算出试液中尿素的含量。

酶电极与其他类型电极的区别在于它能将一些复杂的有机物的测定转化为简单的无机离子的测定。而且由于酶的催化具有高效专一、催化条件温和等特点，因而酶电极也具有选择性好、灵敏度高、工作条件温和等优点。尤其是高选择性表现尤为突出，如一些酶电极能分别对脲、L-谷氨酸和 L-赖氨酸进行测定。但酶电极也有一些不容忽视的缺点如制作比较麻烦，而且酶极易失活。

四、离子选择性电极的性能

1. 线性范围和检测限

已知离子选择性电极的电位和离子活度之间符合能斯特方程，25℃时：

$$\varphi_{ISE} = K \pm \frac{0.0592}{n} \lg a \tag{5-16}$$

式中，若是阳离子取"＋"，阴离子取"－"。

以离子选择性电极的电位为纵坐标，离子活度的常用对数为横坐标绘制曲线，若是阳离子，所得曲线如图 5-14 所示。

由图可知，当待测离子的活度降低到一定程度后，曲线开始偏离直线，曲线的直线部分称为离子选择性电极的线性范围，直线与水平延长线的交点所对应的离子活度称为离子选择性电极的检测限。

离子选择性电极的检测限越小，灵敏度越高。线性范围越宽、检测限越小，电极的性能越好。

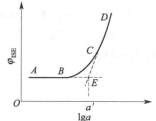

图 5-14　离子选择性
电极的校准曲线

2. 响应斜率

按照能斯特响应，对阳离子来说，25℃时直线斜率应为 $\frac{0.0592}{n}$，测量时所绘制的直线部分的实际斜率越接近这个理论值，测得的离子活度和实际值越接近，也就是电极的准确度越高。

3. 电位选择系数

虽说离子选择性电极对离子有选择性响应，但这种选择是相对的，溶液中的其他共存离子也可能会或多或少地对电极有响应，即共存离子也可能对电极电位有贡献。设待测离子、干扰离子分别为 i、j，则 25℃时离子选择性电极的膜电位：

$$\varphi_{膜} = K \pm \frac{0.0592}{n_i} \lg(a_i + K_{i,j} a_j^{n_i/n_j}) \tag{5-17}$$

式中　$K_{i,j}$——干扰离子 j 对待测离子 i 的选择系数，它可以理解为当提供相同的膜电位时，i 离子与 j 离子活度的比值。例如当 $K_{i,j} = 10^{-3}$，是指当干扰离子 j 的活度是待测离子 i 活度的 1000 倍时才能和 i 离子提供相同的电位。很明显 $K_{i,j}$ 越小，表明待测离子 i 抗干扰离子 j 干扰的能力越强，同时也说明电极对待测离子 i 的选择性越好。$K_{i,j} = \dfrac{a_i}{a_j^{n_i/n_j}}$

利用电极的选择系数，可以估算干扰离子对待测离子测定产生的误差，以准确判断共存离子对测定结果的干扰程度，为选择合适的测定条件提供理论依据。根据选择系数的定义，可推出相对误差 E_r 的计算公式：

$$E_r = \frac{K_{i,j} a_j^{n_i/n_j}}{a_i} \times 100\% \tag{5-18}$$

【例 5-1】　已知 K^+ 选择性电极对 Na^+ 的 $K_{K^+,Na^+} = 0.5 \times 10^{-3}$，用该电极测活度为 $1.0 \times 10^{-4} mol/L$ 的 K^+ 试液时，若试液中 Na^+ 活度为 $1.0 \times 10^{-2} mol/L$，计算由 Na^+ 存在引起的测量误差。

解 $E_r = \dfrac{K_{K^+,Na^+} a_{Na^+}}{a_{K^+}} \times 100\% = \dfrac{0.5 \times 10^{-3} \times 1.0 \times 10^{-2}}{1.0 \times 10^{-4}} \times 100\% = 5.0\%$

4. 响应时间

电极的响应时间是指从电极和参比电极一起接触待测溶液到电极电位达到稳定值（上下波动在1mV以内）所需要的时间。很明显，电极的响应时间越短越好。一般来说，电极的响应时间应在1min以内。

影响响应时间的因素很多，归纳起来有以下几点。

① 响应离子溶液的活度。活度越小，响应时间越短。

② 响应离子的性质。如电荷多少、扩散速度等，很明显，离子扩散速度越快，响应时间越短。测量时搅拌可增加离子扩散速度，从而缩短响应时间。

③ 测定条件。如溶液温度、共存离子种类等，温度越高，响应时间越短。

④ 敏感膜的厚度、组成和性质以及表面的光洁度和参比电极电位的稳定性也会影响电极的响应时间。

第四节　直接电位法

一、直接电位法仪器装置

常见的直接电位法仪器装置如图5-1所示，其工作原理示意如图5-15(a) 所示。将指示电极和参比电极插入待测溶液中组装成原电池，通过精密毫伏计测量原电池的电动势。由于原电池电动势与待测离子的活度（浓度）之间符合能斯特方程式，从而可计算出待测离子的活度。为了缩短电极响应时间、加快分析速度，通常需配置磁力搅拌装置。将试液容器放在电磁搅拌器上，向待测溶液中加入铁芯搅拌棒，打开电磁搅拌器可带动搅拌棒旋转，并可根据需要调节搅拌速度。

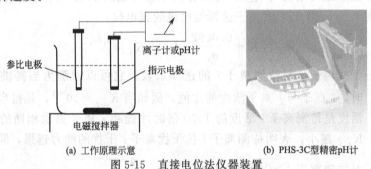

(a) 工作原理示意　　　　　　(b) PHS-3C型精密pH计

图 5-15　直接电位法仪器装置

二、直接比较法

配制一浓度已知的标准溶液，分别向标准溶液和待测溶液中加入总离子强度调节缓冲剂（TISAB），分别向标准溶液和待测溶液中插入离子选择性电极和参比电极组装成原电池，在相同条件下测定两溶液组成的原电池的电动势，根据电动势与离子活度的对数成正比关系计算待测溶液中离子的活度（浓度）。

溶液中各种离子活度（浓度）的测定可采用直接比较法，所用指示电极为对待测离子有选择性响应的离子选择性电极，参比电极经常使用饱和甘汞电极。组装成的原电池为：

ISE|待测溶液 ‖ SCE

指示电极的电极电位：

$$\varphi_{ISE} = K \pm \frac{2.303RT}{nF} \lg a \tag{5-19}$$

式中，待测离子为阳离子取"＋"，阴离子取"－"。

原电池电动势：

$$E = \varphi_{SCE} - \varphi_{ISE} = \varphi_{SCE} - K \pm \frac{2.303RT}{nF} \lg a = K' \pm \frac{2.303RT}{nF} \lg a \tag{5-20}$$

设标准溶液和待测溶液的电动势分别为 E_s、E_x，则：

$$E_s = K' \pm \frac{2.303RT}{nF} \lg a_s \quad E_x = K' \pm \frac{2.303RT}{nF} \lg a_x$$

两式相减，并整理得：

$$pA_x = pA_s \pm \frac{nF(E_x - E_s)}{2.303RT} \tag{5-21}$$

式(5-21)中，阳离子取"＋"，阴离子取"－"。若待测离子为 H^+，即测溶液的 pH 值，由式（5-21）得：

$$pH_x = pH_s + \frac{E_x - E_s}{2.303RT} \tag{5-22}$$

【例 5-2】　25℃时用 pH 玻璃电极测得 pH=6.86 缓冲溶液的电动势为 E_s=381mV，待测试液的电动势 E_x=298mV，计算试液的 pH 值。

解　$$pH_x = pH_s + \frac{E_x - E_s}{2.303RT} = 6.86 + \frac{0.298 - 0.381}{0.0592} = 5.46$$

标准缓冲溶液是测定 pH 值的基准，所以标准缓冲溶液的配制及其 pH 值的确定非常重要。我国标准计量局颁发了 6 种 pH 标准缓冲溶液作为 pH 值测定的基准。各种标准缓冲溶液在 0～60℃的 pH 值见表 5-5 所列。

表 5-5　不同温度下标准缓冲溶液的 pH 值

温度 /℃	0.05mol/L 四草酸氢钾	25℃饱和 酒石酸氢钾	0.05mol/L 邻苯二甲酸氢钾	0.025mol/L 磷酸二氢钾＋0.025mol/L 磷酸氢二钠	0.01mol/L 25℃饱和 硼砂	Ca(OH)₂
0	1.668		4.006	6.981	9.458	13.416
5	1.669		3.999	6.949	9.391	13.210
10	1.671		3.996	6.921	9.330	13.011
15	1.673		3.996	6.898	9.276	12.820
20	1.676		3.998	6.879	9.226	12.637
25	1.680	3.559	4.003	6.864	9.182	12.460
30	1.684	3.551	4.010	6.652	9.142	12.292
35	1.688	3.547	4.019	6.844	9.105	12.130
40	1.694	3.547	4.029	6.838	9.072	11.975
50	1.706	3.555	4.055	6.833	9.015	11.697
60	1.721	3.574	4.087	6.837	8.968	11.426

实际测溶液 pH 值时，都用专门的商品仪器酸度计，如图 5-15(b) 所示。先用 pH 值与待测溶液接近的标准缓冲溶液标定仪器，然后将电极插入待测溶液，可直接从酸度计数码管上读出待测溶液的 pH 值。现在的酸度计都将 pH 玻璃电极和饱和甘汞电极合为 pH 复合电极，使用起来非常方便。

三、标准曲线法

配制一系列待测离子的标准溶液，向标准溶液和待测溶液中加入总离子强度调节缓冲剂

(TISAB)，依次测各标准溶液的电动势。以各标准溶液的电动势为纵坐标、离子活度（浓度）的常用对数为横坐标，绘制标准曲线。在同样条件下测量待测溶液的电动势，从标准曲线上查得待测溶液中离子的活度（浓度）。

四、标准加入法

1. 单次标准加入法

向体积已知的待测溶液中准确加入少量离子活度已知的标准溶液，分别测定加标准溶液前待测溶液的电动势和加入标准溶液后的电动势，根据能斯特方程计算出待测离子的活度。

设待测溶液、加入的标准溶液的体积分别为 V_x、$V_s(V_s \ll V_x)$，待测溶液、标准溶液中欲测离子的浓度分别为 c_x、c_s，加标准溶液前后待测溶液的电动势分别为 E_x、E_s，由式 (5-20) 知：

$$E_x = K' \pm \frac{2.303RT}{nF} \lg c_x \tag{5-23}$$

$$E_s = K' \pm \frac{2.303RT}{nF} \lg \frac{c_x V_x + c_s V_s}{V_x + V_s} \tag{5-24}$$

由于 $V_s \ll V_x$，可认为加入标准溶液后试液体积基本不变，即：

$$\frac{V_x}{V_x + V_s} \approx 1, \quad \Delta c = \frac{c_s V_s}{V_x + V_s} \approx \frac{c_s V_s}{V_x};$$

令 $\Delta E = |E_s - E_x|$，将式(5-24) 减式(5-23)，并整理得：

$$\Delta E = \frac{2.303RT}{nF} \lg \left(1 + \frac{\Delta c}{c_x} \right)$$

式中，$\dfrac{2.303RT}{nF}$ 为响应斜率，设为 S，则上式简化为：

$$c_x = \Delta c (10^{\Delta E/S} - 1)^{-1} \tag{5-25}$$

上述公式对阴离子和阳离子的测定都适用，只要测出 ΔE、S 就能计算出待测离子的浓度 c_x。其中响应斜率 S 也可通过计算获得，但理论值和实际值常有偏差。为了减少误差，最好在实验条件下自行测定。方法是测完待测试液的电动势 E_1 后，将待测试液稀释一倍，再测其电动势 E_2，则实际响应斜率 $S = |E_2 - E_1|/\lg 2$。

单次标准加入法能较好消除试样基体干扰，且只需一种标准溶液，操作非常简便。

【例 5-3】 25℃时，将氟离子选择性电极和饱和甘汞电极插入 100.00mL 某含 F⁻ 样品溶液中，测得电池电动势为 0.752V，添加 5.00×10^{-2} mol/L 氟标准溶液 1.00mL 后，电池电动势降为 0.684V。计算试液中氟离子的浓度。

解 已知 $\Delta E = 0.752 - 0.684 = 0.068$ $\quad S = 0.0592/1 = 0.0592$

$$c_x = \Delta c (10^{\Delta E/S} - 1)^{-1} = \frac{5.00 \times 10^{-2} \times 1.00}{100.00} \times (10^{0.068/0.0592} - 1)^{-1}$$

解之得 $c_x = 3.82 \times 10^{-5}$ (mol/L)

2. 连续标准加入法

在测定过程中，连续多次加入标准溶液，多次测定 E 值，每次 E 值为：

$$E = K \pm S \lg \frac{c_x V_x + c_s V_s}{V_x + V_s}$$

式中，测阳离子时取"−"，测阴离子时取"+"，变换整理后可得：

$$(V_x + V_s) 10^{\pm E/S} = (c_x V_x + c_s V_s) 10^{\pm K/S}$$

K 和 S 均为常数，令 $K' = 10^{\pm K/S}$，则上式简化为：

$$(V_x + V_s)10^{\pm E/S} = K'(c_x V_x + c_s V_s) \tag{5-26}$$

即 $(V_x + V_s)10^{E/S}$ 与 V_s 呈线性关系。

通常连续向试液中加入 3～5 次标准溶液，每加入一次 V_s 值，测出一个 E 值，并计算 $(V_x + V_s)10^{\pm E/S}$。根据式（5-26）绘制 $(V_x + V_s)10^{\pm E/S}$ 对 V_s 的曲线，如图 5-16 所示。延长直线与 V_s 轴相交于点 V_s'（负值），此时 $(V_x + V_s)10^{\pm E/S} = 0$，也即：

$$c_x V_x + c_s V_s' = 0$$

所以

$$c_x = -\frac{c_s V_s'}{V_x}$$

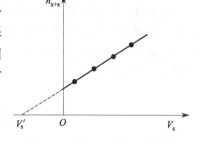

图 5-16 连续标准加入法曲线

五、影响电位法测定的因素

用电位法测量待测离子的活度，需要考虑影响测定准确度的一些因素，以选择合适的测定条件。影响电位法准确度的因素主要有共存离子的干扰、温度、电动势测量误差及响应时间等。

1. 温度

电位法测离子活度所绘制的 E-pH(A) 曲线的理论斜率值是 $RT/(nF)$，可以看出斜率的大小受温度的影响。此外，温度还影响待测离子的活度系数、电极的响应时间等。因此，在测量时要求试液与标准溶液的温度一致。用酸度计测量溶液的 pH 时，由于同一种标准溶液在不同的温度下具有不同的 pH，因而在进行标定时，必须旋转温度补偿旋钮将仪器显示温度调至测量时溶液的温度值，然后将仪器显示的 pH 标定至该溶液在测量温度下的实际 pH，以补偿温度不同对测量结果产生的影响。

2. 电动势的测量

受毫伏计精密度、参比电极和离子选择性电极性能等因素的影响，实际测量的电池电动势与真实值往往有一定的偏差。

3. 干扰离子

溶液中共存离子的影响主要表现在两个方面。一方面是共存离子与待测离子一样也能对指示电极产生响应，如用 Na^+ 选择性电极测溶液中的 Na^+ 浓度，共存 K^+ 会产生干扰；另一方面共存离子可能与待测离子反应生成一种对指示电极没有响应的物质，如用氟离子选择性电极测溶液中 F^- 浓度时，溶液中如果同时存在 Al^{3+}、Fe^{3+}，将会和 F^- 反应生成对电极没有响应的络离子。

消除干扰离子影响的常用方法是加入掩蔽剂。另外，还可根据具体情况采用加入氧化剂或还原剂的方法或调节溶液 pH 来消除干扰离子的影响。必要时，通过分离除去干扰离子。

4. 溶液离子强度的影响

严格地说，电位法测出的实际是溶液中待测离子的活度，但习惯上将分析结果以浓度表示。离子活度等于浓度乘以活度系数，而活度系数与溶液中的离子强度有关，离子强度越大，活度系数越小，测量误差越大。由于配制标准活度溶液比较困难，在实际工作中，往往通过加入离子强度调节缓冲剂的方法来控制待测试液和标准溶液的离子强度基本一致，以消除由于两者待测离子活度系数不一致造成的误差。

5. 溶液的 pH

溶液的酸碱度也会影响某些测定，因而测量不同离子往往需要将溶液 pH 控制在一定的范围内才能得到准确的结果，如用氟离子选择性电极测溶液中 F^-，需将溶液 pH 控制在 5～5.5。控制溶液的 pH，可采用加 pH 缓冲溶液的方法。

6. 搅拌

测量过程中搅拌溶液，可加速离子的扩散速度，缩短电极响应时间。应根据具体情况选择合适的搅拌速度。特别是测量低浓度溶液时，即使缓慢搅拌，电动势读数也不稳定。这时，可采用定时搅拌、静止读数或定时读数。同时应注意，标准溶液和试液必须在相同条件下测定，以减少误差。

第五节 电位滴定法

一、基本原理和仪器装置

1. 基本原理

直接电位法是通过直接测定试液组装成的原电池的电动势来计算待测离子的活度（浓度），而电位滴定法是以滴定过程中指示电极电位（或原电池的电动势）的变化为依据进行分析的。将参比电极和指示电极浸入被滴定液中组装成原电池，随着滴定过程中被测离子活度不断减少，指示电极电位不断发生变化，到达滴定终点时，由于被测离子活度突然降为零导致指示电极电位发生突跃，根据指示电极电位（或电动势）的突跃可以判断滴定终点的到达。根据滴定剂和待测组分反应的化学计量关系，由滴定过程中消耗的滴定剂的量可计算出待测组分的含量。

由此可见，电位滴定法和普通容量分析的根本区别就在于判断滴定终点的方法不同。与普通容量分析法采用的指示剂法相比，电位法判断终点更加准确、可靠，而且电位法可用于无法用指示剂判断终点的浑浊或有色溶液的滴定。

2. 仪器装置

常见的直接电位法仪器装置如图 5-2 所示，其结构示意图如图 5-17 所示，主要由滴定装置、原电池、毫伏计、搅拌装置组成。将指示电极和参比电极插入待测溶液中组装成原电池，用手动滴定管或电磁阀控制的自动滴定管向待测溶液中滴加滴定剂，使之与待测离子定量发生化学反应。随着滴定反应的进行，溶液中待测离子或与之相关离子的浓度发生变化，从而导致原电池电动势相应改变，通过精密毫伏计监测原电池的电动势变化。当滴定反应到达终点时，待测离子或与之相关离子的浓度突变导致原电池电动势发生突跃，由精密毫伏计的读数突跃可判断滴定终点。

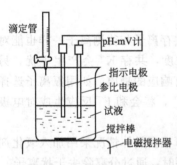

图 5-17 电位滴定基本仪器装置

二、滴定终点的确定方法

电位滴定法中判断滴定终点到达的依据是指示电极电位的突跃，具体操作起来有 3 种方法，即可通过绘制 E-V 曲线或 $\Delta E / \Delta V$-V 曲线或 $\Delta^2 E / \Delta V^2$-V 曲线判断滴定终点。

1. E-V 曲线

以滴定过程中测得的原电池的电动势为纵坐标，消耗掉的滴定溶液的体积为横坐标绘制 E-V 曲线，如图 5-18(a) 所示。图中电动势发生突跃时所对应的体积就是滴定反应到达终点时消耗掉的滴定溶液的体积。

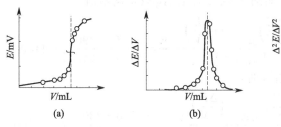

图 5-18　电位滴定曲线

2. $\Delta E/\Delta V$-V 曲线

将 E-V 曲线求一阶导数，也就是绘制 $\Delta E/\Delta V$-V 曲线，如图 5-18(b) 所示。很明显，在 E-V 曲线上电动势产生突跃的位置对应 $\Delta E/\Delta V$-V 曲线上的 $\Delta E/\Delta V$ 的最高点，也就是说 $\Delta E/\Delta V$-V 曲线上 $\Delta E/\Delta V$ 最高值对应的体积 V 就是滴定终点到达时消耗掉的滴定液的体积。

3. $\Delta^2 E/\Delta V^2$-V 曲线

将 E-V 曲线求二阶导数，也就是绘制 $\Delta^2 E/\Delta V^2$-V 曲线，如图 5-18(c) 所示。很明显，在 E-V 曲线上电动势产生突跃的位置对应 $\Delta^2 E/\Delta V^2$-V 曲线上的 $\Delta^2 E/\Delta V^2$ 的零点，也就是说 $\Delta^2 E/\Delta V^2$-V 曲线上 $\Delta^2 E/\Delta V^2$ 等于零时对应的体积 V 就是滴定终点到达时消耗掉的滴定液的体积。

【例 5-4】　用 0.1000mol/L AgNO$_3$ 标准溶液滴定含 2.433mmol NaCl 的溶液，以银电极为指示电极，饱和甘汞电极为参比电极，滴定过程的数据见表 5-6 所列。试用二阶微商法确定滴定终点。

表 5-6　以 0.1000mol/L AgNO$_3$ 滴定 NaCl 溶液实验数据

V_{AgNO_3} /mL	E(vs. SCE) /mV	ΔE /mV	ΔV /mL	$\Delta E/\Delta V$	$\bar{V}$/mL	$\Delta(\Delta E/\Delta V)$	$\Delta^2 E/\Delta V^2$
5.0	62						
		23	10	2	10.00		
15.0	85						
		22	5	4	17.50		
20.0	107						
		16	2	8	21.00		
22.0	123						
		15	1	15	22.50		
23.0	138						
		8	0.50	16	23.25		
23.50	146						
		15	0.30	50	23.65		
23.80	161						
		13	0.20	65	23.90		
24.00	174						
		9	0.10	90	24.05		
24.10	183						
		11	0.10	110	24.15	20	200
24.20	194						
		39	0.10	390	24.25	280	2800
24.30	233						
		83	0.10	830	24.35	440	4400
24.40	316						
		24	0.10	240	24.45	−590	−5900
24.50	340						
		11	0.10	110	24.55	−130	−1300
24.60	351						
		7	0.10	70	24.65		
24.70	358						
		15	0.30	50	24.85		
25.00	373						
		12	0.50	24	25.25		
25.50	385						

解 由表 5-4 中数据可知，当加入 24.30mL $AgNO_3$ 溶液时，

$$\Delta^2 E/\Delta V^2 = \frac{\left(\dfrac{\Delta E}{\Delta V}\right)_{24.35} - \left(\dfrac{\Delta E}{\Delta V}\right)_{24.25}}{V_{24.35} - V_{24.25}} = \frac{830 - 390}{24.35 - 24.25} = 4400$$

当加入 24.40mL $AgNO_3$ 溶液时，

$$\Delta^2 E/\Delta V^2 = \frac{\left(\dfrac{\Delta E}{\Delta V}\right)_{24.45} - \left(\dfrac{\Delta E}{\Delta V}\right)_{24.35}}{V_{24.45} - V_{24.35}} = \frac{240 - 830}{24.45 - 24.35} = -5900$$

因此，到达滴定终点所需的 $AgNO_3$ 溶液体积 V_x 应位于 $24.30 \sim 24.40mL$，由内插法可知：

$$\frac{V_x - 24.30}{0 - 4400} = \frac{24.40 - 24.30}{-5900 - 4400}$$

整理计算得：

$$V_x = 24.34 \text{（mL）}$$

三、滴定类型及指示电极的选择

可用于电位滴定法的滴定反应类型很多，常见的酸碱滴定、氧化还原滴定、沉淀滴定和配位滴定都可以用电位滴定法判断滴定终点。由于不同的滴定反应溶液中离子的类型不同，因此需要根据具体情况选择不同的指示电极。

1. 酸碱滴定

酸碱滴定反应滴定终点的判断主要依据被滴定液中酸碱度的变化，也就是根据溶液 pH 的变化判断滴定终点，因此该类滴定反应常选择 pH 玻璃电极作为指示电极，饱和甘汞电极作为参比电极。目前应用最多的是由玻璃电极和饱和甘汞电极合为一体的 pH 复合电极，测定时不再需要外参比电极，使用起来非常方便。

采用传统指示剂法判断滴定终点无法准确测定 $c_a K_a < 10^{-8}$ 或 $c_b K_b < 10^{-8}$ 的弱酸或弱碱的浓度，而用电位滴定法可测定 $c_a K_a \geqslant 10^{-10}$ 或 $c_b K_b \geqslant 10^{-10}$ 的弱酸或弱碱的含量。

2. 氧化还原滴定

氧化还原滴定反应体系中待测离子的氧化态和还原态往往都是不同价态的阳离子，因此常用零类电极如铂电极等作为指示电极，饱和甘汞电极、钨电极等作为参比电极。为了保持指示电极的灵敏度，要求铂电极应保持光亮，如被玷污或氧化，可用 10% 硝酸浸洗以除去杂质。

用指示剂法判断滴定终点的氧化还原滴定反应中，要求氧化剂电对和还原剂电对的标准电极电位之差 $\Delta E \geqslant 0.36V$ $(n=1)$，而电位滴定法中只需 $\Delta E \geqslant 0.2V$，就能准确测定待测物质的含量。

3. 沉淀滴定

以沉淀反应为基础的电位滴定中，应根据不同的沉淀反应选用不同的指示电极，常用的有银电极、铂电极和离子选择性电极等。如用 $AgNO_3$ 滴定卤素离子时，卤素离子浓度发生变化，可用银电极或相应的卤素离子选择性电极作指示电极，目前更倾向于选用后者；而用 $K_4[Fe(CN)_6]$ 滴定 Pb^{2+}、Cd^{2+} 等金属离子时，可用铂电极作指示电极。

4. 配位滴定

配位滴定法中常用的指示电极有铂电极、汞电极和离子选择性电极。如用 EDTA 滴定 Fe^{3+} 时，可用铂电极作指示电极（溶液中加入 Fe^{2+}），而用 EDTA 滴定 Ca^{2+} 时，可用钙离子选择性电极作指示电极。用 EDTA 进行电位滴定时，如果向待测试液中加入 Hg-EDTA

配合物，然后用汞电极作指示电极，则可以测定多种金属离子浓度。

第六节　电位分析法应用和实验技术

一、电位分析法的应用

电位分析法是一种简便而快速的定量分析方法，灵敏度高，选择性好。电位分析法既能测定无机离子的浓度，也能进行某些有机物的定量分析；既可用于微量组分分析，也能用于半微量和常量组分的分析，加之电位分析仪器具有结构简单、价格低廉、操作简便、易于实现自动化连续测定等优点，因而广泛应用于生产控制、环保监测、农产品检验、科学研究等领域。

近几年随着一些高性能离子选择性电极的研制成功，使得电位分析法尤其是直接电位法的选择性和灵敏度明显提高，极大地扩展了该方法的应用范围。

二、实验技术

实验 5-1　水溶液 pH 的测定

（一）实验目的

① 掌握用酸度计测量溶液 pH 的基本原理。

② 熟悉酸度计的构造和工作原理。

③ 掌握酸度计的操作方法，能用酸度计测定出试液的 pH。

④ 学会 pH 复合玻璃电极的使用及维护方法。

（二）基本原理

以 pH 玻璃电极作指示电极，饱和甘汞电极作参比电极，与待测溶液组装成原电池，可以测定溶液的 pH。在一定实验条件下，原电池的电动势 E 与溶液的 pH 之间的关系符合能斯特方程：

$$E = K + 0.0592 pH \quad (25℃)$$

式中，K 包括内参比电极的电位、饱和甘汞电极的电位、玻璃膜的不对称电位和参比电极和溶液间的液接电位，它很难准确计算出来，但在一定实验条件下是常数。在实际测量溶液的 pH 时常采用比较法。即先配制一个与待测试液 pH 接近的标准溶液，然后在相同条件下分别测定标准溶液和待测试液的电动势 E_s、E_x，设标准溶液和待测试液的 pH 分别为 pH_s、pH_x，根据能斯特方程有：

$$E_s = K + 0.0592 pH_s$$
$$E_x = K + 0.0592 pH_x$$

两式相减并整理得：

$$pH_x = pH_s + \frac{E_x - E_s}{0.0592} \quad (25℃)$$

测定溶液 pH 的酸度计就是按照上述原理设计制造的。测定方法有单标准 pH 缓冲溶液法和双标准 pH 缓冲溶液法。如果待测试液的 pH 与选用的标准溶液 pH 非常接近，可选用单标准 pH 缓冲溶液法；如果想进一步提高测量的准确度，应选用双标准 pH 缓冲溶液法，且使待测试液的 pH 处在两种标准缓冲溶液的 pH 之间。本实验使用双标准 pH 缓冲溶液法。

很明显，配制的标准缓冲溶液的 pH 是否准确可靠，是保证测量结果准确与否的关键。

目前，我国标准计量局颁布的 pH 标准缓冲溶液体系有 6 种缓冲溶液，它们在不同温度下的 pH 见表 5-5 所列。

由于同种标准缓冲溶液在不同温度下的 pH 稍有不同，而酸度计上的 pH 分度值是按照 25℃时的条件进行划分的，为了测量其他温度下溶液的 pH，必须进行温度补偿。

本实验所用酸度计采用 pH 复合玻璃电极，它是 pH 玻璃电极和饱和甘汞电极的复合体，测量时不需另外使用参比电极，是目前酸度计上使用最多的一种电极。

（三）仪器与试剂

1. 仪器

pHS-3C 数字式 pH 计 1 台；pH 复合玻璃电极 1 支；50mL 烧杯 4 只。

2. 试剂

① 0.05mol/L 邻苯二甲酸氢钾标准缓冲溶液。精密称取预先在 115℃±5℃下烘干 2h 的邻苯二甲酸氢钾 2.58g，置于洁净干燥的小烧杯中，用少量蒸馏水溶解后倒入 250mL 容量瓶中，用少量蒸馏水冲洗烧杯壁 2～3 次，冲洗用水转移到容量瓶中，然后用蒸馏水定容至刻度，摇匀。

② 0.025mol/L 混合磷酸盐标准缓冲溶液。精密称取预先在 115℃±5℃下烘干 2h 的磷酸二氢钾 0.85g 和磷酸氢二钠 0.88g 置于洁净干燥的小烧杯中，用少量蒸馏水溶解后倒入 250mL 容量瓶中，用少量蒸馏水冲洗烧杯壁 2～3 次，冲洗用水转移到容量瓶中，然后用蒸馏水定容至刻度，摇匀。

③ 0.01mol/L 硼砂标准缓冲溶液。精密称取硼砂 0.95g 置于小烧杯中，用少量蒸馏水溶解，倒入 250mL 容量瓶中，用少量蒸馏水冲洗烧杯壁 2～3 次，冲洗用水转移到容量瓶中，然后用蒸馏水定容至刻度，摇匀。

④ 待测试液两份：试液 1、试液 2（pH 分别位于 4～7、7～10）。

（四）实验步骤

1. 准备工作

① 按上述要求将所需标准缓冲溶液和待测试液准备好。

② 安装 pHS-3C 数字式 pH 计，将已在饱和 KCl 溶液中浸泡 24h 的 pH 复合玻璃电极插入复合电极插座，将电极夹持在电极支架上，用蒸馏水清洗电极，并用洁净的滤纸吸取附着在电极上面的水。

2. 测量试液的 pH

① 将电极放入邻苯二甲酸氢钾标准缓冲溶液中，把选择开关置于"温度"挡位，调节"温度补偿旋钮"，使数码管显示的数值与待测试液当前温度一致。

② 将选择开关置于"pH"档，调节"定位"旋钮，使显示值与邻苯二甲酸氢钾标准缓冲溶液当前温度下的 pH 一致。

③ 取出电极，在蒸馏水中清洗，用洁净的滤纸吸干电极上面的水，再将电极浸入混合磷酸盐标准缓冲溶液中，调节"斜率"旋钮，使显示值与混合磷酸盐标准缓冲溶液当前温度下的 pH 一致。

④ 反复进行上述②③步骤，直至显示值符合两标准缓冲溶液的 pH 为止。

⑤ 将清洗干净的电极浸入待测试液 1 中，待显示值稳定后直接读出待测试液的 pH。

⑥ 重新选取混合磷酸盐和硼砂两种标准缓冲溶液，用其中一种定位，用同样方法测定待测试液 2 的 pH。测量完成后将电极清洗干净后浸入 3mol/L KCl 溶液中保存。

（五）注意事项

① 配制标准缓冲溶液所用蒸馏水需是预先煮沸而后冷却至室温的蒸馏水，目的是除去水中溶解的 CO_2。因为 CO_2 的存在会使配制的标准缓冲溶液 pH 降低。

② pH 复合电极端部严禁玷污，如电极被污染，可用清洁脱脂棉轻擦或用稀盐酸清洗。

③ 测量溶液 pH 时，如果电极响应时间过长，说明电极使用过久发生老化，需要更换新的电极。

（六）思考题

① 使用复合玻璃电极测溶液 pH 时，为什么不需要外参比电极？

② 用酸度计测量溶液 pH 时，为什么要用标准 pH 缓冲溶液进行定位？

③ 常用的标准 pH 缓冲溶液有哪几种？应如何配制？

实验 5-2　用离子选择性电极测定牙膏中的氟含量

（一）实验目的

① 掌握氟离子选择电极测定牙膏中微量氟的基本原理。

② 掌握离子计的使用方法和操作技术。

③ 学会配制总离子强度调节缓冲剂，了解其意义和作用。

④ 掌握标准加入法的操作方法，并能进行相关计算。

（二）基本原理

以氟离子选择性电极为指示电极，饱和甘汞电极作参比电极，与待测试液组装成原电池。在一定活度范围内，溶液中 F^- 活度 a_{F^-} 与原电池电动势 E 之间符合能斯特方程：

$$E = K - \frac{2.303RT}{F} \lg a_{F^-}$$

在一定温度下，当溶液的总离子强度固定时，溶液中 F^- 的活度系数也是常数，设为 γ_{F^-}，则上式可写成：

$$E = K - \frac{2.303RT}{F} \lg c_{F^-} \gamma_{F^-} = K' - \frac{2.303RT}{F} \lg c_{F^-}$$

式中　K'——截距电位，包括晶体膜电位、参比电极电位、液接电位、晶体膜的不对称电位和 F^- 活度系数的对数项等，在一定实验条件下是常数。

上式表明，在一定温度下，当溶液中总离子强度保持不变时，电池电动势 E 与溶液中的 F^- 浓度 c_{F^-} 的对数值呈线性关系。

实践证明，当溶液中 F^- 浓度 $10^{-7} \sim 10^{-1}$ mol/L 范围内时，原电池电动势与 F^- 浓度的对数值呈线性关系，本实验采用标准曲线法进行测定。溶液的酸度对测定有影响，测定的适宜 pH 范围为 5.0～5.5。pH 过低，溶液中的 H^+ 会与部分 F^- 反应生成 HF 或 HF_2^-，使测定结果偏低；pH 过高，OH^- 与晶体膜 LaF_3 反应释放出 F^-，使测定结果偏高。

为了保持溶液的总离子强度不变，本实验在标准溶液与试样溶液中加入等量的总离子强度调节缓冲剂。另外，加入总离子强度调节缓冲剂还可以控制溶液的 pH，消除 H^+ 或 OH^- 等共存离子的干扰。

（三）仪器与试剂

1. 仪器

PXD-2 型离子计 1 台；氟离子选择性电极 1 支；饱和甘汞电极 1 支；电磁搅拌器 1 台；1mL、5mL 吸量管各 1 支；50mL 容量瓶 7 个；1000mL 烧杯 1 只；100mL 塑料烧杯 7 只。

2. 试剂

100μg/mL 氟离子标准溶液：精密称取预先在 120℃下干燥 2h 的优级纯氟化钠 0.2210g，置于洁净的小烧杯中，用少量去离子水溶解后转移至 1000mL 容量瓶中，用少量去离子水冲洗烧杯壁 2～3 次，冲洗用水转移至容量瓶中，用去离子水定容至刻度，摇匀，储存于聚乙烯塑料瓶内备用。

总离子强度调节缓冲剂（TISAB）：将 500mL 去离子水加入 1000mL 烧杯中，依次向烧杯中加入 57mL 冰醋酸、58g 氯化钠和 15g 柠檬酸三钠，搅拌使之溶解，将烧杯放入冷水浴中，缓慢加入 6mol/L 氢氧化钠溶液直至溶液的 pH 位于 5.0～5.5，将溶液冷却至室温，转移至 1000mL 容量瓶中，用去离子水稀释至刻度，储存于聚乙烯塑料瓶内备用。

市售牙膏：1 支。

（四）操作步骤

1. 标准曲线的绘制

准确吸取 0.1mL、0.2mL、0.5mL、1.0mL、2.0mL、4.0mL 的 100μg/mL 氟离子标准溶液，分别注入 6 个 50mL 容量瓶中，各加入 10mL TISAB，用去离子水稀释至刻度，摇匀。分别转入洁净干燥的 100mL 塑料烧杯中，按浓度由低到高的顺序，将指示电极和参比电极浸入溶液中，用磁力搅拌器下搅拌 3～5min，待数值稳定后，读取电动势值 $E(mV)$ 并记录。根据测得的电动势值，在方格绘图纸上绘制 E-$\lg c_{F^-}$ 标准曲线。

2. 试样的制备

准确称取牙膏样品 1.0g 置于 50mL 塑料烧杯中，加入去离子水搅拌溶解，转移至 100mL 容量瓶中，用去离子水稀释至刻度，摇匀。在离心机（2000r/min）中离心 30min，取上清液用于测定氟离子浓度。

3. 试液中氟离子浓度的测定

准确吸取上清液 10mL 注入 50mL 容量瓶中，加入 10mL TISAB，用去离子水稀释至刻度，摇匀，转移至 100mL 塑料烧杯中，将指示电极和参比电极浸入溶液中，用磁力搅拌器下搅拌 3～5min，待数值稳定后，读取电动势值 $E(mV)$，在标准曲线上查出其相应的氟离子浓度。

4. 牙膏中氟含量的计算

根据测得的试液中氟离子浓度值 $c(μg/mL)$，由下式计算牙膏样品中的氟含量：

$$氟(μg/g) = \frac{c \times 10}{1.0}$$

（五）注意事项

① 氟电极使用前需在 10^{-3}mol/L 氟化钠溶液中浸泡 1～2h，然后用去离子水反复清洗电极至空白电位（约 300mV）。

② 使用氟电极时，注意勿使电极晶体膜与硬物擦碰，以免损伤。若电极晶片被玷污，可先用蘸有酒精的棉球擦拭，然后用去离子水冲洗。

③ 测量完成后，立即去离子水将氟电极清洗至空白电位，然后浸泡在去离子水中，若长期不用，则应将电极干燥后保存于电极盒中。

（六）思考题

① 用氟电极测 F^- 浓度时，为什么要控制溶液的酸碱度？

② 在什么情况下，可以认为氟电极的电位与溶液中 F^- 浓度之间的关系符合能斯特

方程？

③ 测 F^- 浓度时，为什么向标准氟溶液和待测溶液中加入总离子强度调节缓冲剂？

实验 5-3 硫酸铈电位滴定硫酸亚铁溶液

（一）实验目的

① 掌握 $Ce(SO_4)_2$ 电位滴定 Fe^{2+} 的基本原理。

② 了解电位滴定仪的构造和工作原理，并掌握其操作技术。

③ 学会电位法判断滴定终点的具体操作方法。

（二）基本原理

电位滴定法是一种利用滴定过程中电位的突跃来判断终点的容量分析方法。将指示电极和参比电极插入待测溶液中组成工作电池。随着滴定剂的不断加入，溶液中的待测离子或与之相关的离子浓度不断变化，使得指示电极的电位也相应变化。到达滴定终点时，待测离子浓度的突变导致指示电极电位的突跃。通过测量电极电位的变化可确定滴定终点。

用 Ce^{4+} 滴定 Fe^{2+} 的反应为：

$$Ce^{4+} + Fe^{2+} = Ce^{3+} + Fe^{3+}$$

该反应中两个电对的氧化型和还原型都是离子，这类氧化还原滴定反应可选用零类电极作指示电极，如铂电极、碳电极等，参比电极常用饱和甘汞电极。零类电极本身不参与电极反应，但其电极电位的变化可以反映出溶液中某个电对氧化态和还原态比值的变化。上述滴定反应到达化学计量点之前，溶液中电对 Fe^{3+}/Fe^{2+} 氧化态与还原态浓度的比值逐渐增大，指示电极的电位也相应增大；反应到达化学计量点时，由于离子浓度的突变导致指示电极电位突然急剧增加；反应至化学计量点后，随着滴定剂的继续滴加，电对 Ce^{4+}/Ce^{3+} 氧化态与还原态浓度的比值逐渐增大，指示电极的电位又开始缓慢增加，可用作图法或二阶微商法确定滴定终点。

（三）仪器与试剂

1. 仪器

PXD-2 通用离子计 1 台；饱和甘汞电极 1 支；铂电极 1 支；电磁搅拌器 1 台；10mL 微量滴定管 1 支。

2. 试剂

0.1mol/L 硫酸铈滴定液：称取硫酸铈 $[Ce(SO_4)_2 \cdot 4H_2O]$ 42g，加含有硫酸 28mL 的水 500mL，加热溶解后，放冷，加水使成 1000mL，摇匀。使用前需标定，方法为：精密称取在 105℃干燥至恒重的基准三氧化二砷 0.15g，加 1mol/L 氢氧化钠滴定液 10mL，微热使溶解，加水 50mL、盐酸 25mL、一氯化碘试液 5mL 及邻二氮菲指示液 2 滴，用本液滴定至近终点时，加热至 50℃，继续滴定至溶液由浅红色转变为淡绿色。根据本液的消耗量与三氧化二砷的取用量，计算硫酸铈滴定液的准确浓度。

邻二氮菲指示液：取硫酸亚铁 0.5g，加水 100mL 使溶解，加硫酸 2 滴与邻二氮菲 0.5g，摇匀，本液临用前配制。

待测硫酸亚铁溶液（用 0.5mol/L 硫酸溶解，浓度约为 0.1mol/L）。

（四）操作步骤

1. 仪器的安装与调试

将铂电极浸入 0.2mol/L 硝酸溶液中煮沸 5min，然后用盐酸溶液浸泡片刻后，用去离子水冲洗干净。取出饱和甘汞电极，拔下橡皮帽，检查是否需要补充内参比溶液，如内电极未浸入溶液，则应补充饱和 KCl 溶液。将离子计平放于桌面，接通电源，将功能选择拨至"mV"待测状态下，调整"调零"电位器，使该仪器显示为"0.0"。分别将铂电极和饱和甘汞电极夹入升降架并与仪器相应接口连接。

2. 待测溶液的滴定

① 准确吸取 8mL 待测硫酸亚铁溶液置于 100mL 烧杯中，用 0.5mol/L 硫酸稀释至 30mL，加入 2 滴邻二氮菲指示液，将烧杯放在电磁搅拌台上，并向溶液中放入搅拌棒。将指示电极和参比电极浸入溶液，扳动搅拌器开关，调节至适当的搅拌速度，进行粗测，即用微量滴定管向溶液中滴加硫酸铈滴定液，滴定至溶液由浅红色变为淡蓝色，记录消耗的滴定液的体积，初步判断电位突跃所需的滴定液的体积范围。

② 用上述方法重新配制一份待测溶液，进行细测。准确测量加入不同体积滴定液的电动势值，同时观察指示剂颜色变化。根据粗测所判断的突跃范围，在离化学计量点较远时，约 2～3mL 记录一次数据。随后逐渐减少体积增量为 1.0mL、0.5mL。在化学计量点附近，每加 0.1mL 记录一次数据，至化学计量点后，再逐渐增加体积增量至 0.5～1mL。

（五）数据处理

① 按下表记录数据，并进行相应计算。

指示剂颜色	V(滴定剂)/mL	E/mV	$\Delta E/mV$	$\Delta V/mL$	$\Delta E/\Delta V$ /(mV/mL)	$\Delta^2 E/\Delta V^2$

② 根据上表数据绘制 $E\text{-}V$ 曲线和 $\Delta E/\Delta V\text{-}V$ 曲线，并分别从两条曲线上找出滴定终点所对应的滴定液的体积。

③ 用二阶微商法计算滴定终点处消耗的滴定液的体积。

④ 根据②、③所得数据计算待测硫酸亚铁溶液的浓度。

（六）思考题

① 用电位法判断滴定终点，与指示剂法相比具有哪些优点？

② 在滴定待测硫酸亚铁溶液时，为什么要先进行粗测？

③ 同样是电位法判断终点，本实验所采取的 3 种数据处理方法所确定的终点位置是否一致？哪两种方法比较准确？为什么？

第七节　极谱分析法

极谱分析法（polarographic analysis）是根据测量特殊情况下电解过程中的电压-电流曲线来进行分析的方法。极谱分析法包括以滴汞电极为工作电极的经典极谱法和以非滴汞电极或非汞电极为工作电极的现代极谱法。经典极谱法诞生于 1925 年，半个多世纪以来，极谱分析法在理论研究和实际应用上都取得了长足的发展。为克服经典极谱法的缺陷，先后出现了单扫描极谱、交流极谱、方波极谱、脉冲极谱、溶出伏安法等现代极谱法，极大提高了测定的灵敏度和准确度，使极谱分析成为电化学分析的一个重要分支。

一、极谱分析法基本原理

极谱分析法中电解过程的特殊性表现在两个方面：一方面电解所用的电极包括一支面积

很小的工作电极和一支面积很大的参比电极；另一方面电解条件比较特殊，要求待测溶液浓度稀、电解电流小且电解过程中溶液要保持静止不能搅拌。

图 5-19　滴汞电极

极谱分析法常用滴汞电极做工作电极，饱和甘汞电极作为参比电极，滴汞电极结构如图 5-19 所示。电极的上部为储汞瓶，下接一橡皮管（或塑料管），橡皮管的下端接一毛细管，毛细管内径约 0.05mm。汞自毛细管中有规则地周期性地滴落，其滴下时间为 3～5s。

极谱分析时，在滴汞电极上施加一缓慢增加的电压，滴汞电极的面积很小，电流密度很大，当达到离子的析出电位时，离子迅速还原，使电极表面的离子浓度小于溶液本体的离子浓度，于是电极电位偏离电极的平衡电位，引起浓差极化。此时，电极附近出现浓度梯度，形成很薄的扩散层，引起离子从溶液本体向电极表面扩散。此时电流大小受离子扩散速度控制，这种电流称为扩散电流。随着施加到汞滴上的电压不断增加，电极表面的离子浓度不断降低，扩散电流不断增大，当电极表面离子浓度降到零时，扩散电流达到最大，称为极限扩散电流，这时即便再增大电压，扩散电流也不会增加。

极限扩散电流与溶液中的离子的浓度成正比关系，这是极谱法定量分析的理论依据。当扩散电流达到极限扩散电流一半时滴汞电极的电位称为半波电位（$E_{1/2}$）。在一定的实验条件下，每种离子都有特定的半波电位值，因此半波电位可以作为定性分析的依据。

二、极谱定量分析

1. 扩散电流方程式

扩散电流方程式指的是（极限）扩散电流与在滴汞电极上进行电极反应的物质浓度之间的关系式。

前面已经讲过，极谱分析时通过滴汞电极上的电流完全受溶液中待测离子扩散速度的控制，这种电流叫扩散电流。扩散电流 i 为：

$$i = AnFD\frac{c_o - c_s}{\delta} \tag{5-27}$$

式中　A——电极的表面积；

　　　n——电极反应转移的电子数；

　　　F——法拉第常数；

　　　D——被测离子的扩散系数；

　c_o，c_s——待测离子在溶液本体和电极表面的浓度；

　　　δ——扩散层的厚度。

随着外加电压的增大，滴汞电极表面离子的浓度逐渐降低，当该浓度降到接近于零时，即 $c_s \ll c_o$，此时扩散电流达到最大值，也称极限扩散电流 i_d：

$$i_d = AnFD\frac{c_o}{\delta} = Kc_o \tag{5-28}$$

也就是说，对于表面积固定的电极，其极限扩散电流与溶液中的离子浓度呈正比。由于滴汞电极的表面积不断变化，所以在其生长周期内滴汞电极的极限扩散电流也在不断变化。经过推导滴汞电极在一个生长周期内的平均极限扩散电流 $\overline{i}_d$：

$$\overline{i}_d = 607nD^{1/2}q_m^{2/3}\tau^{1/6}c \tag{5-29}$$

式中　n——电极反应转移的电子数；

D——被测离子的扩散系数，cm^2/s；

q_m——滴汞流量，mg/s；

c——被测离子的浓度，$mmol/L$；

τ——汞滴的生长周期，即从汞滴开始生成到汞滴滴落所需要的时间，s。

该方程即为扩散电流方程式，也称为尤考维奇（Ilkovic）方程式。

在滴汞电极上，汞滴周期性的滴落导致其表面积由小到大周期性地变化，因而扩散电流也会由低到高周期性地变化，也就是说真实的极谱波是锯齿波，但在实际测量中，由于仪器的阻尼作用，测得的极谱波是在平均扩散电流上下振荡的曲线。图 5-20 所示是当扩散电流达到极限值后的电流-时间曲线。

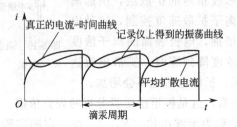

图 5-20 扩散电流随时间的变化

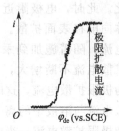

图 5-21 扩散电流随滴汞电极电位的变化

极谱分析时，随着扫描电压的增加，滴汞电极电位也不断增加，因而汞滴上的扩散电流也不断增大，当扩散电流升至极限扩散电流后，它将保持恒定不再随电极电位的增加而变化，因而扩散电流随滴汞电极电位的变化是一"S"形曲线，如图 5-21 所示。

2. 波高的测量

在极谱波的曲线上，极限扩散电流往往以波高 h 表示，波高 h 的单位可以是微安表测出的读数 μA，也可以是记录纸中的高度 cm，还可以用坐标纸的格数来表示。平行线法和三切线法是测量波高的两种常用方法，实际应用中可根据所测量极谱波的波形选择适当的方法。

（1）平行线法 对于波形良好的极谱波，残余电流与极限电流基本平行，可采用此法。如图 5-22 所示，通过极谱波的残余电流与极限电流锯齿波纹的中心部分作两条平行线 AB 和 CD，两线间的垂直距离 h 即为波高。

（2）三切线法 实际工作中，极谱波的残余电流与极限电流部分常不平行，此时应采用三切线法测量波高。如图 5-23 所示，通过残余电流、极限电流分别作两条切线 AB 和 CD，分别与扩散电流的切线 EF 相交于 Q、P 两点，通过 Q、P 作两条平行于横坐标的直线，两线间的垂直距离 h 即为波高。

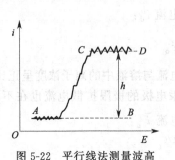

图 5-22 平行线法测量波高

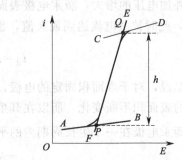

图 5-23 三切线法测量波高

3. 定量分析方法

滴汞电极的平均极限扩散电流（波高）与溶液中待测离子的浓度呈正比关系，这是极谱定量分析的理论依据。常用的定量分析方法有直接比较法、标准曲线法和标准加入法。

（1）直接比较法 配制待测离子的标准溶液，在相同条件下分别测量标准溶液和待测溶液的极谱波的波高，根据极谱波的波高与待测离子的浓度呈正比来计算待测离子的浓度。设标准溶液、待测溶液中待测离子的浓度分别为 c_o、c_x，测量的极谱波的波高分别为 h_o、h_x，则有：

$$h_o = Kc_o$$
$$h_x = Kc_x$$

两式相除并整理得：

$$c_x = \frac{h_x}{h_o}c_x \tag{5-30}$$

（2）标准曲线法 配制被测物质不同浓度的标准系列溶液 c_s，分别测其极谱波高 h，作 h-c_s 曲线，同时测定试样溶液的 h_x，从曲线中求得 c_x。

为了减少试样溶液中其他组分对测量的影响（基体效应），标准系列溶液的组成应尽可能与试样溶液相近，一般采取向标准溶液和待测试液中加入总离子强度调节缓冲剂（TISAB）的方法来减少误差，该法在测定大批量试样时比较方便。

（3）标准加入法 当待测试液数量较少时，可采用标准加入法，该法可以较好地消除测量溶液组分的不同对测量的影响。可分为单次标准加入法和连续标准加入法。

① 单次标准加入法。准确量取 V_x 体积浓度为 c_x 的试样溶液，测其波高 h_x，然后向已测试液中准确加入 V_s（$V_s \ll V_x$）体积浓度为 c_s 的被测物质的标准溶液，再测其波高 h_{x+s}，则：

$$h_x = Kc_x \tag{5-31}$$
$$h_{x+s} = K\frac{c_xV_x + c_sV_s}{V_x + V_s} \tag{5-32}$$

由于 $V_s \ll V_x$，可认为加入标准溶液后试液体积基本不变，即 $V_x + V_s \approx V_x$，则式(5-32)可简化为：

$$h_{x+s} = K\frac{c_xV_x + c_sV_s}{V_x} \tag{5-33}$$

将式(5-33)除以式(5-31)并整理得：

$$c_x = \frac{h_xc_sV_s}{V_x(h_{x+s} - h_x)} \tag{5-34}$$

② 连续标准加入法。取 3～5 个体积相同的容量瓶，分别加入 V_x 体积浓度为 c_x 的试液，然后各加入不同体积（V_s）浓度为 c_s 的标准溶液，再分别测其波高 h_{x+s}。由式(5-33)知波高 h_{x+s} 与 V_s 呈线性关系，绘制 h_{x+s}-V_s 曲线，如图 5-24 所示。延长直线与横坐标交于点 V_s'（负值），则此时 $h_{x+s}=0$，也即有：

$$K\frac{c_xV_x + c_sV_s}{V_x} = 0$$

所以：

$$c_x = -\frac{c_sV_s'}{V_x}$$

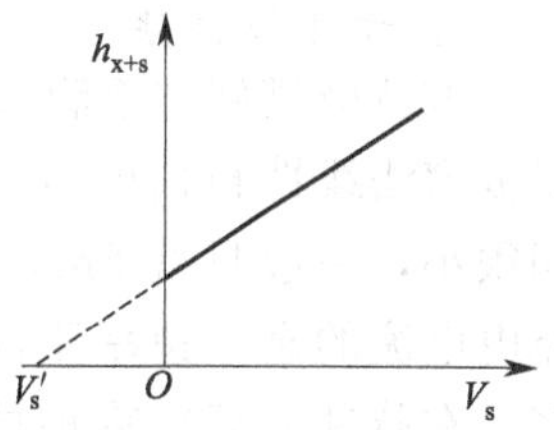

图 5-24 连续标准加入法曲线

三、现代极谱方法

在传统的直流极谱法中，由于极谱波曲线中测得电流包含了残余电流（主要是充电电流），因而灵敏度较低。为了克服充电电流对测定结果的影响，近几年先后发展了单扫描极谱法、方波极谱法、脉冲极谱法、溶出伏安法等一些现代极谱方法，极大提高了极谱法的灵敏度。

1. 单扫描极谱法

单扫描极谱法（single sweep polarography）也叫示波极谱法，与直流极谱法相似，也是根据滴汞电极上电位的线性扫描所得到的电流-电压曲线来进行分析的。两者不同点在于：直流极谱法中电位扫描速度很慢，约 3mV/s，一次扫描可得到多个汞滴的极谱波；而单扫描极谱法中电位扫描速度很快，约为 250mV/s，只需要单个汞滴就能得到一个完整的极谱波。

单扫描极谱法中，是在汞滴生长后期以线性扫描的方式施加一个脉冲的锯齿波状的电压。该法中，汞滴的生长周期约为 7s，考虑到汞滴生长初期电极表面积变化较大，故在汞

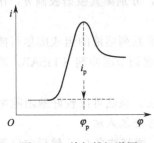

图 5-25　单扫描极谱图

滴落下前约 2s 才开始扫描电压，此时汞滴表面积基本恒定，扫描的同时记录电流-电压曲线。

单扫描极谱法中所得的极谱图（即电流-电压曲线）呈峰形，这是因为扫描电压变化很快，当达到待测离子的析出电位时，被测离子迅速在电极表面还原，电极电流急速上升，同时电极表面离子浓度急剧降低，而溶液中的离子又来不及扩散到电极表面，导致电流迅速降低，形成尖峰状电流，如图 5-25 所示。图中峰电流对应的滴汞电极的电位称峰电位 E_p，在一定的实验条件下，每种物质都具有特定的峰电位值，因而可以作为定性分析的依据。峰电流 i_p 等于峰最高处电流扣去残余电流所得，其大小与溶液中待测离子的浓度呈正比关系，这是单扫描极谱法定量分析的依据。

单扫描极谱法中，由于电压扫描速度很快，所得峰电流比在直流极谱法中的极限扩散电流大得多，且峰状电流易于测量，因而灵敏度很高，检测限一般可达 10^{-7} mol/L。另外，单扫描极谱法还具有分析快速、分辨率高、前波干扰小、抗氧波干扰等优点，广泛用于测定工业废水和生活污水中的金属离子浓度。但在单扫描极谱法中，由于极化速度很快，因而电极反应的速度对电流影响很大。对电极反应可逆的物质，电极反应速度很快，电流仅由物质扩散速度控制，极谱波呈现明显的尖峰状；对电极反应不可逆的物质，由于电极反应速度较慢，跟不上极化速度，所得极谱波尖峰状不明显，有时甚至不起峰，导致灵敏度降低。

2. 方波极谱法

方波极谱施加于滴汞电极的电压如图 5-26 所示。是在直流极谱法线性扫描电压的基础上叠加一个方波脉冲，脉冲周期很小，一般只有 2ms。在一个脉冲周期内，法拉第电流和充电电流的衰减速率不同，法拉第电流较充电电流衰减慢得多，在脉冲周期结束前的瞬间，充电电流已经衰减到接近于零的值而法拉第电流却仍然较大，此时进行电流采样，所记

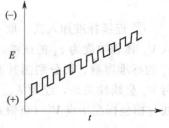

图 5-26　方波极谱的激发信号

录到的电流信号有较大的"信噪比"，从而充电电流的干扰大为减小，所得到的电流-电压曲线呈峰形。由于脉冲周期很短，所以它在每一滴汞上可以记录到多个方波脉冲的电流值，甚至于在一滴汞上即可得到完整的方波极谱图。

由于方波脉冲充分降低了充电电流的影响，因而灵敏度有所提高，检测限可达 10^{-8} ～

10^{-7} mol/L。但方波极谱法脉冲周期太短导致电流密度较大，因而测量时需要较高浓度的支持电解质，另外脉冲频率过高还导致毛细管噪声电流较大，影响灵敏度的进一步提高。

3. 脉冲极谱法

脉冲极谱法（pulse polarography）是在汞滴生长后期施加一个矩形的脉冲电压，然后记录电解电流与电位的关系。按施加脉冲电压和记录电流方式的不同，可分为常规脉冲极谱法（normal pulse polarography）和微分脉冲极谱法（differential pulse polarography）。

常规脉冲极谱是在设定的直流电压上，在汞滴生长后期叠加一个振幅逐渐递增的脉冲电压，脉冲周期在 40～60ms，振幅可在 0～2V 选择，如图 5-27 所示。在每一脉冲消失前 20ms 进行一次电流取样（时间约为 15ms），得到与直流极谱法相似的极谱波（图 5-28）。

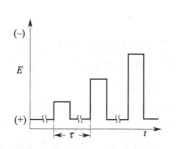

图 5-27　常规脉冲极谱的电压波形
（τ 为汞滴生长周期）

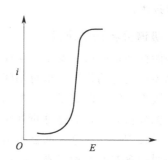

图 5-28　常规脉冲极谱图

微分脉冲极谱是在一个缓慢变化的线性扫描直流电压上，在汞滴生长后期叠加一个较小的等振幅（5～100mV）脉冲电压，持续时间在 40～80ms，如图 5-29 所示。在脉冲电压加入前 20ms 和消失前 20ms 分别进行电流取样，绘制两次采样电流的差值随电压的变化曲线。由于采用了两次电流取样的方法，故能很好地扣除因直流电压扫描引起的背景电流及充电电流。两次电流采样的差值，相当于是对常规极谱电流的微分，因而微分脉冲极谱曲线呈对称峰状，如图 5-30 所示。

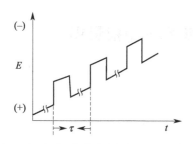

图 5-29　微分脉冲极谱的电压波形
（τ 为汞滴生长周期）

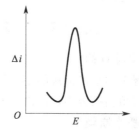

图 5-30　微分脉冲谱图

脉冲极谱的脉冲电压频率较低，较好地克服了方波脉冲的缺点，能够很好地消除充电电流的影响，测量可在较低浓度支持电解质溶液中进行。另外，脉冲极谱的毛细管噪声也明显降低，检测限可达 10^{-8} mol/L。对不可逆的物质也有较高的灵敏度，检测限亦可达 10^{-7}～10^{-6} mol/L。

4. 溶出伏安法

溶出伏安法（strpping voltammetry）是指通过电解作用先富集而后溶出的一种极谱分析方法。溶出伏安法包含电解富集和电解溶出两个过程。先是电解富集，它是将工作电极

（常用汞电极）的电极电位控制在极限电流电位上进行电解，将溶液中的待测离子富集到工作电极上。为了加快富集速度，可以使电极旋转或搅拌溶液。富集完毕后将溶液静止一段时间再进行溶出，溶出时通过线性扫描、脉冲电压等方式改变工作电极的电压，使富集的待测物质从电极上逐渐溶解到溶液中，绘制溶出电流-电压曲线，根据峰电流求算待测物质的含量。

电解富集时，工作电极作为阴极，溶出时则作为阳极，称之为阳极溶出法，可测量溶液中的 Zn^{2+}、Cd^{2+}、Pb^{2+} 等金属离子。相反，工作电极也可作为阳极来电解富集，而作为阴极进行溶出，这样就叫做阴极溶出法，可测量 Br^-、Cl^- 等阴离子。

溶出伏安法灵敏度很高，检测限可达 $10^{-11} \sim 10^{-7}$ mol/L，但该法重现性较差，需要熟练的操作技术。

四、极谱分析法的应用

凡是能在滴汞电极上发生氧化还原反应的物质，大部分可用极谱分析法测定；某些不能发生氧化还原反应的物质，也可用间接法测定。因而极谱法的应用十分广泛，既可测定金属离子、金属络合物、阴离子等无机物质，也可测定某些有机物质。

在无机分析方面，极谱分析法可测定元素周期表中的大部分元素，包括 Cr、Mn、Fe、Co、Ni、Cu、Zn、Cd 等常见金属元素的测定。由于这些金属元素的还原电位非常接近，如果试样中同时含有好几种元素，往往可以在同一极谱图上同时得到这几种元素的极谱波。在实际中主要用于纯金属、合金、矿物中金属元素的测定，也可用于药物、食品及生物体内微量金属元素的测定。

在有机分析方面，一些易发生氧化还原反应的有机物包括不饱和烃类、亚硝基及偶氮化物、醛类、酮类、醌类、有机酸类、过氧化物、杂环化合物等均可用极谱分析法测定。实际中常用于果蔬中农药残留的测定以及酒类中醛、酮的测定等。

另外，在化学理论研究中，极谱分析法可用于测定物质的标准电极电位、配合物的稳定常数、化学反应速率常数等，还可应用于氧化还原反应的机理及动力学等方面的研究。

五、实验技术

实验 5-4　单扫描极谱法测定水样中痕量镉

（一）实验目的
① 掌握单扫描极谱法的基本原理和特点。
② 学习单扫描极谱仪的操作方法。

（二）基本原理

单扫描极谱法是在经典极谱法的基础上发展起来的，它是在滴汞电极生长周期的最后 2s 施加一快速变化的电压，并用示波器记录电流-电压变化曲线。与经典极谱法相比，单扫描极谱法电压扫描速度快，在一个汞滴生长周期内就能完成极谱图。单扫描极谱图是不对称峰形，峰电流大于经典极谱图的极限扩散电流，因而灵敏度较高。另外，由于单扫描极谱法是在汞滴生长周期最后 2s 才开始扫描，故较好地克服了充电电流和前放电物质的干扰，提高了测定的准确度。

Cd^{2+} 在多种底液中都有良好的极谱波。本实验采用三电极系统，以汞膜电极为工作电极、银-氯化银电极为参比电极、铂电极为辅助电极，以 1mol/L 盐酸溶液作底液，在 $-0.3 \sim -0.5$V 间进行线性扫描，Cd^{2+} 在汞膜电极上发生电极反应：

$$Cd^{2+} + 2e + Hg \Longrightarrow Cd(Hg)$$

峰电流与 Cd^{2+} 浓度成正比，据此进行定量分析。

本实验所用仪器软件部分具有很强的数据处理功能，如自动对峰电流、峰电位、峰高和峰面积进行测量以及对极谱数据进行半微分、半积分和导数处理等。通过半微分处理，可将极谱波的半峰形转化为峰形，改善了峰形和峰分辨率。本实验通过对极谱数据进行半微分处理，极大提高了测定的准确度和灵敏度。

（三）仪器与试剂

1. 仪器

CHI 660A 电化学工作站 1 台；超声波清洗器 1 台；汞膜电极 1 支；银-氯化银电极 1 支；铂电极 1 支。

2. 试剂

2mol/L 盐酸溶液；0.5mg/L Cd^{2+} 标准溶液；Cd^{2+} 未知液：含 1mol/L 盐酸溶液。

（四）实验步骤

1. 仪器的准备

分别将汞膜电极、银-氯化银电极和铂电极连线与电化学检测池准确连接。依次打开计算机、电化学工作站主机和电控悬汞电极的电源。电化学工作站预热 10min 后，双击 Windows 桌面上的"电化学工作站"图标，出现"电化学工作站"软件界面，通过点击菜单栏项目设置仪器参数。各参数设置如下：起始电位－0.3V；终止电位－0.8V；扫描速度 0.05V/s；采样宽度 0.001V；静止时间 30s。

2. 测定

取 6 个 50mL 量瓶，用吸量管分别准确加入 0、2mL、4mL、6mL、8mL Cd^{2+} 标准溶液，再于各瓶中加入 25mL 2mol/L 盐酸溶液，用水稀释至刻度，摇匀。

将标准溶液由稀至浓依次倒入电解池中进行测定。测定步骤如下所述。

点击"电化学工作站"软件界面工具栏上的"run"图标，进行电位扫描。扫描结束后，点击工具栏中的"data plot"图标，将自动给出极谱波的峰电位、和峰电流等数据。点击"save as"图标，将极谱波保存在指定的目录下。点击"convolution"—semi-derivative 进行极谱数据的半微分处理，记录峰电流值。

将待测未知液（含盐酸支持电解液）直接倒入电解池进行测定，读取峰电流值并记录。

（五）数据记录与处理

① 以常规峰电流值为纵坐标，Cd^{2+} 标准溶液的浓度为横坐标，绘制工作曲线，根据未知液的峰电流值从曲线求出未知液中 Cd^{2+} 的浓度。

② 以半微分处理后的峰电流值为纵坐标，Cd^{2+} 标准溶液的浓度为横坐标，绘制工作曲线，根据经半微分处理后未知液的峰电流值从曲线求出未知液中 Cd^{2+} 的浓度。

③ 将实验数据及处理结果填入下面的表格中。

废水中镉的测定

Cd^{2+} 的浓度 /(mg/L)	常规	半微分($d^{1/2}i/dt^{1/2}$)
	峰电流值/μA	峰电流值/μA
未知液 测定结果/(mg/L)		

（六）思考题

① 与经典极谱法相比，单扫描极谱法具有哪些优点？

② 为什么单扫描极谱图是不对称峰形，而直流极谱图却呈"S"形？

③ 为什么氧对单扫描极谱法的测定结果影响不大？

第八节　库仑滴定法

库仑滴定法（coulometric titration）又称恒电流库仑分析法，是建立在控制电流电解过程基础上的库仑分析法。它与前面介绍的电位滴定法一样，都是在某些方面对普通容量分析法进行了改进。

一、库仑滴定法的基本原理

库仑滴定法是用恒定的电流通过电解池，以100%的电流效率电解产生一种物质与被测物质进行定量反应，当反应到达化学计量点时，由消耗的电量计算被测物质的量。从化学反应类型来说，库仑滴定法与普通容量分析法的基本原理相似，它与一般滴定分析方法的不同点在于：滴定剂不是由滴定管滴加，而是通过恒电流电解在试液内部产生的；其计量标准不是一般滴定法的标准溶液的浓度及体积，而是电解电流及时间（或电量）。

滴定过程中，要保持电解电流不变，根据具体情况选择指示剂法或电化学方法指示终点，准确记录电解电流的强度 i 和从电解开始到滴定终点的时间 t。根据法拉第电解定律求出电解产生的滴定剂（也称电生滴定剂）的量，然后根据滴定剂和被测物质的化学计量关系求出被测物质的量，其中法拉第电解定律的计算公式为：

$$m = \frac{itM}{nF} \tag{5-35}$$

式中　m——电生滴定剂的质量；

　　　i——电解电流的强度；

　　　t——电解时间；

　　　M——电生滴定剂的摩尔质量；

　　　n——电解产生滴定剂的电极反应中转移的电子数；

　　　F——法拉第常数。

电解过程中，为保证100%的电解效率（即电解过程中消耗的电量全部用来产生电生滴定剂），通常需要向滴定溶液中加入大量辅助电解质。辅助电解质能电解产生与被测物质定量反应的滴定剂，并能优先于干扰物质在电极上发生反应，使电极电位稳定在发生干扰反应的电位以下。另外，实际工作中为防止辅助电极上发生的电极反应干扰测定，通常将辅助电极装在保护套管中，通过底端一多孔隔膜与待测溶液相通。

二、库仑滴定剂的产生

库仑滴定法中滴定剂是由电极上的电解反应产生的，并且瞬间就与待测物质反应，克服了一般滴定分析中由标准溶液的配制、标定等引起的误差。库仑滴定法中滴定剂的产生主要有3种方法。

1. 内部电生滴定剂法

将辅助电解质直接加入被测溶液中，在被测溶液内部电解产生滴定剂，因此称为内部电生滴定剂法。这种方法需要向待测溶液中加入大量辅助电解质。要确保辅助电解质以100%

的电流效率电解产生滴定剂，另外大量辅助电解质的存在可以允许在较高的电流条件下电解从而缩短分析时间。目前大多数库仑滴定采用此种方法产生滴定剂。

2. 外部电生滴定剂法

这种电生滴定剂法是将滴定系统和电生滴定剂系统分开，让恒电流通过外部发生池中的辅助电解质溶液，电解产生滴定剂后再流入滴定池中进行滴定。当电生滴定剂的电极反应和滴定反应不能在同一溶液中进行，或者被测溶液中的某些组分会与辅助电解质同时在工作电极上发生电极反应时，就需要用这种方法。

3. 双向中间体电生滴定剂法

对一些反应速率较慢的反应，多数采用返滴定法。在库仑滴定法中，以返滴定法测定被测物质时，需要在不同的条件下分别电解产生两种滴定剂，因而称双向中间体电生滴定剂法。首先在第一种条件下电解产生过量的第一种滴定剂，让其与被测物质定量反应；然后改变条件产生第二种滴定剂，让其与过量的第一种滴定剂反应。两次电解电量之差就是滴定被测物质所需的电量。

三、滴定终点的指示方法

库仑滴定法中，判断滴定终点的方法有指示剂法、电位法、永停滴定法等。

1. 指示剂法

与普通容量分析一样，库仑滴定法也可以采用指示剂判断终点的到达。例如，利用电解碘化钾溶液产生的单质碘滴定三价砷离子，选用淀粉指示剂判断终点，电极反应为：

工作电极　$2I^- \longrightarrow I_2 + 2e$（$I_2$ 为滴定剂）

辅助电极　$2H_2O + 2e \longrightarrow H_2 + 2OH^-$（用半透膜与待测溶液隔开）

滴定反应　$I_2 + AsO_3^{3-} + 2OH^- \longrightarrow 2I^- + AsO_4^{3-} + H_2O$

当反应达到化学计量点后，过量的碘会使淀粉指示剂变蓝，指示滴定终点到达。

指示剂法是非常简便、经济实用的方法，但要注意选用的指示剂必须是在电解条件下的非电活性物质，而且指示剂的使用有其自身的缺陷，如指示剂的变色范围一般较宽，指示终点不够敏锐，指示剂的变色范围和化学计量点偏离较大等，导致该法误差较大。

2. 电位法

与电位滴定法指示终点的原理一样，库仑滴定法中也可选用合适的指示电极来指示滴定终点前后电位的突变，其滴定曲线可用电位对电解时间的关系表示。例如，用电解硫酸钠溶液阴极产生的 OH^- 滴定溶液中的 H^+ 浓度，电极反应为：

工作电极　$2H_2O + 2e \longrightarrow H_2 + 2OH^-$（$OH^-$ 为滴定剂）

辅助电极　$H_2O \longrightarrow 2H^+ + \frac{1}{2}O_2 + 2e$（用半透膜与待测溶液隔开）

滴定反应　$H^+ + OH^- \longrightarrow H_2O$

用饱和甘汞电极和 pH 玻璃电极作为指示电极，反应到达化学计量点后过量 OH^- 会使溶液中 pH 玻璃电极的电极电位发生突跃，从而指示滴定终点的到达。

3. 永停终点法

永停终点法也称双指示电极电流法，其装置如图 5-31 所示。在两支相同的铂电极上加上约 $50 \sim 100mV$ 的小电压，并串联上灵敏检流计。这样只有在电解池中存在可逆电对时，

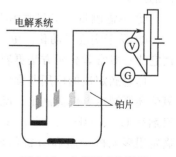

图 5-31　永停终点法装置

电路中才有电流通过，且电流的大小取决于氧化态和还原态浓度的比值。当反应到达化学计量点时，由于电解液中原来的可逆电对消失，或者产生新的可逆电对，使指示回路的电流迅速消失或增加。

图 5-32 是 3 种比较典型的永停终点法 i-t 曲线。

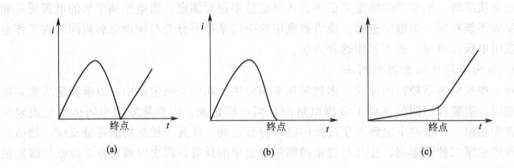

图 5-32　3 种比较典型的永停终点法 i-t 曲线

图 5-32(a) 为滴定反应到达终点前溶液中存在氧化还原可逆电对，指示回路中有电流，到达终点后，溶液中原来的可逆电对消失，电流迅速降到零，由于溶液中随即产生新的可逆电对，故电流又迅速增大。如用电生滴定剂 Ce^{4+} 滴定溶液中的 Fe^{2+}，指示回路中电流随时间的变化曲线即属此类型。

图 5-32(b) 为滴定反应到达终点前溶液中存在氧化还原可逆电对，指示回路中有电流，到达终点后，溶液中原来的可逆电对消失，电流迅速降到零。如用电生滴定剂 H_2S 滴定溶液中的 I_2，指示回路中电流随时间的变化曲线即属此类型。

图 5-32(c) 为滴定反应到达终点前溶液中没有氧化还原可逆电对，指示回路中几乎没有电流，到达终点后，溶液中产生氧化还原可逆电对，电流迅速增大。如在 KBr 和 AsO_3^{3-} 溶液中，电生 Br_2 滴定 AsO_3^{3-}，i-t 曲线即为此种类型。

四、库仑滴定法应用

库仑滴定是目前最准确的常量分析方法，同时也是灵敏度很高的痕量组分测定方法。由于时间和电流都可准确测量，因而库仑滴定方法的精密度很高，常量组分测定的精密度可望达到二十万分之几。与普通容量分析相比，库仑滴定法有许多独特的优点。

① 配制标准溶液，无需考虑标准溶液的稳定性问题，同时也消除了因使用标准溶液带来的误差。有些物质或者本身不稳定或者浓度难以保持恒定，如 Sn^{2+}、Cl_2、Br_2 等，在普通容量分析中不能配成标准溶液，但在库仑滴定中可通过电解产生这些滴定剂而不受其稳定性的影响。

② 不需测量滴定剂的体积，因而不存在这方面的测量误差。

③ 易于实现自动化。由于库仑滴定过程的电流和电解时间都可通过仪表精确测量，因而它比一般常量分析方法更容易实现自动检测，非常适合进行动态的流程控制分析。

库仑滴定法的应用非常广泛，可以说能用于一般滴定分析的各类滴定方法如酸碱滴定、氧化还原滴定、沉淀滴定、配位滴定等都可应用于库仑滴定。库仑滴定法中，常用的电生滴定剂有 H^+、OH^-、Cl_2、Br_2、I_2、Ce^{4+}、Ti^{3+}、Fe^{2+}、Mn^{2+}、Ag^+、Sn^{2+} 等，它们可滴定很多无机物质和有机物质，尤其适合于分析那些在容量分析中用作基本标准的化学试剂。

五、实验技术

实验5-5 库仑滴定法测定微量肼

(一) 实验目的

① 掌握库仑滴定法和永停法指示终点的基本原理。

② 了解库仑滴定装置的基本组成并掌握其操作方法。

(二) 基本原理

库仑滴定法也叫恒电流库仑分析法,它是通过电解产生滴定剂来与待测物质定量反应的容量分析方法。电解与滴定过程同时进行,电解电量由可以准确测量的电解时间和电解电流的乘积获得,然后依据法拉第电解定律可求得电生滴定剂的量。库仑滴定法不像普通滴定分析那样在测定之前需对滴定剂浓度进行标定,也省去了配制、标定标准溶液的麻烦,应用非常广泛。

本实验是在0.3mol/L盐酸介质中,以铂电极为工作电极,恒电流电解KBr溶液,电极反应为:

工作电极 $2Br^- \longrightarrow Br_2 + 2e$

辅助电极 $2H^+ + 2e \longrightarrow H_2$

电解过程中为防止工作电极反应产物被辅助电极再还原而干扰测定,将辅助电极置于隔离室内。隔离室由一玻璃管制成,套管的底部为一微孔玻璃板。工作电极产生的Br_2,与试液中待测组分硫酸肼发生下面反应:

$$H_2NNH_2 \cdot H_2SO_4 + 2Br_2 \longrightarrow 4HBr + H_2SO_4 + N_2$$

库仑滴定法指示滴定终点的方法很多,本实验采用永停法(也叫双指示电极电流法)指示终点。即采用两个相同的铂电极作指示电极,在两个电极之间施加约50~100mV的小电压,在终点到达之前,溶液中没有可逆电对,指示回路中没有电流;当滴定到达终点后,溶液中出现可逆电对Br_2/Br^-,双指示电极发生下列电极反应:

指示阳极 $2Br^- \longrightarrow Br_2 + 2e$

指示阴极 $Br_2 + 2e \longrightarrow 2Br^-$

因而指示回路中产生电流,电流计指针发生偏转,从而指示滴定终点的到达。

(三) 仪器与试剂

1. 仪器

恒电流库仑滴定计1台;铂电极4支;秒表;1mL、5mL吸量管各1支;50mL量筒1只。

2. 试剂

0.3mol/L盐酸与0.3mol/L KBr混合液(电解液);待测硫酸肼水溶液。

(四) 实验步骤

1. 电极清洗与仪器连接

(1) 铂电极清洗 铂电极在使用前需用50℃10%硝酸溶液浸泡5min左右,然后用蒸馏水冲洗干净。为保证测量准确度,必须确保铂电极表面清洁光亮。

(2) 仪器连接 将铂工作电极与恒电流源的正极相连,铂辅助电极与电源负极相连,并将辅助电极浸入保护套管中。

2. "预滴定"除杂

向电解池中准确加入 5mL 电解液（0.3mol/L 盐酸与 0.3mol/L KBr 混合溶液），放入搅拌棒。将 4 支铂电极插入电解池并加入适量蒸馏水使电极刚好浸没，向玻璃套管中也加入适量电解液。调节加在两个铂指示电极上的电压约为 50～100mV，打开库仑滴定仪恒电流源开关，调节电解电流为 1.00mA。此时铂工作电极上电解产生 Br_2，指示回路中检流计光点开始偏转（电解液中若含有一些还原性杂质，会被 Br_2 氧化），立即向电解池中滴加几滴电解液，使检流计光点返回原点并迅速关闭恒电流源开关。

3. 试液的测定

准确量取 1mL 待测硫酸肼水溶液加入电解池中，开启恒电流源开关开始库仑滴定，同时用秒表计时，直至指示回路中检流计指针发生偏转，立即关闭恒电流源开关并记录电解时间。至此为一次测定，再重复测定 2 次。

（五）数据处理

按下表记录实验数据并进行相应计算。

测定次数	待测液体积 V /mL	电解电流 i /mA	电解时间 t /s	待测液浓度 c /(mol/L)	平均值 c̄ /(mol/L)	标准偏差
1						
2						
3						

注：待测液浓度（mmol/L）计算公式为：$c = \dfrac{it}{4FV}$（F 为法拉第常数）。

（六）思考题

① 库仑滴定法与普通容量滴定法相比有哪些优点？

② 永停法确定滴定终点的原理是什么？

③ 在测定开始之前为什么要进行"预滴定"？

实验 5-6　油品中硫含量的测定

（一）实验目的

① 了解微库仑滴定法的基本原理。

② 掌握微库仑分析仪的工作原理和操作方法。

（二）基本原理

微库仑分析法也是利用电解产生滴定剂滴定被测物质，与库仑滴定法的不同点是该法的

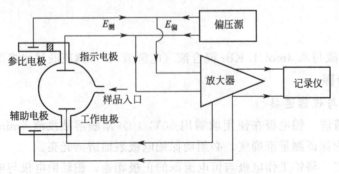

图 5-33　微库仑分析仪工作原理示意

电解电流不是恒定的，而是随被测物质的浓度大小自动调节，因而也称为动态库仑分析法。微库仑分析仪器装置如图 5-33 所示，主要包括电解池、放大器系统和数据处理系统。下面以本实验为例，介绍微库仑分析仪的工作原理。

本实验先采用氧化法将样品中的硫元素定量转化为二氧化硫，然后用微库仑滴定法测定二氧化硫的含量，最后由二氧化硫的转化率求得样品中硫的总含量。转化率由含硫标准样品求得。

池内电解液为碘化钾和醋酸的混合水溶液。工作电极与辅助电极均为铂电极，指示电极对为铂电极和饱和甘汞电极。当裂解管生成的氧化产物进入滴定池时，只有其中的二氧化硫能与电解液中的 I_3^- 发生滴定反应：

$$SO_2 + I_3^- + H_2O \longrightarrow SO_3 + 3I^- + 2H^+$$

在工作电极上的电解反应为：

$$3I^- \longrightarrow I_3^- + 2e$$

待测样品在载气氮的携带下，进入高温裂解管与氧气流混合燃烧。其中碳氢化合物被氧化生成二氧化碳和水，硫元素大部分转化为二氧化硫，小部分生成三氧化硫。反应生成的 SO_2 随载气进入电解池。

样品的氧化产物进入电解池之前，电解液中含有微量 I_3^-，指示电极能指示出溶液中 I_3^- 的浓度，且指示电极和参比电极之间的电压 $E_测$ 作为输入信号输入到放大器。在滴定开始之前，$E_测$ 与放大器给出的偏压 $E_偏$ 大小相等，但两者反向串联，因而放大器的输出信号 $\Delta E = 0$；当样品的氧化产物 SO_2 进入电解池后，便与电解液中的 I_3^- 发生反应，使得 $E_测 > E_偏$，即 $\Delta E = E_测 - E_偏 > 0$，该信号经放大器放大后施加到工作电极和辅助电极对上，于是在工作电极上发生电解反应生成 I_3^-，直至 SO_2 全部被反应完，溶液中的 I_3^- 又恢复到原来的浓度，此时放大器的输出信号 $\Delta E = 0$，电解自动停止。根据流经电解池的电量和法拉第定律可求出样品中的硫含量。

（三）仪器与试剂

1. 仪器

WK-2B 型微库仑分析仪 1 台；$10 \mu L$ 微量注射器 1 支。

2. 试剂

电解液：称取 0.5g 碘化钾、0.6g 叠氮化钠（NaN_3）置于 1000mL 容量瓶中，加二次蒸馏水至约 800mL，向瓶中注入 5mL 冰醋酸，再用二次蒸馏水稀释至刻度，摇匀。

硫标准溶液：$1.0 \mu g/mL$。

氮气及氧气：纯度高于 99.5%。

待测样品：柴油、煤油。

（四）实验步骤

1. 仪器的准备工作

更换电解液，连接好电极。开启氮气、氧气瓶上的减压阀，调节氮气流速为 240mL/min，氧气流速 160mL/min。接通仪器电源开关，选择偏压为 165mV，汽化段温度 400℃、燃烧段温度 700℃、稳定段温度 600℃，采样电阻 6kΩ，增益 200。调整工作电压在 150mV 左右。

2. 进样分析

（1）硫转化率的测定 用微量注射器准确吸取 $5 \mu L$ 硫标准溶液进样，进样速度 $0.5 \mu L/s$，重复测定 3 次。根据下面公式计算硫转化率：

$$P = \frac{QM}{2FCV} \times 100\%$$

式中　Q——电解电量；

　　　M——硫元素的摩尔质量；

　　　F——法拉第常数；

　　　C——硫标准溶液的浓度；

　　　V——进样体积。

（2）待测样品含硫量的测定　用微量注射器准确吸取 $5\mu L$ 待测煤油或柴油进样，进样速度 $0.5\mu L/s$，重复测定 3 次。由下面公式计算含硫量：

$$W = \frac{QM}{2FPV}$$

（五）思考题

① 简要分析微库仑分析法和库仑滴定法的异同点。

② 试分析微库仑分析仪的基本构件及工作原理。

③ 分析样品之前，为什么要先测定硫转化率？

习　题

1. pH 玻璃电极和 SCE 组成工作电池，25℃时测得 pH＝6.86 的标准缓冲溶液电动势是 0.220V，而未知试液电动势 E_x＝0.186V，则未知试液 pH 为（　　）。

A. 7.60　　　　　　　B. 4.60　　　　　　　C. 6.28　　　　　　　D. 6.60

2. 电位滴定法中，用高锰酸钾标准溶液滴定 Fe^{2+}，宜选用（　　）作指示电极。

A. pH 玻璃电极　　　B. 银电极　　　　　C. 铂电极　　　　　　D. 氟电极

3. pH 玻璃电极使用前应在（　　）中浸泡 24h 以上。

A. 蒸馏水　　　　　　B. 酒精　　　　　　C. 浓 NaOH 溶液　　D. 浓 HCl 溶液

4. 使 pH 玻璃电极产生"钠差"现象的原因是（　　）。

A. 玻璃膜在强碱性溶液中被腐蚀

B. 强碱性溶液中 Na^+ 浓度太高

C. 强碱性溶液中 OH^- 中和了玻璃膜上的 H^+

D. 大量 OH^- 占据了玻璃膜上的交换占位

5. 用氟离子选择性电极测定水中的氟离子（含微量 Fe^{3+}、Al^{3+}、Ca^{2+}、Cl^-）时，加入总离子强度调节缓冲剂，其中柠檬酸根的作用是（　　）。

A. 控制溶液的 pH 在一定范围内

B. 使标液与试液的离子强度保持一致

C. 掩蔽 Fe^{3+}、Al^{3+} 干扰离子

D. 加快响应时间

6. 电位滴定与化学滴定的根本区别在于（　　）。

A. 滴定仪器不同　　　　　　　　　　B. 指示终点的方法不同

C. 滴定手续不同　　　　　　　　　　D. 标准溶液不同

7. 在电位滴定中，以 E-V 作图绘制滴定曲线，滴定终点为（　　）。

A. 曲线的最大斜率点　　　　　　　　B. 曲线最小斜率点

C. E 为最大值的点　　　　　　　　　D. E 为最小值的点

8. 在电位滴定中，以 $\Delta E/\Delta V$-V 作图绘制曲线，滴定终点为（　　）。

A. 曲线突跃的转折点   B. 曲线的最大斜率点

C. 曲线的最小斜率点   D. 曲线的斜率为零时的点

9. 何谓电化学分析法？习惯上将其分为哪些类别？

10. 什么是指示电极和参比电极？每种电极各举出几个实例。

11. 常见的离子选择性电极有哪些类别？分别举例说明。

12. 以氟离子选择性电极为例，分析离子选择性电极的基本构造及工作原理？

13. 什么是电位分析？影响电位分析的因素有哪些？

14. 电位滴定法的基本原理是什么？与普通容量分析相比有哪些异同点？

15. 极谱分析法定性、定量分析的依据各是什么？定量分析的方法有哪些？

16. 现代极谱法主要包括哪几种？各有什么特点？

17. 为什么直流极谱法的极谱波成"S"形，而单扫描极谱法的极谱波却呈不对称峰形？

18. 库仑滴定法的基本原理是什么？与普通容量分析法相比有哪些异同点？

19. 分析库仑滴定基本装置的结构及各部件的作用。

20. 库仑滴定法中，判断滴定终点的方法有哪几种？

21. 已知 Na^+ 选择性电极对 K^+ 的 $K_{K^+,Na^+}=1.0\times10^{-3}$，用该电极测活度为 1.0×10^{-3} mol/L 的 Na^+ 试液时，若试液中 K^+ 活度为 3.5×10^{-2} mol/L，计算由 K^+ 存在引起的测量误差。

22. 25℃时，将 pH 玻璃电极和饱和甘汞电极插入 pH=4.00 的标准缓冲溶液，测得电池电动势为 0.209V，在同样条件下测得 3 种样品溶液的电动势分别为：（a）0.326V；（b）0.082V；（c）−0.015V。试计算这 3 种样品溶液的 pH。

23. 25℃时，用标准加入法测某水样中 Ca^{2+} 浓度。工作电池为：

钙离子电极｜Ca^{2+} ‖ 饱和甘汞电极（SCE）

向 100mL 水样中加入 0.0731mol/L 硝酸钙标准溶液 1mL 后，测得钙离子电极电位增加 13.6mV，试计算原水样中 Ca^{2+} 浓度。

24. 将 1.00g 牙膏样品用 50℃温水溶解后转移至 100mL 容量瓶中，加入 100mL 氟离子强度调节剂，用去离子水稀释至刻度，摇匀。吸取 25.00mL 注入一烧杯中，插入氟离子选择性电极和饱和甘汞电极，测得电池电动势为 0.1236V，加入 0.5mg/mL 氟离子标准溶液 0.10mL 后，电池电动势为 0.1846V。试计算牙膏样品中氟离子的质量分数。

第六章 气相色谱分析法

【学习目标】

1. 熟悉色谱分析中的基本术语，了解色谱分析中的塔板理论和速率理论。
2. 熟悉影响色谱柱柱效、分离度的因素，掌握色谱分析中的定性方法和定量方法。
3. 熟悉气相色谱仪的结构和各部分的作用，掌握气相色谱分析时固定相的选择方法。
4. 熟练校正因子的计算方法，掌握归一化法、内标法的定量计算方法，掌握外标法，熟练绘制外标法工作曲线并进行定量计算。
5. 掌握填充柱的制备方法。

对于一个组成很复杂的混合样品，如白酒，其主要成分是乙醇和水（占总量的 98%～99%），而溶于其中的酸、酯、醇、醛等种类众多的微量有机化合物（占总量的 1%～2%）作为白酒的呈香、呈味物质，却决定着白酒的风格和质量，如甲醇、杂醇油（主要成分是异戊醇、戊醇、异丁醇、丙醇等）、醛等过高就会影响白酒的质量，严重时会使喝酒者发生中毒。若要分析白酒中各种微量有机物含量，首先要使白酒中各种成分发生分离，然后进行检测，这种将分离和检测融合在一起的最有效的分析手段是色谱分析法。色谱分析法中的样品与两类不同物质相作用，一类为流动相，是携带样品的物质，另一类为固定相，被固定于色谱柱中不发生移动，能吸附或溶解样品中组分。根据流动相是气体还是液体，可将色谱分析法分为气相色谱法和液相色谱法，进行气相色谱法分析时，样品中各组分必须气化为气体，如果样品中各组分的沸点不是太高（通常不超过 300℃）时，常用气相色谱法分析，对于组分沸点比较高的样品，则采用液相色谱法分析（或进行衍生化处理降低沸点后再用气相色谱法，如对羧酸的分析），本章将重点介绍色谱法理论和气相色谱法的内容。

第一节 气相色谱仪结构和原理

气相色谱法（gas chromatography，GC）是由惰性气体将气化后的试样带入加热的色谱柱，并携带组分分子与固定相发生作用，并最终又将组分从固定相中带出，达到样品中各组分的分离。用气相色谱法分离分析试样的基本过程如图 6-1 所示，由高压钢瓶供给的流动相（称作载气），经减压阀、净化器、稳压阀和流量计后，以稳定的压力和流速连续经过气化室、色谱柱、检测器，最后放空。气化室与进样口相接，它的作用是把从进样口注入的液体试样瞬间气化为蒸气，以便随载气带入色谱柱中进行分离。分离后的试样随载气依次进入检测器，检测器将组分的浓度（或质量）变化转变为电信号。电信号经放大后，由记录器记录下来，即得到色谱图，图 6-2 所示即为某白酒的色谱图，在该色谱图中，每个峰代表了白酒中的一种组分及含量。

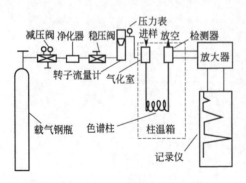

图 6-1 气相色谱仪流程示意

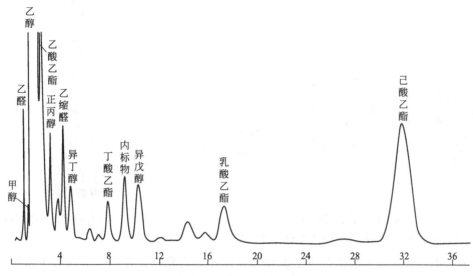

图 6-2　某白酒色谱图

气相色谱仪由气路系统、进样系统、分离系统、温控系统和检测记录系统等五大系统组成，图 6-3 为安捷伦制造的 HP6890 气相色谱仪。

一、气路系统

气路系统是指流动相连续运行的密闭管路系统。它包括气源、净化器、气体流速控制和测量装置。通过该系统可获得纯净的、流速（或压力）稳定的载气。为了获得好的色谱结果，气路系统必须气密性好、载气纯净、流量稳定且能准确测量。

1. 载气和辅助气

常用的载气有氮气、氢气和氦气等。载气可以储存于相应的高压钢瓶中，也可以由气体发生器产生，是携带试样通过色谱柱，提供试样在柱内运行

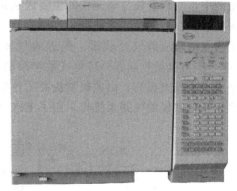

图 6-3　HP6890 气相色谱仪

的动力。选择何种载气，主要由所用检测器的性质和分离要求决定。常用 H_2 或 He 作热导检测器（TCD）的载气、N_2 或 H_2 作氢火焰离子化检测器（FID）的载气、N_2 作电子捕获检测器（ECD）的载气。某些检测器还需要辅助气体，如火焰离子化和火焰光度检测器需要氢气和空气作燃气和助燃气。

2. 净化器

载气在进入色谱仪之前，必须经过净化处理，载气的净化由装有气体净化剂的气体净化器来完成。如图 6-4 为载气净化过程。图 6-5 为装有净化剂的净化器。常用的净化剂有活性炭、硅胶和分子筛，分别用来除去烃类物质、水分和氧气。当采用钢瓶气时，最好采购纯度为 99.999％的载气。

3. 稳压、恒流装置

新采购的高压钢瓶气的压力约为 13MPa，需经减压后才可使用，如图 6-4 所示。由于载气的流速是影响色谱分离和定性分析的重要参数之一，因此要求载气流速稳定，流速的调节和稳定靠稳压阀或稳流阀调节控制。稳压阀的作用有两个：一是通过改变输出气压来调节气

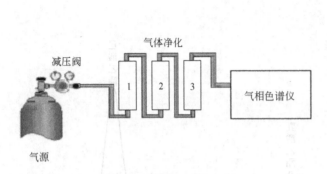

图 6-4　载气净化过程　　　　　　　　图 6-5　装有净化剂的净化器

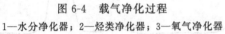

1—水分净化器；2—烃类净化器；3—氧气净化器

体流量的大小；二是稳定输出气压。在恒温色谱中，当操作条件不变时，整个系统阻力不变，单独使用稳压阀便可使色谱柱入口压力稳定，从而保持稳定的流速。但在程序升温色谱中，由于柱内阻力随温度升高而不断增加，载气的流量逐渐减少，因此需要在稳压阀后连接一个稳流阀，以保持恒定的流量。图 6-6 是配置毛细管柱、FID 检测器的气路流程。在气路系统中，毛细管柱与填充柱的主要区别是：毛细管柱在柱前有一路载气分流气路，以避免色谱柱过载；柱后检测器前有一路尾吹气，用来减少柱后死体积，以避免色谱峰的柱后展宽，尾吹气通常从载气处获得。先进的气相色谱仪，从气源出来的气体经减压后直接进 EPC（电子压力流量控制器）转化成数字控制，流量和压力控制用 EPC 代替了一般的阀件，控制精度有了很大提高，由此也就提高了色谱定性、定量的精度和准确度，如安捷伦、热电等品牌气相色谱仪的气路系统均采用了 EPC 控制。

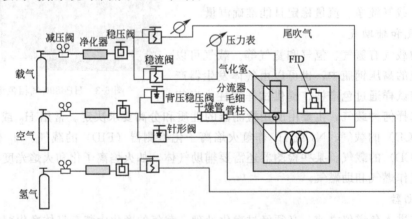

图 6-6　配置毛细管柱、FID 检测器的气路流程

二、进样系统

进样系统包括进样装置和气化室。其作用是把待测样品（气体或液体）快速而定量地加到色谱柱中进行色谱分离。进样量的大小、进样时间的长短和试样气化速度等都会影响色谱分离效率和分析结果的准确性及重现性。

1. 气化室

液体样品在进柱之前必须在气化室内变成蒸气。气化室位于进样口的下端，为了使样品能瞬间气化而不分解,要求气化室热容量大,温度足够高且无催化效应。因此,气化室是由一块金属制成,外套加热块,在气化室内常衬有石英套管以消除金属表面的催化作用。气化室注射孔用厚度为5mm的硅橡胶隔垫密封,由散热式压管压紧,采用长针头注射器将样品注入热区,以减少气化室死体积,提高柱效。图6-7是一种常用的填充柱进样口。气化室的不锈钢套管中插入石英管(称作衬管),衬管内壁应保持干净,使用一段时间后应进行清洗或更换,衬管中的石英玻璃毛能起到保护色谱柱的作用。进样口的隔垫的作用是防止漏气,硅橡胶在使用一段时间

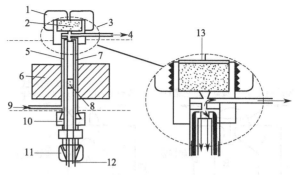

图6-7 填充柱进样口结构示意

1—固定隔垫的螺母;2—隔垫;3—隔垫吹扫装置;4—隔垫吹扫出口;5—气化室;6—加热块;7—衬管;8—石英玻璃毛;9—载气入口;10—柱连接件固定螺母;11—色谱柱固定螺母;12—色谱柱;13—隔垫吹扫装置放大图

后会失去密封作用,应经常更换。进入进样口的载气会分成两路,一路进行隔垫吹扫,用少量的载气清除在进样中产生的隔垫流失物;一路进入衬管,并由此携带样品进入色谱柱。

2. 填充柱进样系统

(1) 液体试样的进样 一般都用微量注射器,常用的规格用 $1\mu L$、$5\mu L$、$10\mu L$ 和 $25\mu L$ 等,如图6-8所示。采用填充柱时液体进样一般不超过 $10\mu L$。

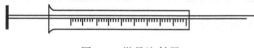

图6-8 微量注射器

(2) 气体试样的进样 常压气体样品可以用医用注射器($100\mu L \sim 5mL$)进样,其优点是简单、灵活,其缺点是进样体积误差大。气体进样常用的是旋转式六通阀进样,如图6-9所示,当六通阀处于采样位时,用注射器或球胆将样品压入定量管中,转至进样位时,流动相将样品带入色谱柱中。气体进样一般不超过10mL。

3. 毛细管柱进样系统

毛细管柱的柱容量与填充柱相比,相对较小,为了保证毛细管柱的低容量和高柱效,多采用与样品相匹配的分流技术将样品的一小部分引入柱子,即分流进样。

(1) 分流进样 这是毛细管柱系统最经典的进样方式,进入进样口的载气分两路,一路冲洗进样隔垫,另一路以较快的速度进入气化室,此处与气化后的样品混合,并在毛细管柱入口处进行分流,如图6-10所示。在分流进样中,气化后的样品大部分经分流管放空,只有极少部分被载气带入色谱柱。分流进样中由于大部分样品都放空,所以常用于较高浓度样品的分析,也用于不能稀释样品的分析。在分流进样中分流流量与柱流量的比称为分流比,常规毛细管柱分流比一般设为 $(1:50) \sim (1:500)$。

(2) 不分流进样 不分流进样与分流进样的区别在于,在进样时分流出口阀关闭,当大部分溶剂和样品进入色谱柱后(一般为 $30 \sim 90s$),打开分流阀吹扫衬管中剩余的蒸气,这可避免由于进样体积大和柱流量小引起的溶剂拖尾。采用这种方式进样几乎所有的样品都进入了色谱柱,所以适用于痕量分析。由于进样时间长,结果引起初始谱带的展宽,因此这种进样方式要求初始柱温至少要比溶剂的沸点低 $10 \sim 20°C$,使溶剂在柱头冷凝形成液膜,样品溶于其中,对样品进行浓缩,而后升温将样品快速从柱头冲入柱内。表6-1列出了常用溶剂使用的初始柱温,便于参考。

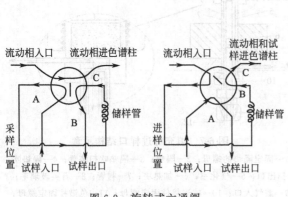

图 6-9 旋转式六通阀

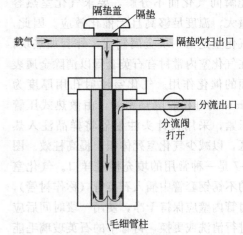

图 6-10 分流进样

表 6-1 常用溶剂使用的初始柱温

溶剂	沸点/℃	初始柱温/℃	溶剂	沸点/℃	初始柱温/℃
二氯甲烷	40	10~30	异辛烷	99	70~90
氯仿	61	25~50	二硫化碳	46	10~35
戊烷	36	10~25	乙醚	35	10~25
己烷	69	40~60			

此外，还有冷柱头进样、程序升温进样、顶空进样等进样方式。

三、分离系统

色谱仪的分离系统是色谱柱，安装在柱箱内用于分离样品，是色谱仪中最重要的部件之一。色谱柱主要有两类：填充柱和毛细管柱，如图 6-11 所示。填充柱由不锈钢或玻璃材料制成，内装固定相，一般内径为 2~4mm，长 1~10m。形状有 U 形和螺旋形两种，常用的是螺旋形。填充柱制备简单，可供选择的固定相种类多，柱容量大，分离效率也足够高，应用很普遍。

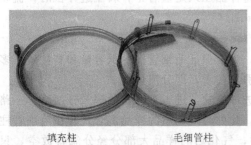

填充柱　　　毛细管柱

图 6-11 色谱柱

毛细管柱又叫空心柱，可分为以下几种。

（1）涂壁开管柱（WCOT）　是将固定液均匀地涂在内径为 0.1~0.5mm 的毛细管内壁而成。

（2）多孔层开管柱（PLOT）　在管壁上涂一层多孔性吸附剂固体微粒。

（3）载体涂渍开管柱（SCOT）　先在毛细管内壁涂上一层载体，如硅藻土载体，在此载体上再涂以固定液。

（4）键合型开管柱　将固定液用化学键合的方法键合到涂覆硅胶的柱表面或经表面处理的毛细管内壁上，该类柱的固定液流失少，热稳定性高。毛细管材料可以是不锈钢、玻璃和石英，柱内径一般小于 1mm。毛细管柱渗透性好，传质阻力小，柱长可长达几十米，甚至几百米。毛细管柱分辨率高（理论塔板数可达 1.0×10^6），分析速率快，样品用量小。但柱容量小，对检测器的灵敏度要求高。

四、温控系统

温控系统是指对气相色谱的气化室、色谱柱和检测器进行温度控制。在气相色谱测定中，温度直接影响色谱柱的选择分离、检测器的灵敏度和稳定性。色谱柱的温度控制方式有恒温和程序升温两种。对于沸点范围很宽的混合物，往往采用程序升温法进行分析。程序升温是指在一个分析周期内，炉温连续地随时间由低温到高温线性或非线性地变化，使沸点不同的组分在其最佳柱温时流出，从而改善分离效果缩短分析时间。程序升温方式具有改进分离、使峰变窄、检测限下降及省时等优点。一般地，气化室温度比柱温高 10～50℃，以保证试样能瞬间气化而不分解。检测器温度与柱温相同或略高于柱温，以防止样品在检测器冷凝。检测器的温度控制精度要求在 ±0.1℃ 以内，柱的温度也要求能精确控制。

五、检测记录系统

检测记录系统包括：检测器、放大器和记录仪。现在许多气相色谱仪采用了色谱工作站的计算机系统，不仅可对色谱仪进行实时控制，还可自动采集数据和完成数据处理。气相色谱中的检测器有几十种，常用的有热导检测器、火焰离子化检测器、电子捕获检测器和火焰光度检测器等。根据检测原理的不同，可将检测器分为浓度型检测器和质量型检测器两类。浓度型检测器测量的是载气中某组分浓度瞬间的变化，即检测器的响应值与组分的浓度成正比，如热导检测器和电子捕获检测器等。质量型检测器测量的是载气中某组分进入检测器的速度变化，即检测器的响应值与单位时间内进入检测器某组分的质量成正比，如氢火焰离子化检测器和火焰光度检测器等。

1. **热导池检测器**

热导池检测器（thermal conductivity detector，TCD）是根据不同的物质具有不同的热导率这一原理制成的。由于它结构简单、性能稳定、通用性好、线性范围宽、价格便宜，是应用最广、最成熟的一种检测器。

热导池由池体和热敏元件构成，热敏元件为金属丝（钨丝或铂金丝）。目前普遍使用的是四臂热导池，其中两臂为参比臂，另两臂为测量臂。将参比臂和测量臂接入惠斯通电桥，组成热导池测量线路，如图 6-12 所示。其中 R_2、R_3 为测量臂，R_1、R_4 为参比臂。电源提供恒定电压加热钨丝，当只有载气以恒定速度通入热导池腔体时，载气从热敏元件带走相同的热量，热敏元件温度变化相同，其电阻值变化也相同，电桥处于平衡状态。即 $R_1R_4 = R_2R_3$。此时记录仪或积分仪画出的一条直线即为基线。进样后样品气和载气混合通过测量臂，由于样品与载气的热导率不同，测量臂内钨丝表面温度发生变化并导致电阻发生改变，电桥失去平衡，记录器上就有信号产生，即为样品色谱峰。被测组分的热导率与载气的热导

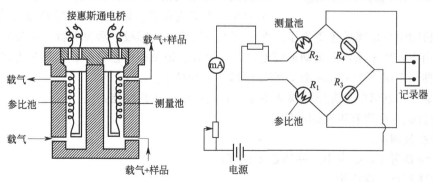

图 6-12　热导池检测器

率相差越大，输出信号就越大，样品的检测灵敏度也就越高，表 6-2 是几种具有代表性的物质的热导率。

表 6-2　一些气体与蒸气的热导率

气体或蒸气	热导率/[×10^{-4}J/(cm·s·℃)]		气体或蒸气	热导率/[×10^{-4}J/(cm·s·℃)]	
	0℃	100℃		0℃	100℃
氦气	14.57	17.41	正丁烷	1.34	2.34
氢气	17.41	22.4	正己烷	1.26	2.09
氮气	2.43	3.14	苯	0.92	1.84
二氧化碳	1.47	2.22	丙酮	1.01	1.76
甲烷	3.01	4.56	甲醇	1.42	2.30
乙烷	1.80	3.06	氯仿	0.67	1.05
丙烷	1.51	2.64	乙酸乙酯	0.67	1.72

注：1J/(cm·s·℃)=100W/(m·℃)。

　　从表中可以看出，对大多数样品来说，选择氢气或氦气作载气时，TCD 的灵敏度较高。但如果检测氢气或氦气时，则用氮气作载气 TCD 的灵敏度较高，这是因为氢气、氦气与氮气的热导率相差较大。

　　热导检测器是一种通用型、浓度型检测器，不破坏样品，并可串联其他检测器一起使用。在使用 TCD 检测器时，应先通入载气或尾吹气将检测器吹扫 10～15min，保证检测器部分没有空气后才能打开检测器的电流，否则，检测器中的热丝很容易烧毁。

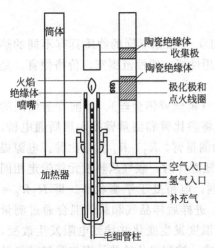

图 6-13　氢火焰离子化检测器

2. 氢火焰离子化检测器

　　氢火焰离子化检测器 （flame ionization detector，FID） 简称氢焰检测器。它以氢气和空气燃烧作为能源，利用含碳有机物在火焰中燃烧产生离子，极化电压将这些离子吸收到收集极上，产生的电流与样品量成正比。它的主要部件是一个用不锈钢制成的离子室，包括收集极、发射极 （极化极）、气体入口和喷嘴 （图 6-13）。在离子室下部，被测组分被载气携带，从色谱柱流出，与氢气混合后通过喷嘴，再与空气混合后点火燃烧，形成氢火焰。燃烧所产生的高温 （约 2100℃） 使被测有机物组分电离成正负离子。在火焰上方收集极 （阳极） 和发射极 （阴极） 所形成的静电场作用下，离子流定向运动形成电流，经放大、记录即得色谱峰。如果是毛细管柱，则可把柱子伸到喷嘴下 1～2mm 处，使死体积减少到最小。

　　FID 是气相色谱中最常用的检测器之一，具有以下优良性能：

① 对含碳有机物有很高的灵敏度；

② 线性范围宽；

③ 检测器耐用，噪声小，基线稳定性好；

④ 死体积小，响应快；

⑤ 对温度变化不敏感。

FID 的主要缺点是不能检测永久性气体、水、CO、CO_2、氮的氧化物、硫化氢等物质。

在使用 FID 检测器时，在点火前应将检测器温度升至 100℃以上（HP 6890 气相色谱仪的 FID 温度应设置不低于 150℃，否则会点不了火），避免水蒸气在检测器冷凝，从而影响检测器的灵敏度。

3. 电子捕获检测器

电子捕获检测器（electron capture detector，ECD）是应用广泛的一种高选择性、高灵敏度的浓度型检测器，它对具有电负性的（如含卤素、硫、磷、氮等的物质）的检测有很高的灵敏度，检出限约 10^{-14} g/mL。电负性越强，灵敏度越高。广泛应用于食品、农副产品中农药残留量、大气及水质污染分析。ECD 检测器对电负性很小的化合物，如烃类化合物等，只有很小或没有输出信号。

ECD 检测器的构造如图 6-14 所示，检测器的池体作阴极，圆筒内侧装有 β 放射源（^{63}Ni 或 ^{3}H），一个不锈钢棒作为阳极，在两极间施加直流或脉冲电压，当载气（一般为 N_2 或 Ar）进入检测器时，在 β 粒子的轰击下被电离，形成游离基和低能电子：

$$N_2 \xrightarrow{\beta 射线} N_2^+ + e$$

这些电子在电场作用下，向阳极运动，形成恒定的电流即基流。当电负性物质进入检测器后，就能捕获这些低能电子，从而使基流下降，产生负信号（倒峰），如图 6-15 所示。被测组分的浓度越大，倒峰越大；组分中电负性元素的电负性越强，捕获电子的能力越大，倒峰也越大。实际过程中，常通过改变极性使负峰变为正峰。

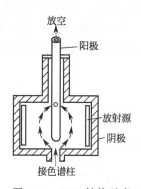

图 6-14 ECD 结构示意

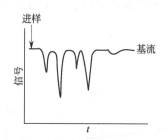

图 6-15 ECD 产生的色谱图

ECD 在气相色谱中是灵敏度最高的一种，载气的纯度和流速对信号值和稳定性有很大的影响，ECD 一般用 N_2 作载气并彻底除去水和氧气；检测器的温度变化对 ECD 响应值也有较大的影响；ECD 线性范围较窄，进样量不可太大。ECD 检测器温度通常设置在 250～300℃下使用。

需要提醒的是，在使用 ECD 检测器时，检测器排出的废气必须接到室外，因为检测器的放射源产生的 β 粒子会随载气一起流出检测器外。

4. 火焰光度检测器

火焰光度检测器（flame photometric detector，FPD）又称硫、磷检测器，是对含硫、磷的有机物具有高选择性和灵敏度的质量型检测器。对磷的检出限可达 10^{-12} g/s，对硫的检出限可达 10^{-11} g/s。这种检测器可用于大气中痕量硫化物以及农副产品、水中纳克级有机磷和有机硫农药残留量的测定。

FPD 检测器是把 FID 和光度计结合在一起的结构，如图 6-16 所示，气路与 FID 相同，

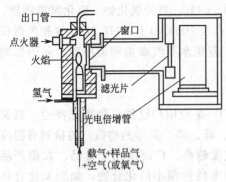

图 6-16　火焰光度检测器

FPD 主要有火焰喷嘴、滤光片和光电倍增管组成。当含硫（或磷）的试样进入氢焰离子室，在富氢-空气焰中燃烧时，发生下列反应：

$$RS + 空气 + O_2 \longrightarrow SO_2 + CO_2$$
$$SO_2 + 4H \longrightarrow S + 2H_2O$$

有机硫首先被氧化成 SO_2，然后被氢还原成 S 原子，S 原子在适当的温度下生成激发态的 S_2^* 分子，当 S_2^* 返回基态时发射出特征波长为 $350\sim430nm$ 的特征分子光谱。

$$S_2^* \longrightarrow S_2 + h\gamma$$

含磷的试样燃烧时生成磷的氧化物，然后在富氢的火焰中被氢还原为化学发光的 HPO（氢氧磷）碎片，发射出 526nm 波长的特征光谱。这些发射光通过滤光片而照射到光电倍增管上，将光转变为光电流，经放大后由记录仪记录即得化合物色谱图。

5. 检测器性能指标

气相色谱检测器的性能要求通用性强、线性范围宽、稳定性好、响应速度快等特点。一般用以下几个参数进行评价。

（1）检测器的基线噪声与漂移　在没有组分进入检测器的情况下，仅因为检测器本身及色谱条件波动（如固定相流失，隔垫流失，载气、温度、电压波动及漏气等因素）使基线在短时间内发生起伏的信号称为噪声（N），单位用毫伏或毫安表示，噪声是检测器的本底信号。基线在一定时间内产生的偏离，称为基线漂移（M），其单位为 mV/h 或 mA/h。噪声与漂移两个参数可以用来衡量检测器的稳定性。图 6-17 表示的基线的噪声与基线漂移。

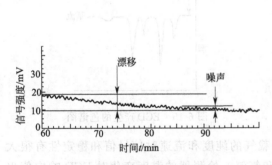

图 6-17　基线噪声与基线漂移

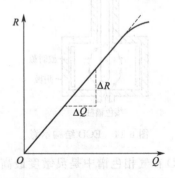

图 6-18　检测限 R-Q 关系

（2）检测器的性线范围　检测器的性线范围是指检测器内载气中的组分浓度 Q 与响应值 R（峰高或峰面积）成正比的范围，以最大允许进样量与最小进样量的比值表示。检测器的线性范围越宽越好。在样品分析时，尤其是宽浓度范围样品定量时，要求在线性范围内工作，这对组分的准确定量是非常重要的。

（3）检测器的灵敏度（S）　当一定浓度或一定质量的试样进入检测器，产生一定响应信号 R。以进样量 Q（单位 mg/mL 或 g/s）对响应信号 R 作图，就可得到一条直线，如图 6-18 所示，直线的斜率就是检测器的灵敏度，以 S 表示。因此，灵敏度就是响应信号对进样量的变化率：

$$S = \frac{\Delta R}{\Delta Q}$$

对于浓度型检测器，如果进样为液体，则灵敏度的单位是 mV·mL/mg，即每毫升载气中有 1mg 试样时在检测器上能产生的响应信号（单位 mV）；若试样为气体，灵敏度的单位是 mV·mL/mL。对于质量型检测器，其响应值取决于单位时间内进入检测器的某组分的量，对载气没有响应，灵敏度的单位是 mV·s/g。

（4）检测器的检测限　人们以检测器产生 2 倍噪声信号时，单位体积载气或单位时间内进入检测器的组分量来评价检测器的灵敏度，称为检测器的检测限，用 D 表示：

$$D = \frac{2N}{S}$$

式中　N——检测器的噪声，即基线波动，mV；

　　　S——检测器灵敏度。

D 值越小，说明仪器越敏感。

灵敏度和检测限是从两个不同角度表示检测器对物质敏感程度的指标，灵敏度越大、检测限越小，则表示检测器性能越好。通常高灵敏度检测器例如 FID、NPD、ECD 等用检测限表示检测器的性能。

（5）检测器的响应时间　响应时间是指某一组分进入进入检测器至输出信号达到其真值的 63% 所需的时间。显然，检测器的响应时间越小，表明检测器的性能越好。

第二节　色谱基本原理

一、气相色谱基本术语

当组分从色谱柱流出时，记录仪记录的信号-时间曲线即色谱图，如图 6-19 所示。其纵坐标为检测器输出的电信号（电压或电流），它反映流出组分在检测器内的浓度或质量的大小，横坐标为流出时间，该曲线也称为色谱流出曲线，它反映了试样在色谱柱内分离的结果，是组分定性和定量的依据，同时也是研究色谱动力学和热力学的依据。

1. 基线

操作条件稳定后，无样品通过检测器时，记录到的信号称为基线。它反映了检测器系统噪声随时间的变化，稳定的基线是一条水平直线，如图 6-19 中的 OO' 线。

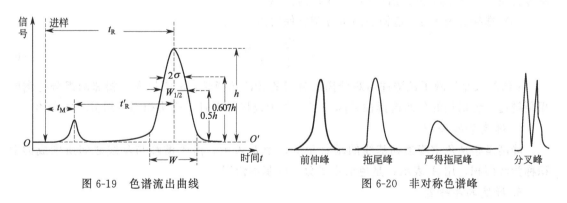

图 6-19　色谱流出曲线　　　　　　　　图 6-20　非对称色谱峰

2. 色谱峰

当有组分进入检测器时，色谱流出曲线就会偏离基线，这时检测器输出信号随检测器中的组分浓度而改变，直至组分全部离开检测器，此时绘出的曲线称为色谱峰，理论上讲色谱峰应该是对称的，呈正态分布曲线。但在实际上常会出现非对称的色谱峰，如图 6-20 所示。

(1) 前伸峰　前沿平缓后部陡起的不对称色谱峰。

(2) 拖尾峰　前沿陡起后部平缓的不对称色谱峰。

(3) 分叉峰　两种组分没有完全分开而重叠在一起的色谱峰。

3. 保留值

表示试样中各组分在色谱柱中的停留时间或将组分带出色谱柱所需载气的体积。在一定的固定相和操作条件下，任何物质都有确定的保留值，因此保留值可用作定性分析的依据。

(1) 死时间 t_M 和死体积 V_M　不被固定相吸附或溶解的组分，即非滞留组分（如空气或甲烷）从进样开始到色谱峰顶（即浓度极大）所对应的时间，称为死时间。死时间与柱前后的连接管道和柱内空隙体积的大小有关。利用死时间可以测定流动相的平均线速度 u，即：

$$u = \frac{柱长}{t_M} = \frac{L}{t_M} \tag{6-1}$$

对应于死时间 t_M 所需的流动相体积称死体积 V_M，它等于 t_M 与操作条件下流动相的体积流速 F_o(mL/min) 的乘积，即：

$$V_M = t_M F_o \tag{6-2}$$

(2) 保留时间 t_R　组分从进样开始到出现色谱峰顶所需要的时间。

(3) 调整保留时间 t'_R 和调整保留体积 V'_R　扣除死时间后的组分的保留时间，称为调整保留时间。它表示该组分因吸附或溶解于固定相后，比非滞留组分在柱内多滞留的时间。

$$t'_R = t_R - t_M \tag{6-3}$$

同理，调整保留体积 V'_R 为：

$$V'_R = V_R - V_M = (t_R - t_M)F_o = t'_R F_o \tag{6-4}$$

死体积反映了色谱柱的几何特性，它与被测物质的性质无关。故调整保留值 t'_R 和 V'_R 更合理地反映被测组分的保留特性。

(4) 相对保留值 $\gamma_{2,1}$　一定实验条件下组分 2 与另一组分 1 的调整保留值之比：

$$\gamma_{2,1} = \frac{t'_{R_2}}{t'_{R_1}} = \frac{V'_{R_2}}{V'_{R_1}} \tag{6-5}$$

$\gamma_{2,1}$ 仅与柱温及固定相性质有关，而与其他操作条件如柱长、柱内填充情况及载气的流速等无关，因此 $\gamma_{2,1}$ 是色谱定性分析的重要参数。

(5) 选择性因子 α　指相邻两组分调整保留值之比：

$$\alpha = \frac{t'_{R_1}}{t'_{R_2}} = \frac{V'_{R_1}}{V'_{R_2}} \tag{6-6}$$

α 值的大小反映了色谱柱对难分离组分对的分离选择性，α 值越大，相邻两组分色谱峰相距越远，色谱柱的分离选择性越高。当 α 等于或接近 1 时，说明相邻两组分不能分离。

4. 峰高和峰面积

峰高是指从色谱峰顶到基线的垂直距离，用 h 表示。由色谱峰与基线之间所围成的面积称为峰面积，用 A 表示，是色谱定量分析的基本依据。

5. 峰宽与半峰宽

从色谱峰两侧拐点上的切线与基线交点之间的距离，称为峰宽，也称基线宽度，用 W 表示。色谱峰高一半处的宽度称为半峰宽，用 $W_{1/2}$ 表示。

由色谱流出曲线可以实现以下目的：

① 依据色谱峰的保留值进行定性分析；

② 依据色谱峰的面积或峰高进行定量分析；

③ 依据色谱峰的保留值以及峰宽评价色谱柱的分离效能。

6. 分配系数 K

组分在固定相和流动相之间的分配处于平衡状态时，在两相中的浓度之比。

$$K = \frac{\text{组分在固定相中的浓度}}{\text{组分在流动相中的浓度}} = \frac{c_s}{c_m} \tag{6-7}$$

K 值与固定相和温度有关，K 值小的组分，每次分配达平衡后在流动相中的浓度较大，因此能较早地流出色谱柱，K 值大的组分后流出柱。所以，组分分配系数的不同是混合物中各组分分离的基础。

7. 分配比

在一定的温度和压力下，组分在两相间分配达平衡时，分配在固定相和流动相中的质量比。即：

$$k = \frac{\text{组分在固定相中的质量}}{\text{组分在流动相中的质量}} = \frac{m_s}{m_m} = \frac{c_s V_s}{c_m V_m} = K \frac{V_s}{V_m} = \frac{K}{\beta} \tag{6-8}$$

式中　c_m，c_s——分别为组分在流动相和固定相中的浓度；

　　　　V_m，V_s——分别为柱中流动相和固定相的体积；

　　　　V_m——近似于死体积 V_M；

　　　　V_s——在分配色谱中表示固定液的体积，而在凝胶色谱中表示固定相孔穴的体积；

　　　　β——相比率，是柱型特点参数，$\beta = V_m/V_s$，对于填充柱，β 值一般为 6~35，对于毛细管柱，β 值一般为 60~600。

k 值越大，说明组分在固定相中的量越多，相当于柱的容量大，因此又称为分配容量比或容量因子。它是衡量色谱柱对被分离组分保留能力的重要参数。

分配系数和分配比都与组分及固定相的热力学性质有关，并随柱温、柱压的变化而变化。分配系数是组分在两相中浓度之比，与两相体积无关；分配比则是组分在两相中分配总量之比，与两相体积有关，组分的分配比随固定相的量而改变。对一给定的色谱体系，组分的分离决定于组分在每一相中的总量大小而不是相对浓度大小，因此分配比更经常用来衡量色谱柱对组分的保留能力。

二、塔板理论

塔板模型将一根色谱柱视为一个精馏塔，即色谱柱是由一系列连续的、相等的水平塔板组成。每一块塔板的高度用 H 表示，称为塔板高度，简称板高。塔板理论假设：在每一块塔板上，溶质在两相间很快达到分配平衡，然后随着流动相按一个一个塔板的方式向前转移。对一根长为 L 的色谱柱，溶质平衡的次数应为：

$$n = \frac{L}{H} \tag{6-9}$$

n 称为理论塔板数。与精馏塔一样，色谱柱的柱效能随理论塔板数的增加而增加，随板高 H 的增大而减小。塔板理论指出以下几点。

① 当溶质在柱中的平衡次数，即理论塔板数 n 大于 50 时，可得到基本对称的峰形曲线。在色谱柱中，n 值一般是很大的，如气相色谱柱的 n 约为 $10^3 \sim 10^5$，因而这时的流出曲线可趋近于正态分布曲线。

② 当试样进入色谱柱后，只要各组分在两相间的分配系数有微小差异，经过反复多次的分配平衡后，就可获得良好的分离。

③ n 与半峰宽度及峰底宽的关系式为：

$$n = 5.54 \times \left(\frac{t_R}{W_{1/2}}\right)^2 = 16 \times \left(\frac{t_R}{W}\right)^2 \tag{6-10}$$

式中，t_R 与 $W_{1/2}$（或 W）应采用同一单位（时间或距离）。从式(6-10)可以看出，在 t_R 一定时，如果色谱峰越窄，则 n 越大，H 越小，柱效能越高。因此 n 或 H 可作为描述柱效能的一个指标。

在实际工作中，按式(6-10)和式(6-9)计算出来的 n 和 H 值有时并不能充分地反映色谱柱的分离效能，因为采用 t_R 计算时，没有扣除死时间 t_M，所以常用有效塔板数 $n_{有效}$ 表示柱效：

$$n_{有效} = 5.54 \times \left(\frac{t_R'}{W_{1/2}}\right)^2 = 16 \times \left(\frac{t_R'}{W}\right)^2 \tag{6-11}$$

有效塔板高度为：

$$H_{有效} = \frac{L}{n_{有效}} \tag{6-12}$$

有效塔板数和有效塔板高度消除了死时间的影响，因而较真实地反映了柱效能的高低。应该注意，同一色谱柱对不同物质的柱效能是不一样的，当用这些指标表示柱效能时，除色谱条件外，还应指出是用什么物质来进行测量的。

三、速率理论

塔板理论不能解释造成谱带扩张的原因和影响柱效的各种因素，忽视了组分分子在两相中的扩散和传质的动力学过程。1956 年荷兰学者范第姆特等提出了色谱过程的动力学理论——速率理论。该理论吸收了塔板理论中板高的概念，充分考虑组分在两相间的扩散和传质过程，从动力学的角度较好地解释了影响板高的各种因素，对气相、液相色谱都较为适用。范第姆特方程的数学简化式为：

$$H = A + \frac{B}{u} + Cu \tag{6-13}$$

由式(6-13)可知，速率理论认为板高 H 受涡流扩散项 A、分子纵向扩散项 B/u 和传质阻力项 Cu 等因素的影响。式中的 u 为流动相的平均线速率，可根据式(6-1)计算；A、B、C 常数分别代表涡流扩散系数、分子纵向扩散系数和传质阻力项系数，当 u 一定时，只有 A、B、C 较小时 H 才能较小，柱效才会较高。反之，色谱峰将会展宽，柱效将下降。

1. 涡流扩散项 A

$$A = 2\lambda d_p \tag{6-14}$$

式中　λ——填充不规则因子；

d_p——填充物平均直径。

涡流扩散项也称为多路效应项，是由于组分随着流动相通过色谱柱时，因固定相颗粒大小不一、排列不均匀，使得颗粒间的空隙有大有小，组分分子通过色谱柱到达检测器所走过的路径长短不同，因而引起色谱峰展宽。如图 6-21 所示，同一组分的 3 个质点开始时都加到色谱柱端的同一位置，当流动相连续不断地通过色谱柱时，质点③从颗粒之间空隙大的部位流过，受到的阻力小、移动速率大；质点①从颗粒之间孔隙小的部位流过，受到的阻力大，移动速率小；质点②介于两者之间。由于组分质点在流动相中形成不规则的"涡流"，同时进入色谱柱的相同组分的不同分子到达检测器的时间并不一致，引起了色谱峰的展宽。A 与流动相的性质、线速度和组分性质无关。采用适当细粒度、颗粒均匀的固定相，并尽量填充均匀，可降低涡流扩散项，提高柱效。空心毛细管柱由于没有填充物，不存在涡流扩散，$A=0$。

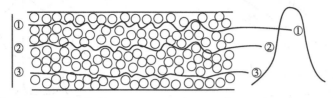

图 6-21 涡流扩散示意

2. 分子纵向扩散项

由于组分被载气带入色谱柱后，是以"塞子"的形式存在于柱的很小一段空间中，在"塞子"的前后（纵向）存在着浓度差而形成浓度梯度，在随流动相向前推进时必然自动地沿色谱柱方向前后扩散，造成谱带展宽。分子扩散系数为：

$$B=2\gamma D_g \tag{6-15}$$

式中　γ——柱内流动相扩散路径弯曲因子，它反映固定相颗粒对分子扩散的阻碍情况，为小于 1 的系数（空心毛细管柱的 $\gamma=1$）；

　　　D_g——组分在流动相中扩散系数。

组分在气相中扩散比在液相中约大 10 万倍，所以液相中的分子纵向扩散可以忽略。对气相色谱，采用相对分子质量较大的 N_2、Ar 为流动相并适当加大流动相流速，可降低分子纵向扩散项的影响。

3. 传质阻力项

传质阻力系数 C 由流动相传质阻力 C_m 和固定相传质阻力 C_s 两项组成，即 $C=C_m+C_s$。当组分从流动相移动到固定相表面进行两相间的质量交换时，所受到的阻力称为流动相传质阻力 C_m；组分从两相的界面迁移至固定相内部达到交换分配平衡后，又返回到两相界面的过程中所受到的阻力为固定相传质阻力 C_s。气相色谱的传质系数为：

$$C=C_m+C_s=\left(\frac{0.1k}{1+k}\right)^2\times\frac{d_p^2}{D_g}+\frac{2}{3}\times\frac{k}{(1+k)^2}\times\frac{d_f^2}{D_s} \tag{6-16}$$

从式(6-16)可知，流动相传质阻力与固定相粒度 d_p 的平方成正比，与组分在气体流动相中的扩散系数 D_g 成反比。所以，用相对分子质量小的气体 H_2、He 为流动相和选用小粒度的固定相可使 C_m 减小，柱效提高。C_s 与固定相液膜厚度 d_f 的平方成正比，与组分在固定相中的扩散系数 D_s 成反比。所以，固定相液膜越薄，扩散系数越大，固定相传质阻力就越小，但固定相液膜不宜过薄，否则会减少样品容量，降低柱的寿命。

由于组分在两相间的传质速率并不很快，而流动相有比较高的流速，所以色谱柱中的传质过程实际上是不均匀的，有的分子会较早地从固定相中流出，形成色谱峰的前沿变宽，有的分子从固定相中出来较晚，形成色谱峰的拖尾展宽，这种传质阻力导致塔板高度的改变。综上所述，气相色谱中的范第姆特方程为：

$$H=A+\frac{B}{u}+Cu=2\lambda d_p+\frac{2\gamma D_g}{u}+\left[\left(\frac{0.1k}{1+k}\right)^2\times\frac{d_p^2}{D_g}+\frac{2k}{3(1+k)^2}\times\frac{d_f^2}{D_s}\right]u \tag{6-17}$$

如果以不同流速下测得的塔板高度 H 对流动相线速度作图，可得图 6-22 所示的曲线。从图可知 H-u 曲线有一最低点，与最低点对应的塔板高度 H 值最小，该点对应的线速为最佳线速 u_{opt}，此时可得到最高柱效。

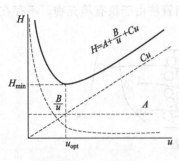

图 6-22　H-u 曲线

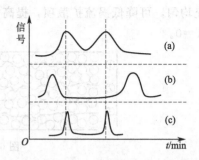

图 6-23　柱效和选择性对分离的影响

四、分离度

　　分离度是两色谱峰分离程度的量度，图 6-23 说明了柱效和选择性对色谱分离的影响。图 6-23(a) 两色谱峰距离近且峰形宽，彼此严重相重叠，柱效和选择性都差；图 6-23(b) 虽然两峰的距离相距较远，能很好分离，但峰形很宽，表明选择性好，但柱效低；图 6-23(c) 的分离情况最为理想，既有良好的选择性，又有高的柱效。图 6-23 中 (a) 和 (c) 的相对保留值相同，即它们的选择性因子是一样的，但分离情况却截然不同。

　　由此可见，单独用柱效或选择性不能真实反映组分在柱中的分离情况，所以需引入一个色谱柱的总分离效能指标——分离度 (R)，又称分辨率，被定义为相邻两组分的色谱峰保留值之差与峰底宽总和一半的比值。R 既是反映柱效率又是反映选择性的综合性指标。其计算公式如下：

$$R = \frac{t_{R_2} - t_{R_1}}{\frac{1}{2}(W_1 + W_2)} = \frac{2(t_{R_2} - t_{R_1})}{W_1 + W_2} \tag{6-18}$$

　　R 值越大，表明两组分的分离程度越高，$R = 1.0$ 时，分离程度可达 98%，$R < 1.0$ 时两峰有部分重叠，$R = 1.5$ 时，分离程度达到 99.7%。所以，通常用 $R = 1.5$ 作为相邻两色谱峰完全分离的指标。

五、基本色谱分离方程

　　分离度表达式(6-18) 并没有反映影响它的诸多因素。实际上 R 受柱效 n、选择因子 α 和容量因子 k 3 个参数的控制。对于难分离物质对，由于它们的分配比差别小，可合理地假设 $k_1 \approx k_2 = k$，$W_1 \approx W_2 = W$。由 $n = 16 \times \left(\dfrac{t_R}{W}\right)^2$ 得：

$$\frac{1}{W} = \frac{\sqrt{n}}{4} \times \frac{1}{t_R} \tag{6-19}$$

分离度 R 为：

$$R = \frac{\sqrt{n}}{4}\left(\frac{\alpha - 1}{\alpha}\right)\left(\frac{k}{k+1}\right) \tag{6-20}$$

该式即为基本色谱分离方程。

　　实际应用中，往往用有效理论塔板数 $n_{有效}$ 代替 n，有：

$$n = n_{有效}\left(\frac{k}{k+1}\right)^2 \tag{6-21}$$

将式(6-21) 代入式(6-20)，可得到基本色谱分离方程式：

$$R=\frac{\sqrt{n_{有效}}}{4}\left(\frac{\alpha-1}{\alpha}\right) \tag{6-22}$$

或

$$n_{有效}=16R^2\left(\frac{\alpha}{\alpha-1}\right)^2 \tag{6-23}$$

1. 分离度与柱效的关系

由式(6-22)可以看出，具有一定相对保留值 α 的物质对，分离度直接和有效塔板数有关，说明有效塔板数能正确地代表柱效能。由式(6-20)说明分离度与理论塔板数的关系还受热力学性质的影响。当固定相确定，被分离物质对的 α 确定后，分离度将取决于 n。这时，对于一定理论板高的柱子，分离度的平方与柱长呈正比，即：

$$\left(\frac{R_1}{R_2}\right)^2=\frac{n_1}{n_2}=\frac{L_1}{L_2} \tag{6-24}$$

说明用较长的色谱柱可以提高分离度，但延长了分析时间。因此，提高分离度的好方法是制备出一根性能优良的柱子，通过降低板高，以提高分离度。

2. 分离度与选择因子的关系

由基本色谱方程式判断，当 $\alpha=1$ 时，$R=0$。这时，无论怎样提高柱效也无法使两组分分离。显然，α 大，选择性好。研究证明 α 的微小变化，就能引起分离度的显著变化。一般通过改变固定相和流动相的性质和组成或降低柱温，可有效增大 α 值。

3. 分离度与容量因子的关系

根据式(6-20)，增大 k 可以适当增加分离度 R，但这种增加是有限的，当 $k>10$ 时，随容量因子增大，分离度 R 增加是非常少的。k 通常控制在 $2\sim10$ 为宜。对气相色谱，通过提高柱温选择合适的 k 值，可改善分离度。对液相色谱，改变流动相的组成比例，就能有效地控制 k 值。

在实际工作中，基本分离方程是很有用的公式，它将柱效、选择因子、分离度三者关系联系起来，知道了其中两个指标，就可算出第三个指标。

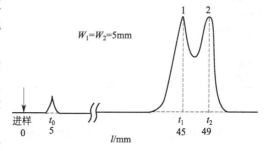

图 6-24　组分 1、2 的色谱图

【**例 6-1**】　有一根 1.5m 长的柱子，分离组分 1 和 2，得到如图 6-24 所示的色谱图。

(1) 求此两种组分在该色谱柱上的分离度和该色谱柱的有效塔板数。

(2) 如要使 1、2 完全分离，色谱柱应该要加到多长？

解　(1) 根据式(6-5)，先求出组分 2 对组分 1 的相对保留值 $\gamma_{2,1}$（即 α 值）

$$\alpha=\gamma_{2,1}=\frac{t'_{R_2}}{t'_{R_1}}=\frac{49-5}{45-5}=1.1$$

根据式(6-18)，求出分离度：$R=\frac{2(t_{R_2}-t_{R_1})}{W_1+W_2}=\frac{2\times(49-45)}{5+5}=0.8$

根据式(6-11)求有效塔板数：$n_{有效}=16\times\left(\frac{t'_{R_2}}{W}\right)^2=16\times\left(\frac{49-5}{5}\right)^2=1239$

(2) 根据式(6-12)求该柱有效塔板高度：$H_{有效}=\frac{L}{n_{有效}}=\frac{1.5}{1239}=1.21\times10^{-3}$（m）

完全分离的条件是分离度 $R=1.5$

根据式(6-23)求此时色谱柱的有效塔板数：

$$n_{有效} = 16R^2 \left(\frac{\alpha}{\alpha-1}\right)^2 = 16 \times 1.5^2 \times \left(\frac{1.1}{1.1-1}\right)^2 = 4356$$

要使有效塔板数为 4356 块，柱长 $L = n_{有效} H_{有效} = 4356 \times 1.21 \times 10^{-3} = 5.27$（m）

第三节　气相色谱的固定相

气相色谱根据使用的固定相状态不同可分为气固色谱和气液色谱。气固色谱固定相为吸附剂，分离对象主要是一些在常温常压下为气体和低沸点的化合物；气液色谱是用高沸点的有机化合物涂渍在载体上作为固定相，由于可供选择的固定液种类很多，故选择性较好，应用广泛。某一多组分混合物中各组分能否完全分开，主要取决于色谱柱的效能和选择性，后者在很大程度上取决于固定相选择得是否适当，因此，固定相的性质对分离起着关键的作用。

一、固体固定相

固体固定相一般采用固体吸附剂，主要用于分离和分析永久性气体及气态烃类物质。常用的固体吸附剂主要有强极性的硅胶、弱极性的氧化铝、非极性的活性炭和具有特殊吸附作用的分子筛，根据它们对各种气体的吸附能力的不同来选择最合适的吸附剂。常用的吸附剂及其一般用途见表 6-3 所列。

表 6-3　气固色谱常用的几种吸附剂及其性能

吸附剂	主要化学成分	最高使用温度/℃	性质	分离特征
活性炭	C	<300	非极性	永久性气体、低沸点烃类
石墨化炭黑	C	>500	非极性	主要分离气体及烃类
硅胶	$SiO_2 \cdot x H_2O$	<400	极性	永久性气体及低级烃
氧化铝	Al_2O_3	<400	弱极性	烃类及有机异构物
分子筛	$x(MO) \cdot y(Al_2O_3) \cdot z(SiO_2) \cdot n H_2O$	<400	极性	特别适宜分离永久气体

二、液体固定相

液体固定相由载体（担体）和固定液组成，是气相色谱中应用最广泛的固定相。

1. 载体

载体是固定液的支持骨架，是一种多孔性的、化学惰性的固体颗粒，固定液可在其表面上形成一层薄而均匀的液膜，以加大与流动相接触的表面积。

（1）载体种类及性能　载体大致可分为两大类，即硅藻土类和非硅藻土类。气液色谱一般选用硅藻土载体，按其制造方法的不同，分为红色载体和白色载体。

红色载体因含少量氧化铁颗粒呈红色而得名，如 201、202、6201、C-22 火砖和 Chromosorb P 型载体等。红色载体的机械强度大，孔穴密集、孔径小（约 $2\mu m$），比表面积大（约 $4m^2/g$），但表面存在吸附活性中心，对极性化合物有较强的吸附性和催化活性，如烃类、醇、胺、酸等极性物质会因吸附而产生严重拖尾。因此，红色载体适用于涂渍非极性固定液，分离非极性和弱极性化合物。

白色载体是天然硅藻土在煅烧时加入少量碳酸钠之类的助熔剂，使氧化铁转变为白色的铁硅酸钠而得名，如 101、102、Chromosorb W 等型号的载体。白色载体的比表面积小（$1m^2/$g），孔径较大（$8\sim9\mu m$）催化活性小，所以适于涂渍极性固定液，分离极性化合物。

（2）硅藻土载体的预处理 普通硅藻土载体的表面并非惰性，而是具有硅醇基（—Si—OH），并有少量金属氧化物，如氧化铝、氧化铁等。因此，在它的表面上既有吸附活性，又有催化活性，会造成色谱峰的拖尾。因此，使用前要对硅藻土载体表面进行化学处理，以改进孔隙结构，屏蔽活性中心。处理方法有以下几种。

① 酸洗、碱洗。用浓盐酸、氢氧化钾的甲醇溶液分别浸泡，以除去铁等金属氧化物杂质及表面的氧化铝等酸性作用点。

② 硅烷化。用硅烷化试剂与担体表面的硅醇、硅醚基团反应，以消除担体表面的氢键结合能力。常用的硅烷化试剂的二甲氧基二氯硅烷和六甲基二硅烷胺。

2. 固定液

固定液一般为高沸点的有机物，均匀地涂在载体表面，呈液膜状态。

（1）对固定液的要求 气相色谱中的固定液是高沸点有机物，它涂布在载体表面，理想的固定液应满足下列要求。

对被测组分化学惰性；热稳定性好，在操作温度下固定液的蒸气压很低，不应超过13.3Pa，超过此限度，固定液易流失；对不同的物质具有较高的选择性；黏度小、凝固点低，使其对载体表面具有良好浸润性，易涂布均匀；对试样中各组分有适当的溶解能力。

（2）固定液的分类 固定液种类众多，其组成、性质和用途各不相同。主要依据固定液的极性和化学类型来进行分类。固定液的极性可用相对极性（P）来表示。

相对极性的确定方法如下：规定非极性固定液角鲨烷的极性 $P=0$，强极性固定液 β,β'-氧二丙腈的极性 $P=100$。其他固定液以此为标准通过实验测出它们的相对极性均在0～100之间。通常将相对极性值分为五级，每20个相对单位为一级，相对极性在0～+1间的为非极性固定液（亦可用"−1"表示非极性）；+2为弱极性固定液；+3为中等极性固定液；+4、+5为强极性固定液。表6-4列出了常用的12种固定液。这12种固定液的极性均匀递增，可作为色谱分离的优选固定液。

表 6-4 12 种固定液

固定液名称	型号	相对极性	最高使用温度/℃	溶剂	分 析 对 象
角鲨烷	SQ	−1	150	乙醚、甲苯	气态烃、轻馏分液态烃
甲基硅油或甲基硅橡胶	SE-30 OV-101	+1	350 200	氯仿、甲苯	各种高沸点化合物
苯基(10%)甲基聚硅氧烷	OV-3	+1	350	丙酮、苯	各种高沸点化合物、对芳香族和极性化合物保留值增大 OV-17+QF-1 可分析含氯农药
苯基(25%)甲基聚硅氧烷	OV-7	+2	300	丙酮、苯	
苯基(50%)甲基聚硅氧烷	OV-17	+2	300	丙酮、苯	
苯基(60%)甲基聚硅氧烷	OV-22	+2	300	丙酮、苯	
三氟丙基(50%)甲基聚硅氧烷	QF-1 OV-210	+3	250	氯仿、二氯甲烷	含卤化合物、金属螯合物、甾类
β-氰乙基(25%)甲基聚硅氧烷	XE-60	+3	275	氯仿、二氯甲烷	苯酚、酚醚、芳胺、生物碱、甾类
聚乙二醇	PEG-20M	+4	225	丙酮、氯仿	选择性保留分离含 O、N 官能团及 O、N 杂环化合物
聚己二酸二乙二醇酯	DEGA	+4	250	丙酮、氯仿	分离 C_1～C_{24} 脂肪酸甲酯，甲酚异构体
聚丁二酸二乙二醇酯	DEGS	+4	220	丙酮、氯仿	分离饱和及不饱和脂肪酸酯，苯二甲酸酯异构体
1,2,3-三(2-氰乙氧基)丙烷	TCEP	+5	175	氯仿、甲醇	选择性保留低级含 O 化合物，伯、仲胺，不饱和烃、环烷烃等

（3）固定液的选择　一般可按"相似相溶"原则来选择固定液。此时分子间的作用力强，选择性高，分离效果好。具体可从以下几个方面进行考虑。

① 分离非极性物质，一般选用非极性固定液。此时试样中各组分按沸点次序流出，沸点低的先流出，沸点高的后流出。如果非极性混合物中含有极性组分，当沸点相近时，极性组分先出峰。

② 分离极性物质，则宜选用极性固定液。试样中各组分按极性由小到大的次序流出。

③ 对于非极性和极性的混合物的分离，一般选用极性固定液。这时非极性组分先流出，极性组分后流出。

④ 能形成氢键的试样，如醇、酚、胺和水等，则应选用氢键型固定液，如腈醚和多元醇固定液等，此时各组分将按与固定液形成氢键能力的大小顺序流出。

⑤ 对于复杂组分，一般首先在不同极性的固定液上进行实验，观察未知物色谱图的分离情况，然后在12种常用固定液中，选择合适极性的固定液。

三、合成固定相

合成固定相又称聚合物固定相，包括高分子多孔微球和键合固定相。其中键合固定相多用于液相色谱。高分子多孔微球是一种合成的有机固定相，可分为极性和非极性两种。非极性聚合固定相由苯乙烯和二乙烯苯共聚而成，如我国的 GDX-1 型和 GDX-2 型以及国外的 Chromosorb 系列等。极性聚合固定相是在苯乙烯和二乙烯苯聚合时引入不同极性的基团，即可得到不同极性的聚合物，如我国的 GDX-3 型和 GDX-4 型和国外的 Porapak N 等。表 6-5 列出了一些国内高分子多孔微球性能比较。

聚合物固定相既是载体又起固定液作用，可活化后直接用于分离，也可作为载体在其表面涂渍固定液后再用。一般来说这类固定相的颗粒是均匀的圆球，所以色谱柱容易填充均匀，其数据重现性好。由于无液膜存在，所以没有流失问题，有利于程序升温，用于沸点范围宽的试样的分离。这类高分子多孔微球的比表面和机械强度较大且耐腐蚀，其最高使用温度为 270℃，特别适用于有机物中痕量水的分析，也可用于多元醇、脂肪酸、腈类和胺类的分析。

表 6-5　高分子多孔微球性能比较

型号	化 学 组 成	极性	温度上限/℃	分 离 特 征
GDX-101	二乙烯苯交联共聚	非极性	270	气体及低沸点化合物
GDX-201	二乙烯苯交联共聚	非极性	270	高沸点化合物
GDX-301	二乙烯苯、三氯乙烯共聚	弱极性	250	乙炔、氯化氢
GDX-401	二乙烯苯、含氮杂环共聚	中极性	250	氯化氢中微量水
GDX-501	二乙烯苯、含氮氮、极性有机物共聚	中强极性	270	C_4 烯烃异构体
GDX-601	含强极性基团的二乙烯苯共聚	强极性	200	分析环己烷、苯

第四节　分离操作条件的选择

在气相色谱分析中，除了要选择合适的固定相之外还要选择分离的最佳操作条件，以提高柱效能，增大分离度，满足分离需要。

一、载气及其线速的选择

根据范第姆特方程式，当载气流速较小时，纵向扩散 B 为影响色谱柱塔板高度的主要因素，为了降低纵向扩散可采用分子量较大的 N_2 或 Ar 作载气。在流速较高时，应采用分子量小的 H_2 或 He，有利于降低气相传质阻力，尤其在低固定液配比时，气相传质阻力对板高的影响较大。

同时，载气的选择还必须考虑检测器的适应性。TCD 常用 H_2、He 作载气，可获得较高的检测灵敏度；FID 和 FPD 常用 N_2 作载气（H_2 作燃烧气，空气作助燃气）；ECD 常用 N_2 作载气。

其次，应考虑载气流速的大小。根据范第姆特方程式可以看出，分子扩散项与载气流速成反比，而传质阻力与载气流速成正比，所以必然有一最佳流速使板高 H 最小，柱效最高。最佳流速一般是通过实验来选择。其方法是：选择好色谱柱和柱温后，固定其他实验条件，依次改变载气流速，将一定量待测组分纯物质注入色谱仪。出峰后，分别测出在不同载气流速下，该组分的保留时间和峰底宽。利用式（6-11），计算出不同流速下的有效理论塔板数 $n_{有效}$ 值，并由 $H=L/n$ 求出相应的有效塔板高度。以载气流速为横坐标，板高 H 为纵坐标，绘制出 H-u 曲线（如图 6-22 所示）。图中曲线最低点处对应的塔板高度最小，因此对应载气的最佳线速 u_{opt}，在最佳线速度下可获得最高柱效。实际上，若选用最佳流速，柱效固然最高，但分析时间较长。为加快分析速度，一般采用稍高（比最佳流速高 10% 左右）于最佳流速的载气流速。对一般色谱柱（内径 3～4mm）常用流速为 20～100mL/min，而对于毛细管柱（内径 0.25mm），通常用的载气流速为 1～2mL/min。

二、柱温的选择

柱温是一个重要的色谱操作参数。它直接影响分离效能和分析速度。降低柱温可使色谱柱的选择性增大；升高柱温可以缩短分析时间，并且可以改善气相和液相的传质速率，有利于提高柱效能，但柱温不能高于色谱柱的最高使用温度，否则会造成固定液大量流失。所以这两方面的情况均要考虑到。在实际工作中，一般根据试样的沸点来选择柱温。

对于宽沸程的多组分混合物，可采用程序升温法，即在分析过程中按一定的速度提高柱温，在程序开始时，柱温很低，低沸点的组分得以分离，中沸点的组分移动很慢，高沸点的组分则停留在柱口附近。随着柱温的升高，中沸点和高沸点的组分也依次得以分离。

程序升温能兼顾高、低沸点组分的分离效果和分析时间，使不同沸点的组分由低沸点到高沸点依次分离出来，从而达到用最短的时间获得最佳的分离效果的目的。

程序升温的起始温度、维持起始温度的时间、升温速率、最终温度和维持最终温度的时间通常都要经过反复实验加以选择。起始温度要足够低，以保证混合物中的低沸点组分能够得到满意的分离。对于含有一组低沸点组分的混合物，起始温度还需维持一定的时间，使低沸点组分之间分离良好。如果峰与峰之间靠得很近，则应选择低的升温速率。图 6-25 为恒

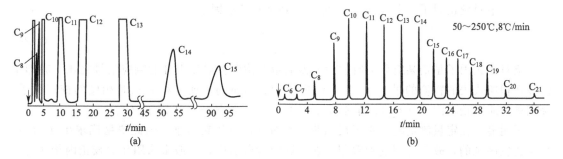

图 6-25　恒温色谱（a）和程序升温色谱（b）分离直链烷烃的比较

温色谱和程序升温色谱分离直链烷烃的比较。

从图可以看出，采用程序升温后不仅可以改善分离，而且可以缩短分离时间，得到的峰形也比较理想。

三、进样量和进样时间

进样量与柱容量、固定液配比和检测器的线性范围等因素有关。在实际分析中，最大允许进样量应控制在使半峰宽基本不变，而峰高与进样量呈线性关系的范围内。进样量太多时，柱效会下降，使分离不好；进样量太小，检测器又不易检测而使分析误差增大。一般液体试样的进样量控制在 $0.1\sim10\mu L$，气体试样的进样量控制在 $0.1\sim10mL$。

进样速度必须快，若进样时间太长，试样原始宽度将变大，会导致色谱峰扩展甚至峰变形。一般来说，进样时间应在 1s 之内。

第五节 气相色谱的定性和定量分析

色谱法是分离复杂混合物的重要方法，同时还能将分离后的物质直接进行定性分析和定量分析。

一、定性分析

色谱定性分析的任务是确定色谱图上每一个峰所代表的物质。在色谱条件一定时，任何一种物质都有确定的保留时间。因此，在相同色谱条件下，通过比较已知物和未知物的保留值，即可确定未知物是何种物质。但是不同的物质在同一色谱条件下，可能具有相似或相同的保留值，即保留值并非专属的。一般来说，色谱法是分离复杂混合物的有效工具，如果将色谱与质谱或其他光谱法联用，则是目前解决复杂混合物中未知物定性分析的最有效的技术。

二、定量分析

在一定的色谱条件下，组分 i 的质量（m_i）或其在流动相中的浓度，与检测器响应信号（峰面积 A_i 或峰高 h_i）呈正比：

$$m_i = f_i' A_i \tag{6-25}$$

1. 峰面积的测量

测量峰面积的方法分为手工测量和自动测量两大类。目前气相色谱仪一般都装有数据处理机或配备了化学工作站系统，其峰面积由数据处理机或化学工作站自动计算。峰面积的大小不易受操作条件如柱温、流动相的流速、进样速度等的影响，比峰高更适于定量的依据。

2. 定量校正因子

（1）绝对校正因子 由式(6-25)可以得到绝对校正因子：

$$f_i' = \frac{m_i}{A_i} \tag{6-26}$$

绝对校正因子是指某组分 i 通过检测器的量与检测器对该组分的响应信号之比，亦即单位峰面积所代表的物质的量。m_i 的单位用质量、物质的量或体积表示时相应的校正因子，分别称为质量校正因子（f_m）、摩尔校正因子（f_M）和体积校正因子（f_V）。

很明显，在定量测定时，由于精确测定绝对进样量比较困难，因此要精确求出 f_i' 值往往是比较困难的，故其应用受到限制。在实际定量分析中，一般常采用相对校正因子 f_i。

（2）相对校正因子 相对校正因子是指组分 i 与基准组分 s 的绝对校正因子之比，即：

$$f_i = \frac{f_i'}{f_s'} = \frac{A_s m_i}{A_i m_s} \tag{6-27}$$

式中 f_i——组分 i 的相对校正因子;

f_s'——基准组分 s 的绝对校正因子。

由于绝对校正因子很少使用,因此,一般文献上提到的校正因子,就是相对校正因子。相对校正因子只与检测器类型有关,而与色谱操作条件、柱温、载气流速和固定液的性质等无关。表 6-6 列出了一些化合物的相对校正因子。

表 6-6 一些化合物的相对校正因子

化 合 物	沸点/℃	相对分子质量	热导池检测器		氢焰检测器
			f_M	f_m	f_m
甲烷	−160	16	2.80	0.45	1.03
乙烷	−89	30	1.96	0.59	1.03
丙烷	−42	44	1.55	0.68	1.02
丁烷	−0.5	58	1.18	0.68	0.91
乙烯	−104	28	2.08	0.59	0.98
丙烯	−48	42	1.55	0.63	
乙炔	−83.6	26			0.94
苯	80	78	1.00	0.78	0.89
甲苯	110	92	0.86	0.79	0.94
环己烷	81	84	0.88	0.74	0.99
甲醇	65	32	1.82	0.58	4.35
乙醇	78	46	1.39	0.64	2.18
丙酮	56	58	1.16	0.68	2.04
乙醛	21	44	1.54	0.68	
乙醚	35	74	0.91	0.67	
甲酸	100.7	46.03			1.00
乙酸	118.2	60.05			4.17
乙酸乙酯	77	88	0.9	0.79	2.64
氯仿		119	0.93	1.10	
吡啶	115	79	1.0	0.79	
氨	33	17	2.38	0.42	
氮		28	2.38	0.67	
氧		32	2.5	0.80	
CO_2		44	2.08	0.92	
CCl_4		154	0.93	1.43	
水	100	18	3.03	0.55	

如果某些物质的校正因子查不到,需要自己测定,方法是:准确称量被测组分和标准物质,混合后,在实验条件下进样分析(进样量应在线性范围内),分别测定相应的峰面积,由相应的公式计算校正因子。

3. 定量方法

色谱法一般采用归一化法、内标法和外标法进行定量分析。

（1）归一化法 归一化法是色谱法中常用的定量方法。只有当样品中所有组分经过色谱分离后均能产生可以测量的色谱峰时才能采用归一化法定量。归一化法简单准确，不必称量和准确进样，操作条件如进样量、载气流速等变化时对结果影响较小，但该法不适于痕量分析。

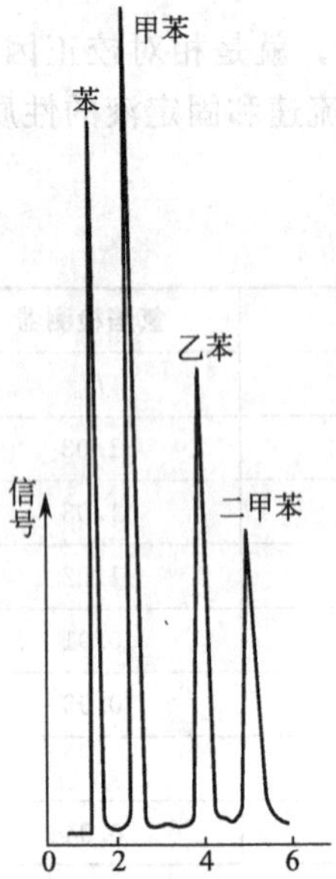

该方法是将试样中所有组分的含量之和按100%计算，以它们相应的色谱峰面积或峰高为定量参数，通过下列公式计算各组分的质量分数：

$$w_i = \frac{A_i f_i}{\sum\limits_{i=1}^{n} A_i f_i} \times 100\% \qquad (6-28)$$

对于较狭窄的色谱峰或峰宽基本相同的色谱峰，可用峰高代替面积进行归一化定量。这种方法简便易行，但此时 f_i 应是峰高校正因子。

当各组分的 f_i 相同时，式（6-28）可简化为：

$$w_i = \frac{A_i}{\sum\limits_{i=1}^{n} A_i} \times 100\% \qquad (6-29)$$

图 6-26 苯系混合物色谱图

【例 6-2】 用归一化法分析苯、甲苯、乙苯和二甲苯混合物中各组分的含量，在一定色谱条件下得到色谱图，如图 6-26 所示。测得各组分的峰高及峰高校正因子见下表。试计算试样中各组分的含量。

组　分	苯	甲苯	乙苯	二甲苯
h/mm	103.8	119.0	66.8	44.0
峰高校正因子 f_i	1.00	1.99	4.16	5.21

解 利用式（6-28），将峰高代替峰面积，用峰高归一化法定量

$$w_i = \frac{h_i f_i}{\sum\limits_{i=1}^{n} h_i f_i} \times 100\%$$

$$w_{苯} = \frac{103.8 \times 1.00}{103.8 \times 1.00 + 119.1 \times 1.99 + 66.8 \times 4.16 + 44.0 \times 5.21} \times 100\%$$
$$= \frac{103.8}{848} \times 100\% = 12.2\%$$

$$w_{甲苯} = \frac{119.1 \times 1.99}{848} \times 100\% = 27.9\%$$

$$w_{乙苯} = \frac{66.8 \times 4.16}{848} \times 100\% = 32.8\%$$

$$w_{二甲苯} = \frac{44.0 \times 5.21}{848} \times 100\% = 27.0\%$$

（2）内标法 当只需测定试样中某几个组分，或试样中所有组分不可能全部出峰时，可采用内标法。方法是：选择一种与样品性质相近的纯物质作为内标物，加入到已知质量的样

品中,然后进行色谱分析,测量样品中被测物和内标物的峰面积。根据内标法的校正原理,可写出下式:

$$\frac{A_i}{A_s} = \frac{f_s}{f_i} \times \frac{m_i}{m_s}$$

则

$$m_i = \frac{A_i f_i}{A_s f_s} m_s \tag{6-30}$$

所以

$$w_i = \frac{m_i}{m} \times 100\% = \frac{A_i f_i}{A_s f_s} \times \frac{m_s}{m} \times 100\% \tag{6-31}$$

式中 m_s, m——内标物质量和试样质量(注意:m 中不包括 m_s);

A_i, A_s——被测组分和内标物的峰面积;

f_i, f_s——被测组分和内标物的相对质量校正因子。

在实际工作中,一般以内标物作为基准物质,即 $f_s = 1$,此时含量计算式可简化为:

$$w_i = \frac{A_i}{A_s} \times \frac{m_s}{m} \times f_i \times 100\% \tag{6-32}$$

选择内标物时,它应是样品中不存在的纯物质;内标峰位于被测组分峰附近并与组分峰完全分离;内标物性质与样品中被测组分相近并能与样品互溶;内标物浓度应恰当,其峰面积与待测组分相差不大。

【例 6-3】 用气相色谱法测定试样中一氯乙烷、二氯乙烷和三氯乙烷的含量。采用甲苯作内标物,称取 2.880g 试样,加入 0.2400g 甲苯,混合均匀后进样,测得其校正因子和峰面积如下表所列,试计算各组分的含量。

组　　分	甲苯	一氯甲烷	二氯甲烷	三氯甲烷
f_{is}	1.00	1.15	1.47	1.65
A/cm^2	2.16	1.48	2.34	2.64

解 按照式(6-32)可得:

$$w_i = \frac{A_i}{A_s} \times \frac{m_s}{m} \times f_{is} \times 100\% = A_i f_{is} \times \frac{m_s}{A_s m} \times 100\%$$

$$w_{一氯乙烷} = 1.15 \times 1.48 \times \frac{0.2400}{2.16 \times 2.880} \times 100\% = 6.57\%$$

$$w_{二氯乙烷} = 1.47 \times 2.34 \times \frac{0.2400}{2.16 \times 2.880} \times 100\% = 13.27\%$$

$$w_{三氯乙烷} = 1.65 \times 2.64 \times \frac{0.2400}{2.16 \times 2.880} \times 100\% = 16.80\%$$

(3) 外标法 外标法是所有定量分析中最通用的一种方法,也叫标准曲线法。方法是:把待测组分的纯物质配成不同浓度的标准系列,在一定操作条件下分别向色谱柱中注入相同体积的标准样品,测得各峰的峰面积,绘制 A-c 的标准曲线。在相同的条件下注入相同体积的待测样品,根据峰面积从标准曲线上查得含量。

在被测试样组分浓度变化范围不大时,可不必绘制标准曲线,而用单点校正法测定。即配制一个与被测组分含量相近的标准溶液,定量进样,被测组分的质量分数为:

$$w_i = \frac{A_i}{A_s} w_s \tag{6-33}$$

式中　A_i，A_s——分别为被测组分和标准物的峰面积；

w_s——标准物的质量分数。

也可以用峰高代替峰面积进行计算。

外标法的优点是操作简便，不需要校正因子，但进样量要求十分准确，适于日常控制分析和大量同类样品分析。其结果的准确度取决于进样量的重现性和操作条件的稳定性。

第六节　气相色谱仪的日常维护

在气相色谱的使用过程中常会涉及进样垫、衬管和色谱柱的更换和安装，检测器的维护等过程。

一、进样口的维护

经过多次进样分析之后，样品的污染、进样垫的碎屑、没有气化的高沸点化合物等，可能残留在进样器内部或玻璃衬管上，造成基流增大和出开叉峰的原因。为避免这种情况的出现，应该经常对过渡接头、玻璃衬管及进样器内部进行检查，必须时需进行清洗。

1. 进样垫的更换

一般可在进样 30 次后进行。使用的注射针的粗细或进样垫自身的材质不一样，对进样垫的耐用程度有影响，因此，该次数仅供参考。使用中间有导入孔的低流失进样垫、锥形针头可有效延长进样垫的寿命。更换进样垫按如下步骤进行。

① 将进样垫的固定螺帽逆时针方向转动，取下固定螺帽，再取出旧的进样垫。

② 从容器中取出新的进样垫（尽量用工具），并安装到进样垫安装孔内。

③ 盖上进样垫固定螺帽，顺时针方向"手紧"。固定螺帽如果太松，会引起进样垫处泄漏；但如果拧得太紧会使进样垫失去弹性，进样后针孔处容易造成泄漏。

2. 衬管的更换

一般在进样 30 次后可对衬管的污染情况进行检查，如果污染严重时，应进行清洗或更换，方法如下所述。

① 用工具拧下衬管上方的金属帽，用镊子取出衬管。

② 用压缩空气将玻璃衬管及过渡接头内侧的碎屑吹掉。

③ 使用装有纯水、有机溶剂（酒精、丙酮等）的超声波清洗器，对玻璃衬管和过渡接头进行清洗。

④ 用干净的乙醚冲洗衬管及过渡接头上的有机溶剂，并在室温下干燥。

⑤ 放入柱箱、烘箱等干燥设备中，设置 200℃，干燥 1h。如果把干燥不充分的玻璃衬管及过渡接头装入进样器，可能造成基流太大，同时会污染进样器内部。如果衬管严重污染，一般建议更换新的衬管，避免清洗衬管因不彻底而使色谱峰出现新的问题。

二、色谱柱的维护

在色谱分析中，要使用不同柱子分离样品时、毛细管柱的柱头严重污染需要截断时、将柱子连接到不同进样口和检测器，都会涉及柱子的安装。更换填充柱相对简单，选择好合适的石墨密封垫就可进行操作，但安装填充柱因使用的规格不同时要使用过渡接头，如直径 3mm、4mm 不锈钢柱。下面主要介绍石英毛细管柱的安装方法。

① 将螺母和合适的密封垫装在色谱柱上，并将色谱柱两端要小心切平。

② 固定好柱末端露出密封垫的距离（参考该色谱厂家要求），将色谱柱正确插入进样口

后，用手把连接螺母拧上，拧紧后（用手拧不动了）用扳手再多拧 1/4～1/2 圈，保证安装的密封程度。

③ 接通载气，将色谱柱的出口端插入装有己烷的样品瓶中，正常情况下，可以看见瓶中稳定持续的气泡。

④ 将色谱柱连接于检测器上，方法与色谱柱与进样口连接大致相同，只不过是应将毛细管柱伸到检测器的顶部并拉下 1～2mm。

⑤ 安装好色谱柱后要进行检漏。

如果是新的色谱柱，还要进行色谱柱的老化，但老化时最高温度不能超过柱子的最高使用温度，否则会造成固定相的大量流失。为了安全，老化柱子时不要用氢气作载气！

另外如果色谱柱长期不用，可拆下色谱柱，填充柱可用螺帽封住两端，毛细管柱端插入废旧进样垫中密封；色谱仪关机前应将柱温箱温度降到50℃下。

三、检测器的维护

1. TCD 检测器的维护

TCD 检测器的维护应是从延长热丝的寿命方面进行。

① 尽量采用高纯气源，如果载气中有氧气，则会永久性损伤热丝。

② 热丝接通电源前，用载气或尾吹气吹扫检测器 10～15min。

③ 实验时桥电流应逐步加大，并且不要超过额定值。在保证分析灵敏度的情况下，应尽量使用低的桥电流以延长热丝寿命。载气用 N_2 时桥电流小于150mA，用 H_2 时小于270mA。

④ TCD 检测器被污染后可进行热清洗（烘烤）和溶剂清洗。需注意的是：进行热清洗时，检测器中如果漏进大量空气，将损坏热丝！

2. FID 检测器的维护

由于 H_2 在燃烧时会产生水，所以 FID 检测器的温度应不低于100℃，以免冷凝。这种冷凝在有含氯溶剂存在时，会引起检测器的腐蚀并使检测器灵敏度下降。在长期使用 FID 后，在检测器的喷嘴处如果发生了堵塞，此时应清洗喷嘴，方法如下。

① 拆下 FID 喷嘴，用压缩空气吹掉喷嘴内碎屑，或用细金属丝从顶部穿入，并插入拉出数次，直至金属丝可光滑移动。要小心不要在喷嘴处造成划痕！

② 在超声波清洗器中装入丙酮、甲醇等溶剂，将喷嘴置于其中，超声5min，并在室温下干燥。

③ 放入柱箱中，设置200℃，干燥1h。

第七节　气相色谱法应用和实验技术

一、气相色谱法的应用

气相色谱法法效率高、分析速度快、操作方便、结果准确，一般地说，只要沸点在500℃以下，热稳定性好，相对分子质量在 400 以下的物质，原则上都可采用气相色谱法。因此它在石油化工、医药、食品、环境等领域有着广泛的应用。

1. 气相色谱在石油化工中的应用

石油产品包括各种气态烃类物质、汽油、柴油、重油和石蜡等。碳氢化合物的分析是气相色谱用得最多、也是最为成熟的一个应用领域，其背景是对低沸点烃如汽油的分析。图6-27 是采用 Al_2O_3/KCl PLOT 柱分离 $C_1～C_5$ 烃的色谱图。

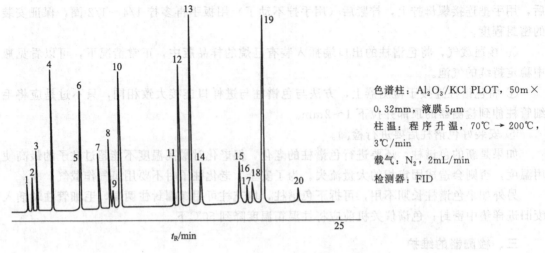

色谱柱：Al_2O_3/KCl PLOT，50m× 0.32mm，液膜 5μm

柱温：程序升温，70℃ → 200℃， 3℃/min

载气：N_2，2mL/min

检测器：FID

图 6-27 分离 C_1～C_5 烃类物质的色谱图

1—甲烷；2—乙烷；3—乙烯；4—丙烷；5—环丙烷；6—丙烯；7—乙炔；8—异丁烷；9—丙二烯；10—正丁烷；

11—反-2-丁烯；12—1-丁烯；13—异丁烯；14—顺-2-丁烯；15—异戊烷；16—1,2-丁二烯；17—丙炔；

18—正戊烷；19—1,3-丁二烯；20—3-甲基-1-丁烯

2. 气相色谱在食品分析中的应用

食品安全越来越被人们重视，气相色谱法可用于测定食品中的各种组分、添加剂及食品中的污染物，尤其是农药残留量、有害色素等。图 6-28 为牛奶中有机氯农药的色谱图。

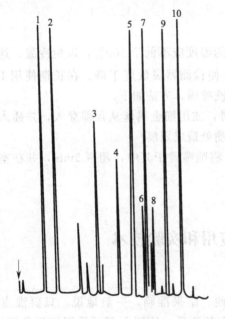

色谱柱：SE-30，25m×0.32mm，液膜 0.15μm

柱温：程序升温，40℃→140℃，20℃/min→220℃，3℃/min

载气：H_2，2mL/min

检测器：ECD

图 6-28 牛奶中有机氯农药的色谱图

1—六氯苯；2—林丹；3—艾氏剂；4—环氧七氯；5—p'-滴滴伊；6—狄氏剂；

7—p,p'-滴滴伊；8—异艾氏剂；9—o,p'-滴滴涕；10—p,p'-滴滴涕

利用气相色谱法分析对食品生产具有指导意义。白酒原来是靠品尝和常规化学分析成品酒中的总酸、总酯、杂醇油、甲醇等来衡量酒质的好坏，但实际上醇、酸、酯总量并不能完全反映酒的品质。采用毛细管气相色谱法对酒样进行分析，得到酒中各微量成分的定量数

据，明确了哪些成分对香味影响较大，哪些对口感影响较大，使勾对人员基本掌握各单体酒微量成分组成并根据这些可靠数据，结合其风格特征，进行组合、调香、调味，合理勾对。

　　3. 气相色谱在环境分析中的应用

　　环境是人类生存的物质基础。凡是与人类生存生活有关的样品都可称为环境样品，它包括大气、烟尘、各种工业废气、自然界的各种水质（江河湖海及地下水、地表水等）、各种工业废水和城市污水、土壤等。环境污染也是当前人们非常关心的事情，现代环境污染的重点是有机物污染，因此气相色谱在环境分析中起着非常重要的作用。图 6-29 是废水中卤代烃的色谱图。

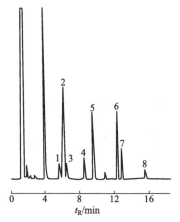

色谱柱：DB-624，30m×0.55mm

柱温：45℃→120℃，10℃/min

载气：He

检测器：ECD

图 6-29　废水中卤代烃的色谱图

1—氯仿；2—1,1,1-三氯乙烷；3—四氯化碳；4—三氯乙烯；5—二氯溴甲烷；6—四氯乙烯；7——氯二溴甲烷；8—溴仿

　　二噁英是国际环境组织首批公布的 12 种持久性有机污染物中毒性最强、对生态环境影响最大的一类化合物，它们广泛存在于全球环境介质中，不仅对人类具有致癌性，还会降低人体免疫力。苯氧乙酸除草剂生产过程中的副产物氯代二苯并噁英（PCDDs）和氯代二苯并呋喃（PCDFs）是危害很广的环境污染物，特别是其中的 2,3,7,8-四氯二苯并噁英（2,3,7,8-TC-DD）具有强烈的致畸、致癌性，为已知的剧毒有机氯农药。在 75 个 PCDDs 和 135 个 PCDFs 异构体中，其毒性大小取决于氯原子取代数目和位置，其中 2,3,7,8-TCDD 对多数实验动物的急性毒性约在 μg/kg 范围内。图 6-30 是检测 2,3,7,8-TCDD 方法的色谱图。

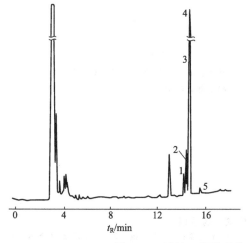

色谱柱：SP-2331，60m×0.32mm

柱温：200℃→250℃，3℃/min

载气：He

检测器：ECD

图 6-30　四氯二苯并噁英（TCDD）测定色谱图

1—1,4,7,8-TCDD；2—2,3,7,8-TCDD；3—1,2,3,4-TCDD；4—1,2,3,7-TCDD；5—1,2,7,8-TCDD

4. 气相色谱在药物分析中的应用

由于许多药物具有副作用，长期服用药物副作用更明显。因此，为了掌握药物的使用效果，了解其临床活性，控制药害事故和不良反应，研究药物的吸收、分配、代谢和排泄等非常重要。许多中西药在提纯浓缩后，能直接或衍生化后进行气相色谱分析，其中主要有镇静催眠药、镇痛药、兴奋剂、抗生素、磺胺类药以及中药中常见的萜烯类化合物等。像巴比妥酸类药物，在血液中浓度即使接近 $100\mu g/L$ 也会有一定的危险性，因此需要快速定性定量分析。将巴比妥酸盐制备成 N,N-二烷基衍生物，用氮磷检测器检测血清中巴比妥酸盐，其色谱图如图 6-31 所示。

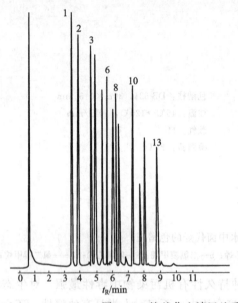

色谱柱：sp-2100 毛细管柱，25m
柱温：110～230℃，10℃/min
检测器：NPD
载气：N_2

图 6-31 烷基化血清巴比妥酸盐的气相色谱图
1—甲基巴比妥；2—巴比妥；3—异巴比妥；6—氨基巴比妥；8—异戊巴比妥；10—己巴比妥；13—庚巴比妥

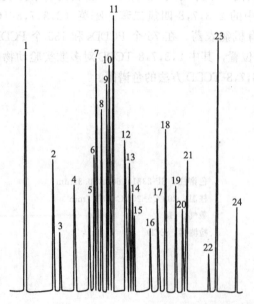

色谱柱：OV-101
柱温：80℃→250℃，速率4℃/min
检测器：ECD

图 6-32 有机氯农药色谱图
1—氯丹；2—七氯；3—艾氏剂；4—碳氯灵；5—氧化氯丹；6—光七氯；7—光六氯；8—七氯环氧化合物；9—反氯丹；10—反九氯；11—顺氯丹；12—狄氏剂；13—异狄氏剂；14—二氢灭蚁灵；15—p,p'-DDE；16—氢代灭蚁灵；17—开蓬；18—光艾氏剂；19—p,p'-DDT；20—灭蚁灵；21—异狄氏剂醛；22—异狄氏剂酮；23—甲氧DDT；24—光狄氏剂

5. 气相色谱在农药分析中的应用

气相色谱在农药分析中有着广泛的应用，如对含氯、磷、氮等农药的分析。尤其是随着生活质量的提高，蔬菜中农药残留的分析尤其重要，在农药分析中常使用选择性检测器，如ECD、NPD 等检测器。图 6-32 为有机氯农药的色谱图。

二、实验技术

实验 6-1　色谱柱的制备与安装

（一）实验目的

① 学习固定液的涂渍方法。

② 学习装填色谱柱的操作和色谱柱的老化处理方法。

（二）基本原理

色谱柱是气相色谱仪的关键部件之一，制备气液色谱的色谱柱，一般应考虑以下几方面。

1. 担体的选择与预处理

根据被测组分的极性大小选择不同的担体，并通过酸洗、碱洗或硅烷化、釉化等方式进行预处理，以改进担体孔径结构和屏蔽活性中心，从而提高柱效。担体的颗粒度常用 80～120 目。

2. 固定液的选择

根据相似相溶的原理和被测组分的极性，选择合适的固定液。

3. 确定固定液与担体的配比

一般固担比为（5：100）～（25：100），配比的比例直接影响担体表面固定液液膜的厚度，因而影响色谱柱的柱效。

4. 柱管的选择与清洗

一般填充柱的柱长为 1～10m，柱的内径为 2～6mm，柱管材质有不锈钢、玻璃、铜等。柱管需用酸、碱反复清洗。

5. 色谱柱的装填与老化

固定相在柱管内应该装填得均匀、紧密，并在装填过程中不被破碎，才能获得高的柱效。固定相在装填后还须进行老化处理，以除去残留的溶剂和低沸点杂质，并使固定液液膜牢固、均匀地涂布在担体表面。

（三）仪器与试剂

1. 仪器

气相色谱仪；红外线干燥箱 250W；筛子 100 目、120 目；真空泵；水泵；干燥塔（玻璃）；漏斗；蒸发皿；色谱柱管长 2m，内径 2mm 的螺旋状不锈钢空柱；氮气钢瓶。

2. 试剂

固定液：二甲基硅橡胶（SE-30）。

担体：102 硅烷化白色担体，100～120 目。

乙醚、盐酸、氢氧化钠等均为分析纯。

（四）实验步骤

1. 担体的预处理

称取 100g 100～120 目的 102 硅烷化白色担体，用 100 目和 120 目筛子过筛，在 105℃

烘箱内烘干 4～6h，以除去担体吸附的水分，冷却后保存在干燥器内备用。

2. 固定液的涂渍

称取固定液二甲基硅橡胶（SE-30）1.0 g 于 150mL 蒸发皿中，加入适量乙醚溶解，乙醚的加入量应能浸没担体并保持有 3～5mm 的液层。然后加入 20g 102 硅烷化白色担体，置于通风橱内使乙醚自然挥发，并且不时加以轻缓搅拌，待乙醚挥发完毕后，移至红外线干燥箱继续烘干 20～30 min 即可准备装填。本实验选用的固定液与担体的配比为 5：100。

涂渍时应注意以下几点。

① 选用的溶剂应能完全溶解固定液，不可出现悬浮或分层等现象，同时溶剂应能完全浸润担体。

② 使用溶剂不是低沸点、易挥发的，则应在低于溶剂沸点约 20℃ 的水浴上，徐徐蒸去溶剂。

③ 在溶剂蒸发过程中，搅动应轻而缓慢，不可剧烈搅拌和摩擦蒸发皿，以免把担体搅碎。

④ 开始时不能使用红外线干燥箱来蒸发溶剂，否则溶剂蒸发太快，使固定液涂渍不均匀。

3. 色谱柱的装填

色谱柱的装填如图 6-33 所示。

将色谱柱管一端与水泵相接，另一端接一漏斗，倒入 50mL 1～2mol/L 的盐酸溶液，浸泡 5～6min，然后用水抽洗至中性，再用 50mL 1～2mol/L 的氢氧化钠溶液浸泡抽洗，而后用水抽洗之；如此反复抽洗 2～3 次，最后用水抽洗至中性，烘干备用。

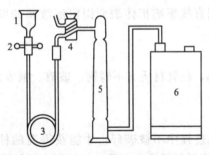

图 6-33　色谱柱的装填
1—小漏斗；2—螺旋夹；3—色谱管柱；
4—三通活塞；5—干燥塔；6—真空泵

在清洗烘干备用的不锈钢柱管的末端垫一层干净的玻璃棉，与真空泵相接，另一端接上漏斗，启动真空泵。向漏斗中倒入固定相填料，并用小木棒敲打柱管的各个部位，使固定相填料均匀而紧密地装填在柱管内直到固定相填料不再继续进入柱管为止。

填料时要注意以下几点。

① 在色谱柱管与玻璃三通活塞之间，须用 2～3 层纱布隔开，以避免固定相填料被抽入干燥塔内。

② 敲打色谱柱管时，不能用金属棒剧烈敲击，以免固定相填料破碎。

③ 装填完毕，先把玻璃三通活塞切换与大气相通，然后再切断真空泵电源，否则泵油将被倒抽至干燥塔内。

④ 若填充后色谱柱内的固定相填料出现断层或间隙，则应重新装填。

4. 色谱柱的老化处理

① 把填充好的色谱柱的进气口与色谱仪上载气口相连接，色谱柱的出气口直接通大气，不要接检测器，以免检测器受杂质污染。

② 开启载气，使其流量为 2～5mL/min，并用毛笔或棉花团蘸些肥皂水，抹于各个气路连接处，如果发现有气泡，表明气路连接处漏气，应重新连接，直至不出现气泡为止。

③ 开启色谱仪上总电源和柱箱温度控制器开关，调节柱箱温度于 250℃，进行老化处理 4～8h。然后接上检测器，开启记录仪电源，若记录的基线平直，说明老化处理完毕，即可用于测定。

（五）思考题

① 涂渍固定液应注意哪些问题？

② 通过本实验，你认为要装填好一个均匀、紧密的色谱柱，在操作上应注意哪些问题？

③ 影响填充色谱柱柱效的因素有哪些？

④ 色谱柱为什么需进行老化处理？

实验 6-2　苯系混合物分析（归一化法）

（一）实验目的

① 掌握气相色谱仪使用氢焰检测器的操作方法。

② 学习液体进样技术和用归一化法进行定量分析。

③ 了解气相色谱数据处理机的功能和使用操作。

（二）基本原理

苯系混合物包含苯、甲苯、乙苯和二甲苯异构体等。用气液色谱法以邻苯二甲酸二壬酯作固定液，可以分离苯、甲苯、乙苯等；但二甲苯的 3 种异构体难以分离。若用有机皂土与邻苯二甲酸二壬酯混合固定液，则可将这些组分完全分离。

本实验以氮气作载气，采用上述混合固定液，涂渍在 101 白色硅藻土载体上作固定相，使用氢焰检测器，按照归一化法进行定量分析。被分析的试样可以是工业二甲苯，或用分析试剂配成的苯、甲苯、乙苯等的混合物。

（三）仪器与试剂

1. 仪器

气相色谱仪（氢焰检测器）；微量注射器；秒表。

仪器操作条件：柱温 70℃；气化室 150℃；检测器 150℃；载气 N_2，流速 40mL/min；氢气流速 40m/min；空气流速 400mL/min；进样量 $0.1\mu L$。

2. 试剂

邻苯二甲酸二壬酯；有机皂土；101 白色载体，60～80 目；苯、甲苯、乙苯、对二甲苯、间二甲苯、邻二甲苯等。

3. 色谱柱的制备

称取 0.5g 有机皂土于磨口烧瓶中，加入 60mL 苯，接上磨口回流冷凝管，在 90℃水浴上回流 2h。回流期间要摇动烧瓶 3～4 次，使有机皂土分散为淡黄色半透明乳浊液。冷却，再将 0.8g 邻苯二甲酸二壬酯倒入烧瓶中，并以 5mL 苯冲洗烧瓶内壁，继续回流 1h。趁热加入 17g 101 白色载体，充分摇匀后倒入蒸发皿中，在红外灯下烘烤，直至无苯气味为止。然后装入内径 3～4mm、长 3m 的不锈钢柱管中（柱管预先处理好）。将柱子接入仪器，在 100℃温度下通载气老化，直至基线稳定。

（四）实验步骤

1. 初试

启动仪器，按规定的操作条件调试、点火。待基线稳定后，用微量注射器进试样 $0.1\mu L$。记下各色谱峰的保留时间。根据色谱峰的大小选定氢焰检测器的灵敏度和衰减倍数。

2. 定性

根据试样来源，估计出峰组分。在相同的操作条件下，依次进入有关组分纯品 $0.05\mu L$，记录保留时间，与试样中各组分的保留时间一一对照定性。

3. 定量

在稳定的仪器操作条件下，重复进样 $0.1\mu L$，准确测量峰面积。或者根据初试情况列出峰鉴定表，并输入色谱数据处理机，进样后利用数据处理机打印出分析结果。

（五）数据处理

试样中各组分的质量分数按下式计算：

$$w_i = \frac{f_i A_i}{\sum f_i A}$$

式中　A——各组分的峰面积；
　　　f_i——各组分在氢焰检测器上的相对质量校正因子。

（六）注意事项

① 微量注射器要保持清洁。吸取液体试样之前，应先用少量试样洗涤几次，再缓慢吸入试样，并稍多于需要量。如内有气泡，可将针头朝上排出气泡，再将过量试样排出，用滤纸吸去针头处所蘸试样。取样后应立即进样。

② 各组分的相对校正因子（f_i）可由有关手册中查到。相对校正因子与检测器类型、测定时的基准物及绝对校正因子的单位有关。本实验需要查到在氢焰检测器上，苯系物各组分的相对质量校正因子，以求出试样中各组分的质量分数。

（七）思考题

① 说明气相色谱仪使用氢焰检测器的启动、调试步骤。
② 本实验若进样量不准确，会不会影响测定结果的准确度？为什么？
③ 试求出所测试样中各组分的相对保留值。

实验 6-3　乙醇中少量水分的测定（内标法）

（一）实验目的

① 掌握气相色谱仪中使用热导检测器的操作及液体进样技术。
② 掌握内标法定量分析的原理和方法。
③ 了解聚合物固定相的色谱特性。

（二）基本原理

用气相色谱测定有机物中的微量水，最好选用聚合物固定相如 GDX 系列或有机 401～408 系列。这类多孔高分子微球表面无亲水基团，一般是水先出峰，有机物主峰在后对测定水峰无干扰。

本实验用 GDX-104 作固定相，采用内标法测定乙醇中少量水。以甲醇作内标物，首先配制标准样，求出水对甲醇的峰高相对校正因子；然后测出试样乙醇中水的质量分数。

（三）仪器与试剂

1. 仪器

气相色谱仪（热导检测器）；$10\mu L$ 微量注射器。

仪器操作条件：柱温 90℃；气化温度 120℃；检测温度 120℃；载气 H_2，流速 30mL/min；桥电流 150mA。

2. 试剂

GDX-104，60～80 目。

无水乙醇：在分析纯试剂无水乙醇中，加入 500℃加热处理过的 5A 分子筛，密封放置 1 天，以除去试剂中的微量水分。

无水甲醇：按照无水乙醇同样方法做脱水处理。

3. 色谱柱的制备（事先制备好）

将 60～80 目的聚合物固定相 GDX-104 装入长 2m 的不锈钢柱中，于 150℃老化处理数小时。

（四）实验步骤

1. 峰高相对校正因子的测定

将试样瓶洗净、烘干。加入约 3mL 无水乙醇，称量（称准至 0.0001g，下同）；再加入蒸馏水和无水甲醇各约 0.1mL，分别称量。混匀。

吸取 5.0μL 上述配制的标准溶液，进样，记录色谱图，测量水和甲醇的峰高。

平行进样二次。

2. 乙醇试样的测定

将试样瓶洗净、烘干、称量。加入 3mL 试样乙醇，称量；再加入适量体积的无水甲醇（视试样中水含量而定，应使甲醇峰高接近试样中水的峰高），称量。混匀后吸取 5.0μL 进样，记录色谱图，测量水和甲醇的峰高。

平行进样二次。

（五）数据处理

1. 峰高相对校正因子

$$f_{水/甲醇} = \frac{m_{水}}{m_{甲醇}} \frac{h_{甲醇}}{h_{水}}$$

式中　$m_{水}$，$m_{甲醇}$——分别为水和甲醇的质量，g；

$\quad\quad$ $h_{水}$，$h_{甲醇}$——分别为水和甲醇的峰高，mm。

2. 乙醇试样中水的质量分数

$$w_{水} = f_{水/甲醇} \times \frac{h_{水}}{h_{甲醇}} \times \frac{m_{甲醇}}{m}$$

式中　$f_{水/甲醇}$——水对甲醇的峰高相对校正因子；

$\quad\quad$ $m_{甲醇}$——加入甲醇的质量；g

$\quad$ $h_{水}$，$h_{甲醇}$——分别为水和甲醇的峰高，mm。

（六）注意事项

① 用微量注射器进液体样时，注射器应与进样口垂直。一手捏住针头迅速刺穿硅橡胶垫，另一手平稳地推进针筒，使针头尽可能插得深一些，切勿使针尖碰着气化室内壁。迅速将样品注入后，立即拔针。

② 本实验适用于 95％试剂乙醇或不含甲醇的工业乙醇中少量水分的测定。若测定无水乙醇中的微量水，则需适当改变操作条件进行精密测定。

（七）思考题

① 画出 GDX-104 色谱柱上试样各组分和内标物的出峰顺序，并解释其原因。

② 本实验为什么可以用峰高定量？试推导求峰高相对校正因子的计算式。

实验 6-4　白酒中微量成分含量分析

(一) 实验目的
① 了解毛细管色谱法在复杂样品分析中的应用。
② 了解程序升温色谱法的操作特点。
③ 进一步熟悉内标法定量。

(二) 基本原理

程序升温是指色谱柱的温度,按照适宜的程序连续地随时间呈线性或非线性升高。在程序升温中,采用较低的初始温度,使低沸点组分得到良好分离,然后随着温度不断升高,沸点较高的组分就逐一流出。通过程序升温可使高沸点组分能较快地流出,因而峰形尖锐,与低沸点组分类似。

白酒中微量芳香成分十分复杂,可分为醇、醛、酮、酯、酸等多类物质,共百余种。它们的极性和沸点变化范围很大,以致用传统的填充柱色谱法不可能做到一次同时分析它们。采用毛细管色谱技术并结合程序升温操作,利用 PEG-20M 固定液的交联石英毛细管柱,以内标法定量,就能直接进样分析白酒中的醇、酯、醛、有机酸等几十种物质。

(三) 仪器与试剂

1. 仪器

带程序升温的气相色谱仪,配置氢焰检测器,化学工作站;色谱柱 Econo Cap Caxbo-wax 30m×0.25mm×0.25μm 或其他中强极性毛细管柱;氢火焰离子化检测器;微量注射器。

仪器操作条件如下所述。

进样口温度:250℃。

检测器温度:250℃;补充气流量 20mL/min;氢气和空气的流量分别为 30mL/min 和 300mL/min。

柱流速:2mL/min,恒流;分流比 1∶50。

柱温:起始温度 60℃,保持 2min;然后以 5℃/min 升温至 180℃,保持 3min。

2. 试剂

乙醛;乙酸乙酯;甲醇;正丙醇;正丁醇;异戊醇;己酸乙酯;乙酸正戊酯和乙醇(均为分析纯)。

(四) 实验步骤

1. 标准溶液配制

在 10mL 容量瓶中预先加入约 3/4 体积的 60% (体积分数) 乙醇水溶液,然后分别加入 4.0μL 乙醛、乙酸乙酯、甲醇、正丙醇、正丁醇、乙酸正戊酯、异戊醇、己酸乙酯,用乙醇-水溶液稀释至刻度,混匀。

2. 样品制备

取预先用被测白酒荡洗过的 10mL 容量瓶,移取 4.0μL 乙酸正戊酯至容量瓶中,再用白酒样稀释至刻度,摇匀。

3. 进混合标样

注入 1.0μL 标准溶液至色谱仪,以得到混合标样的色谱图。

4. 色谱峰定性

注入各标准物质,记录各标准物质的保留时间。用标准物质对照,确定所测物质在色谱图上的位置。

5. 注入 $1.0\mu L$ 白酒样品至色谱仪，记录色谱图。

（五）数据处理

① 利用工作站对标准溶液的色谱图进行图谱优化和积分，编辑一级校正表，并输入各色谱峰的名称和含量，并注明内标物及含量。求出各组分对内标物的相对校正因子。

② 调出白酒样品的色谱图，进行图谱优化和积分，利用标准溶液的各组分对内标物的相对校正因子和色谱峰面积，计算白酒样品中各组分的含量。

（六）注意事项

① 在一个程序升温结束后，需等待色谱仪回到初始状态并稳定后，才能进行下次进样。

② 如果测定的组分沸点范围变化大，应采用多内标法定量。

③ 该法乙酸乙酯和乙缩醛、乳酸乙酯和正己醇分离不理想。乳酸在该柱上不能分离。

（七）思考题

① 简述程序升温的优点。

② 严格来说白酒分析应采用多内标法定量，为什么？

第八节　气相色谱联用技术

色谱是一种很好的分离手段，可以将复杂的混合物中的各个组分分离开，但它的定性能力较差，通常只是利用各组分的保留特性来进行定性，这在样品组分完全未知的情况下进行定性分析是非常困难的。随着一些定性鉴定结构的分析手段如质谱（MS）、红外光谱（IR）、核磁共振波谱（NMR）等技术的发展，确定一个纯组分是什么化合物相对就容易了。因此色谱与这类仪器的联用技术近年来得到了快速发展。本节将简要介绍气相色谱与质谱的联用技术。

一、气相色谱与质谱的联机

对 MS 而言 GC 是它的进样系统，对 GC 而言 MS 是它的检测器。如图 6-34 是一台带四极杆质量分析器的 GC-MS 仪。

由于质谱是对气相中的离子进行分析，因此 GC 与 MS 的联机困难较小，主要是解决压力上的差异。色谱是常压操作，而质谱是高真空操作，焦点在色谱出口与质谱离子源的连接。由于毛细管柱载气流量小，采用高速抽气泵时，两者就可直接连接。将气相色谱的毛细管柱直接插到质谱仪的离子盒中，组分被气相色谱仪分离后依次进入离子盒并电离，载气（氦）被抽走。图 6-35 为 GC-MS 联用仪的气路系统。

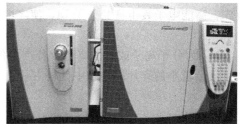

图 6-34　带四极杆质量分析器的 GC-MS 仪

质谱计的采样速度应比毛细管柱出色谱峰的速度要快。质谱作为气相色谱的检测器，可同时得到质谱图和总离子流图（色谱图），因此既可进行定性又可进行定量分析。图 6-36 是丙烯酸的质谱图，根据质谱图提供的碎片离子信息，可以进行化合物的结构推测。在质谱图中，每一个线状图位置表示一种质荷比的离子，通常将最强峰定为100%，此峰称为基峰，其他离子峰强度以其百分数表示，即为相对丰度。分子失去一个电子形成的离子称为分子离

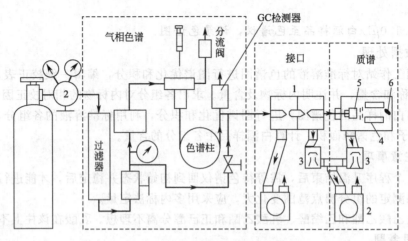

图 6-35　GC-MS 联用仪的气路系统

1—喷射分离器；2—机械泵；3—扩散泵；4—四极质量分析器；5—离子源；6—电子倍增器

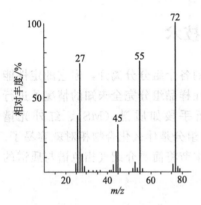

图 6-36　丙烯酸质谱图

子（M^+）。分子离子峰一般为质谱图中质荷比（m/z）最大的峰。由于分子离子稳定性不同，质谱图中 m/z 最大的峰不一定是分子离子峰。

二、质谱仪部分

质谱仪部分一般由进样系统、离子源、质量分析器、检测记录系统和真空系统等部分组成。

1. 离子源

离子源的作用是将被分析的样品分子电离成带电的离子，并使这些离子在离子光学系统的作用下，汇聚成一定能量的离子束，然后进入质量分析器被分离。

（1）电子轰击电离源（electron impact ionization source，EI）　电子轰击电离源是用高能电子流轰击样品分子，产生分子离子和碎片离子。首先，高能电子轰击样品分子 M，使之电离：

$$M + e \longrightarrow M^+ + 2e$$

M^+ 为分子离子或母体离子。若产生的分子离子带有较大的内能，则进一步发生裂解，产生质量较小的碎片离子和中性自由基：

$$M^+ \begin{cases} M_1^+ + N_1 \cdot \\ \\ M_2^+ + N_2 \cdot \end{cases}$$

其中，$N_1 \cdot$、$N_2 \cdot$ 为自由基，M_1^+、M_2^+ 为较低能量的离子。如果 M_1^+ 或 M_2^+ 仍然具有较高能量，它们将进一步裂解，直至离子的能量低于化学键的裂解能。图 6-37 为电子轰击离子化示意。

在灯丝和阳极之间加有 70eV 电压，获得轰击能量为 70eV 的电子束，它与进样系统中引入的样品分子发生碰撞而发生裂解反应，生成分子离子和碎片离子。这些离子在电场的作用下被加速之后进入质量分析器。

电子轰击离子化易于实现，图谱重现性好、便于计算机检索。在用 EI 源时，如果有机化合物分子不稳定，则分子离子峰强度低，甚至没有分子离子峰，当样品分子不能气化或遇热分解时，则更没有分子离子峰，要确定相对分子质量就很困难了。

（2）化学电离源（chemical ionization source, CI）

化学电离源是比较温和的电离方法，它是通过离子-分子反应来进行。在离子盒中充满反应气（如甲烷），电子首先与反应气发生碰撞，使反应气发生电离：

$$CH_4 + e \longrightarrow CH_4^+ \cdot + 2e$$

$$CH_4^+ \cdot \longrightarrow CH_3^+ + H\cdot$$

$CH_4^+ \cdot$ 及 CH_3^+ 很快与大量存在的 CH_4 中性分子发生反应，而与进入电离室的样品分子再反应：

$$CH_4^+ \cdot + CH_4 \longrightarrow CH_5^+ + CH_3 \cdot$$

$$CH_3^+ + CH_4 \longrightarrow C_2H_5^+ + H_2$$

CH_5^+ 和 $C_2H_5^+$ 不与中性甲烷反应，而与进入电离室的样品分子（R-CH$_3$）碰撞，产生 $(M+1)^+$ 离子：

$$R\text{-}CH_3 + CH_5^+ \longrightarrow R\text{-}CH_4^+ + CH_4$$

$$R\text{-}CH_3 + C_2H_5^+ \longrightarrow R\text{-}CH_4^+ + C_2H_4$$

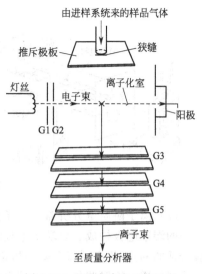

图 6-37 电子轰击离子化示意

采用化学电离源，可大大简化质谱图，有强的准分子离子峰，便于推测分子量；反映异构体的图谱比 EI 要好。但碎片离子峰少，强度低，分子结构信息少。图 6-38 为苯甲酮的 EI 和 CI 质谱图的比较。

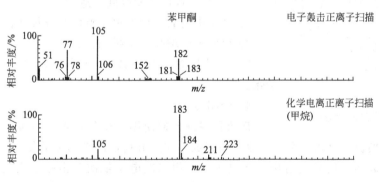

图 6-38 苯甲酮的 EI 和 CI 质谱图的比较

2. 质量分析器

质量分析器是质谱仪的重要组成部分，利用不同的方式将样品离子按质荷比 m/z 分开。质量分析器的主要类型有单聚焦分析器、双聚集分析器、四极滤质器、离子阱质量分析器等。

（1）四极滤质器　四极滤质器又称四极杆质量分析器，如图 6-39 所示，由四根平行的棒状电极组成。电极的截面近似为双曲面，二对电极之间的电位是相反的，电极上加上直流电压 U 和射频（RF）交变电压。当离子束进入筒形电极所包围的空间后，离子作横向摆动，在一定的直流电压、交流电压和频率以及一定的尺寸等条件下，只有某一种（或一定范围）质荷比的离子能够到达收集器并发出信号（这些离子称共振离子），其他离子在运动过程中撞击柱形电极而被"过滤"掉最后被真空泵抽走。

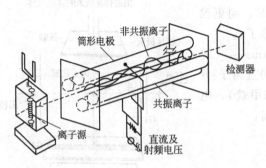

图 6-39　四极杆质量分析器

(2) 离子阱质量分析器　离子阱质量分析器，如图 6-40 所示，由一环形电极再加上下各一的端罩电极构成。以端罩电极接地，在环电极上施以变化的射频电压，此时处于阱中具有合适的 m/z 的离子将在阱中指定的轨道上稳定旋转，若增加该电压，则较重离子转至指定稳定轨道，而轻些的离子将偏出轨道并与环电极发生碰撞。当一组由电离源（CI 或 EI）产生的离子由上端小孔中进入阱中后，射频电压开始扫描，陷入阱中的离子运动轨道则会依次发生变化而从底端离开环电极腔，从而被检测器检测。这种离子阱结构简单、成本低且易于操作，已用于 GC-MS 联用装置用于 m/z 为 200～2000 的分子分析。

3. 真空系统

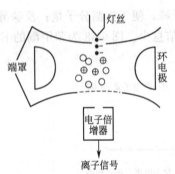

图 6-40　离子阱质量分析器

GC-MS 的质谱部分需要在高真空条件下工作，离子源的真空度达 $1.3 \times 10^{-5} \sim 1.3 \times 10^{-4} \mathrm{Pa}$，质量分析器的真空度达 $1.3 \times 10^{-6} \mathrm{Pa}$，若真空度过低会造成：

① 系统中的氧气会使离子源的灯丝烧坏；

② 会使本底增高，干扰图谱；

③ 会引起副反应，改变分子的裂解模型，使图谱复杂化。

4. 检测器

质谱仪目前普遍使用电子倍增器进行离子检测，电子倍增器由一个转换极、倍增极和一个收集极组成。质量分析器出来的离子轰击电子倍增器的阴极（转换极）表面，使其发射出二次电子，再用二次电子依次轰击一系列电极（倍增极），使二次电子不断获得倍增，最后由阳极（收集极）接受电子流，使离子束的信号得到了放大。通常电子倍增器的增益为 $10^5 \sim 10^8$。

三、质谱图的定性、定量方法

一般 GC-MS 的使用过程为：将在气相色谱仪上优化后的色谱条件用到 GC-MS 上，通过全扫描分析进行定性，然后选取目标化合物的特征质量，采用选择性离子扫描方式进行定量分析。

采用全扫描方式获得的总离子流图与 FID 产生的谱图极为相似，总离子流谱图中每一个点的强度等于该时间段所有离子丰度的总和，根据归一计算每一个点可获得一张对应的质谱图，定性的依据就是出峰的位置的质谱特征。图 6-41 是 14 种多环芳烃标样的总离子流图，在该图中每一个峰代表一种化合物，并各对应一个质谱图。现在，质谱仪都配有计算机质谱图库，如 NEST 谱库，计算机安装了 NEST 谱库，利用工作站软件的谱库检索功能，可以很方便地确定有机化合物结构。

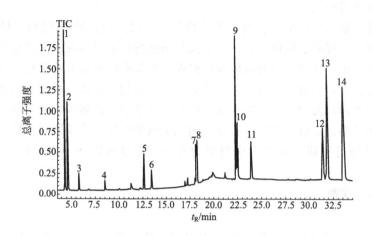

图 6-41 14 种多环芳烃标样的总离子流图

1—苊烯；2—苊；3—芴；4—蒽菲；5—荧蒽；6—芘；7—苯并 [a] 蒽；8—䓛；
9—苯并 [b] 荧蒽；10—苯并 [k] 荧蒽；11—苯并 [a] 芘；12—茚并
[1,2,3-cd] 芘；13—二苯并 [a, h] 蒽；14—苯并 [g, h, i] 苝

四、气质联用的应用

GC-MS 的联用技术，发挥了色谱仪的高分离能力和质谱的准确测定相对分子质量和结构解析的能力，可以说是目前将两种分析仪器联用中组合效果最好的仪器，其技术也在不断进步，在各种行业得到了广泛的应用。GC-MS 可直接用于混合物的分析，可承担如致癌物的分析、食品分析、工业污水分析、农药残留量的分析、中草药成分的分析、血液中兴奋剂检测、塑料中多溴联苯和多溴联苯醚的分析、橡胶中多环芳烃的分析等。

用 GC-MS 检测环境样品中的二噁英是一种很成熟的方法，它是由美国环保局在 1994 年颁布的标准方法（1613 号），方法是通过比较成熟的样品制备后，将样品和内标物一起注入气相色谱仪，色谱柱可以用中等极性的毛细管柱，如 DB-5，经毛细管柱分离的组分由高分辨率质谱仪用准确质量数进行选择离子检测。目前在二噁英分析中参照美国环保局方法 1613 用的仪器为 Micromass Autospec Ultima、Finnigan MAT 95 和 Jeol 的磁质谱。

根据国际奥委会医学会的要求，体育运动中的兴奋剂检测唯一能用作兴奋剂确认的分析仪器是 GC-MS。一般兴奋剂检测实验室都用 GC-MS 作初筛。初筛一般用选择离子检测，这样可以提高检测灵敏度，对怀疑样品再选择用全扫描方式检测，并将样品与比对物的全扫描质谱图进行比对，并进行定性确认。

五、实验技术

实验 6-5 皮革及其制品中残留五氯苯酚的检测

（一）实验目的

学习用 GC-MS 进行化合物的定性和定量过程的操作。

（二）基本原理

五氯苯酚是纺织品、皮革中常用的一种防腐剂。可以用于棉纤维和羊毛的储运，纺织品加工中常用作浆料、印花增稠剂的防腐剂，某些整理剂中的分散剂。五氯苯酚是一种毒性化

合物，并且具有致畸、致癌性，自然降解过程十分缓慢，被列为对环境不利的化学品，其使用在纺织品上受严格限制。

对于皮革及其制品中残留的五氯苯酚的检测，可以采用乙酰化-气相色谱法。首先，在硫酸溶液的作用下，样品中残留的五氯苯酚及其钠盐均以五氯苯酚的形式存在，可以用正己烷对其进行提取。由于五氯苯酚具有较强的极性，直接进样分析对色谱柱及仪器系统要求很高，故通常在分析前，五氯苯酚应转化为非极性的衍生物。用浓硫酸将五氯苯酚的正己烷提取液净化后，再以四硼酸钠水溶液反提取。向提取液中加入乙酸酐，使五氯苯酚发生酰化反应生成五氯苯酚乙酯。最后以正己烷提取，用无水硫酸钠脱水后检测。若以气质联用仪代替单纯的气相色谱进行检测，不仅使检测更为直观，而且可以在一定程度上提高检测的灵敏度。

（三）仪器与试剂

1. 仪器

Finnigan Trace GC-MS；分析天平；混合器；离心机；离心管 50mL 2 只；分液漏斗 125mL 2 只；漏斗 1 只，下端颈部装有 5 cm 高的无水硫酸钠柱（柱的两端填以玻璃棉）；容量瓶 100mL 3 只；吸量管 10mL 5 支、1mL 5 支；比色管 10mL 2 支；吸管 2 支；微量注射器 100 μL 1 支、10 μL 1 只；小烧杯。

2. 试剂

浓硫酸；硫酸溶液 6mol/L；四硼酸钠溶液 0.1mol/L；正己烷，全玻璃仪器加碱重新蒸馏；无水硫酸钠，经 650℃ 4h 灼烧；乙酸酐；五氯苯酚标准品，纯度大于 99%；艾氏剂。

（四）实验步骤

1. 样品中五氯苯酚的提取及乙酰化

（1）提取　称取皮革样品约 1.0g，用剪刀剪成碎片，置于 50mL 离心管中，加入 20mL 6mol/L 硫酸后，在混合器上混匀 2min。加入 20mL 正己烷，摇荡 3min 后在混合器上混匀 2min，并在 3000r/min 下离心 2min。用吸管小心吸出上层的正己烷并移入一个新的 50mL 离心管中，残液再用 10mL 正己烷重复提取一次，合并正己烷提取液于同一离心管中，弃去下层水相。

（2）净化　向正己烷提取液中徐徐加入 10mL 浓硫酸，振摇 0.5min，在 3000r/min 下离心 2min。用吸管吸出上层正己烷提取液并移入 125mL 分液漏斗中，再用 2mL 正己烷冲洗离心管管壁，静置分层后，用吸管吸出上层正己烷冲洗液，与提取液合并于同一分液漏斗中。弃去硫酸层。

在上述正己烷中加入 30mL 0.1mol/L 四硼酸钠溶液，振摇 1min，静置分层。小心将下层水相放入另一个 125mL 分液漏斗中。并用 20mL 0.1mol/L 四硼酸钠溶液将分液漏斗中的正己烷再提取一次，合并下层水相于同一分液漏斗中。弃去正己烷层。

（3）乙酰化　向上述四硼酸钠提取液中加入 0.5mL 乙酸酐，振摇 2min，再加入 10mL 正己烷，振摇 1min，静置分层。弃去下层水相。再用 0.1mol/L 四硼酸钠水溶液洗涤正己烷层共 2 次，每次 20mL，振摇，静置分层，弃去水相。从分液漏斗的上口将正己烷层倒入装有无水硫酸钠柱的漏斗中，并用 10mL 比色管收集经无水硫酸钠脱水的正己烷。

2. GC-MS 检测

（1）五氯苯酚鉴定　开启 GC-MS，设置实验条件（色谱仪进样口温度 250℃；柱温 210℃；质谱扫描范围 60～350amu）。用微量注射器吸取上述正己烷提取液 5μL 进样，记录色谱、质谱图。查看是否存在某一组分的色谱峰，要求该组分的质谱图中存在 $m/z = 266.0$（偏差在 ± 0.2 之内）的离子峰。若无这样的组分，说明样品中不存在五氯苯酚；若有这样的组分，则进行谱图检索，看其是否为五氯苯酚乙酯。同时，观察其对应的质谱图中是否存在 m/z 为 264.0、266.0、268.0、270.0 及 272.0 的氯的同位素峰，并考察这些峰的丰度比，看其是否与氯同位素丰度比一致。

（2）内标法定量检测样品中五氯苯酚的浓度　内标液的配制（浓度 0.5000μg/mL）：准确称取 0.05g 艾氏剂（精确至 0.0001g）于小烧杯中，加 40～50mL 正己烷溶解，并定量转入 100mL 容量瓶中，用正己烷冲洗小烧杯数次，一并转入容量瓶中，用正己烷稀释至刻度，摇匀。再取此溶液 100mL 于 100mL 容量瓶中，用正己烷稀释至刻度，摇匀备用。

五氯苯酚标准溶液的配制：准确称取 0.1g 五氯苯酚标准品（精确至 0.0001g）于小烧杯中，加 40～50mL 正己烷溶解，并定量转入 100mL 容量瓶中，用正己烷冲洗小烧杯数次，一并转入容量瓶中，用正己烷稀释至刻度，摇匀作为储备液。使用前定量稀释，并移取一定量稀释液按上述乙酰化步骤将五氯苯酚乙酰化后配制成标准工作液（标准液中五氯苯酚浓度应与样品提取液中被测组分浓度接近，内标物艾氏剂浓度为 0.0500μg/mL）。

移取 5mL 的样品正己烷提取液于 10mL 比色管中，加入 1mL 内标液，用正己烷稀释至刻度。

分别将标准工作液、样品提取液注入气相色谱仪，进样量各 5μL。记录色谱、质谱图，并采用内标法进行定量分析。

（五）实验数据及结果

内标法中，样品残存的五氯苯酚按如下公式计算：

$$X = 20 \times \frac{1}{m} \times \frac{A}{A_i} \times \frac{A_{si}}{A_s} \times c_s$$

式中　X——试样中五氯苯酚含量，mg/kg；

A——试样中五氯苯酚乙酯色谱峰面积；

A_s——标准工作液中五氯苯酚乙酯色谱峰面积；

A_i——试样中艾氏剂色谱峰面积；

A_{si}——标准工作液中艾氏剂色谱峰面积；

c_s——标准工作液中五氯苯酚乙酯（以五氯苯酚计）浓度，μg/mL；

m——试样质量，g。

（六）注意事项

在样品提取过程中，必须防止样品受到污染或发生残留物含量的变化。

（七）思考题

① 本实验中，为什么通过观察 $m/z = 266.0$ 离子峰判断五氯苯酚乙酯是否存在？

② 在检测过程中，为什么要把五氯苯酚转化成酯的形式？

习　题

1. 常用于表征色谱柱柱效的参数是（　　　）。

A. 理论塔板数　　　B. 塔板高度　　　C. 色谱峰宽　　　D. 组分的保留体积

2. 对某一组分来说，在一定的柱长下，色谱峰的宽或窄主要决定于组分在色谱柱中的（　　　）。

A. 保留值　　　B. 扩散速度　　　C. 分配比　　　D. 理论塔板数

3. 指出下列哪些参数改变会引起相对保留值的增加（　　　）。

A. 柱长增加　　　　B. 相比率增加　　　　C. 降低柱温　　　　D. 流动相速度降低

4. 在色谱分析中，柱长从 1m 增加到 4m，其他条件不变，则分离度增加到（　　　）。

A. 2 倍　　　　　　B. 1 倍　　　　　　C. 4 倍　　　　　　D. 10 倍

5. 相对校正因子 f 与（　　　）因素无关。

A. 基准物　　　　　B. 检测器类型　　　C. 被测试样　　　　D. 载气流速

6. 理论塔板数反映了（　　　）。

A. 分离度　　　　　B. 分配系数　　　　C. 保留值　　　　　D. 柱的效能

7. 如果试样中各组分无法全部出峰或只要定量测定试样中某几个组分，一般以采用（　　　）为宜。

A. 归一化法　　　　B. 外标法　　　　　C. 内标法　　　　　D. 标准工作曲线法

8. 常用于评价色谱分离条件选择是否适宜的参数是（　　　）。

A. 理论塔板数　　　B. 塔板高度　　　　C. 分离度　　　　　D. 死时间

9. 载体填充的均匀程度主要影响（　　　）。

A. 涡流扩散　　　　B. 分子扩散　　　　C. 气相传质阻力　　D. 液相传质阻力

10. 在气相色谱分析中，用于定性分析的参数是（　　　）。

A. 保留值　　　　　B. 峰面积　　　　　C. 分离度　　　　　D. 半峰宽

11. 在气相色谱分析中，用于定量分析的参数是（　　　）。

A. 保留时间　　　　B. 保留体积　　　　C. 半峰宽　　　　　D. 峰面积

12. 选择程序升温方法进行分离的样品主要是（　　　）。

A. 同分异构体　　　　　　　　　　　B. 同系物

C. 沸点差异大的混合物　　　　　　　D. 极性差异大的混合物

13. 在气液色谱中，色谱柱的使用上限温度取决于（　　　）。

A. 样品中沸点最高组分的沸点　　　　B. 样品中各组分沸点的平均值

C. 固定液的沸点　　　　　　　　　　D. 固定液的最高使用温度

14. 在气相色谱分析中，为测定下列组分选择合适的检测器：（1）蔬菜中含氯农药残留；（2）有机溶剂中微量水；（3）痕量苯和二甲苯的异构体；（4）啤酒中微量硫化物。

15. 色谱图上的色谱峰流出曲线可以说明什么问题？

16. 有哪些常用的色谱定量方法？试比较它们的优缺点和使用范围。

17. 什么是载气最佳流速？实际分析中是否一定要选用最佳流速？为什么？

18. 气相色谱仪的基本设备包括哪几部分？各有什么作用？

19. 柱温是最重要的色谱分离操作条件之一，柱温对分析有何影响？实际分析中应如何选择柱温？

20. 色谱柱在使用中为什么要有温度限制？柱温高于固定液的最高使用温度会发生什么后果？

21. 如何对色谱柱进行老化？老化的作用是什么？老化时注意什么？

22. 组分 A、B 在 2m 长的色谱柱上，保留时间依次为 17.63min、19.40min，峰底宽依次为 1.11min、1.21min，试计算两物质的分离度为多少？

23. 用一根 3m 长色谱柱将组分 A、B 分离，实验结果如下：它们的调整保留时间分别为 13min 和 16min，且后者的基线宽度为 1min。求：色谱柱的理论塔板数 n；相对保留值 $\gamma_{2,1}$；两峰的分离度 R；若将两峰完全分离，柱长应该是多少？

24. 在测定苯、甲苯、乙苯和邻二甲苯的峰高校正因子时，称取的各组分的纯物质，以及在一定色谱条件下所得的色谱图上各组分色谱峰的峰高分别如下：

项　　目	苯	甲苯	乙苯	邻二甲苯
m/g	0.5967	0.5478	0.6120	0.6680
h/mm	180.1	84.4	45.2	49.0

求各组分的峰高校正因子（以苯为基准）。

25. 某试样中含对、邻、间甲基苯甲酸及苯甲酸并且全部在色谱图上出峰，各组分相对质量校正因子和色谱图中测得各峰面积积分值列于下表：

项 目	苯甲酸	对甲苯甲酸	邻甲苯甲酸	间甲苯甲酸
f	1.20	1.50	1.30	1.40
A	375	110	60.0	75.0

用归一化法求出各组分的质量分数。

26. 一试样含甲酸、乙酸、丙酸及其他物质。取此样 1.132g，以环己酮为内标，称取环己酮 0.2038g 加入试样中混合，进样 $2.00\mu L$，得色谱图中数据如下表：

项 目	甲酸	乙酸	丙酸	环己酮
A	10.5	69.3	30.4	128
f	0.261	0.562	0.938	1.00

分别计算甲酸、乙酸、丙酸的质量分数。

27. 用内标法测定乙醇中微量水分，称取 2.5384g 乙醇样品，加入 0.0153g 甲醇，测得 $h_{水}=175mm$，$h_{甲醇}=190mm$，已知峰高相对校正因子 $f_{水/甲醇}=0.55$，求水的质量分数。

28. 分析某样品中 E 组分的含量，先配制已知含量的正十八烷内标物和 E 组分标准品混合液做气相色谱分析，按色谱峰面积及内标物、E 组分标准品的质量计算得到相对质量校正因子 $f_{ES}=2.40$（f_{ES} 为组分 E 与内标物校正因子的比值），然后精密称取含 E 组分样品 8.6238 g，加入内标物 1.9675 g。测出 E 组分峰面积积分值为 72.2，内标物峰面积积分值为 93.6。试计算该样品中 E 组分的质量分数。

29. 用色谱法测定花生中农药（稳杀特）的残留量。称取 5.00g 试样，经适当处理后，用石油醚萃取其中的稳杀特，并将提取液稀释到 500mL。用该试液进样 $5\mu L$ 进行色谱分析，测得稳杀特峰面积为 $48.6mm^2$，同样条件下进样 $5\mu L$ 浓度为 $5.00\times10^{-5}ng/\mu L$ 的纯稳杀特标样，测得其色谱峰面积为 $56.8mm^2$。计算花生中稳杀特的残留量（ng/g）。

第七章　高效液相色谱分析法

【学习目标】

1. 熟悉高效液相色谱法的原理和应用。
2. 掌握高效液相色谱法的定量分析方法和仪器操作技术。
3. 掌握液相色谱中固定相、流动相的选择方法。
4. 了解 LC-MS 联机系统及 LC-MS 接口技术。
5. 能够对高效液相色谱仪进行日常的维护。

高效液相色谱法（HPLC）是一种以液体为流动相的现代柱色谱分离分析方法。它在经典的液体柱色谱法基础上，引入了气相色谱法的理论，在技术上采用了高压泵、高效固定相和高灵敏度检测器实现了分析速度快、分离效率高和操作自动化。

高效液相色谱法与气相色谱法相比，具有以下几个优点。

（1）能测高沸点有机物　气相色谱法分析对象只限于分析气体和沸点较低的化合物，它们仅占有机物总量的 20％。对于占有机物总数近 80％ 的那些沸点高、热稳定性差、摩尔质量大的物质，目前主要采用高效液相色谱法进行分离和分析。

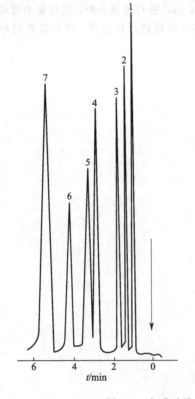

色谱柱：Lichrosorb SI-100-C$_{18}$（10μm，4.2mm×300mm）
流动相：20％乙酸水溶液
流量：4.5mL/min
检测器：UVD（254nm）

图 7-1　咖啡酸及其衍生物的反相键合相色谱分离

1—奎宁酸；2—绿原酸；3—咖啡酸；4—对香豆酸；5—间香豆酸；6—邻香豆酸；7—香豆素

（2）柱温的要求低于气相色谱　气相色谱一般都在较高温度下进行的，而高效液相色谱法一般在室温条件下工作。

（3）流动相为液体　气相色谱法采用的流动相是惰性气体，它对组分没有亲和力，仅起运载作用。而在高效液相色谱法中，流动相可选用不同极性的液体，选择余地大，它对组分可产生一定亲和力，并参与固定相对组分作用的选择竞争。因此，流动相对分离起很大作用。

高效液相色谱法广泛应用于有机化工、医药、农药、生物、食品、染料、环境监测等许多领域。例如蛋白质、氨基酸、植物色素、有机酸、高聚物、染料和药物等组分分析。图7-1为咖啡酸及其衍生物的反相键合相色谱分离。

第一节　高效液相色谱仪

近年来，高效液相色谱技术得到了极其迅猛的发展。高效液相色谱仪种类繁多，仪器的结构和流程也是多种多样的。高效液相色谱仪一般可分为4个主要部分：高压输液系统、进样系统、分离系统和检测系统。此外，还配有辅助装置，如自动进样系统、预柱、流动相在线脱气装置和自动控制系统等装置。图7-2是普通配置的带有预柱的液相色谱仪的结构，图7-3是安捷伦生产的HP1100液相色谱仪（面板已拆除）。

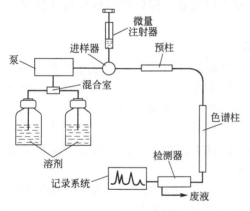

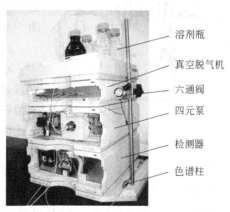

图7-2　普通配置的带有预柱的液相色谱仪的结构　　　图7-3　HP1100液相色谱仪（面板已拆除）

从图7-2可见，流动相经过过滤后以稳定的流速（或压力）由高压泵输送至分析体系，样品由进样器注入流动相，而后依次带入预柱、色谱柱，在色谱柱中各组分被分离，并依次随流动相流至检测器，检测到的信号送至工作站记录、处理和保存。

一、高压输液系统

高压输液系统一般包括储液器、高压泵、过滤器、梯度洗脱装置等。

1. 储液器

储液器主要用来提供足够数量的符合要求的流动相以完成分析工作。储液器一般是以不锈钢、玻璃、聚四氟乙烯或特种塑料聚醚醚酮（PEEK）衬里为材料，容积一般为0.5～2.0L为宜。

所有溶剂在放入储液器之前必须经过0.45μm滤膜过滤，除去溶剂中的机械杂质，以防输液管道或进样阀产生阻塞现象。

所有溶剂在使用前必须脱气。因为色谱柱是带压力操作的，而检测器是在常压下工作。若流动相中所含有的空气不除去，则流动相通过色谱柱时其中的气泡受到压力而压缩，流出柱子后到检测器时因常压而将气泡释放出来，造成检测器噪声增大，使基线不稳，仪器不能正常工作，这在梯度洗脱时尤其突出。

2. 高压泵

高效液相色谱仪利用高压泵输送流动相通过整个色谱系统。由于色谱柱很细（直径为 $1\sim6mm$），填充剂粒度小（常用颗粒直径为 $5\sim10\mu m$），因此柱阻很大，要达到快速、高效的分离，必须有很高的柱前压力才能获得高速的液流。对于高压泵来说，要求密封性好，输出流量恒定，压力平稳，可调范围宽，便于迅速更换溶剂及耐腐蚀等。

高压泵一般可分为恒流泵和恒压泵两大类。恒流泵在一定操作条件下可输出恒定体积流量的流动相。目前常用的恒流泵有往复型泵和注射型泵，其特点是可在高压下连续以恒定的流量输液，更换溶剂方便，很适于梯度洗脱。恒压泵又称为气动放大泵，是输出恒定压力的泵，其流量随色谱系统阻力的变化而变化。这类泵的优点是输出无脉动，对检测器的噪声低，通过改变气源压力即可改变流速；缺点是不能输出恒定流量的流动相，由于泵的液缸体积大，更换溶剂时操作不方便。

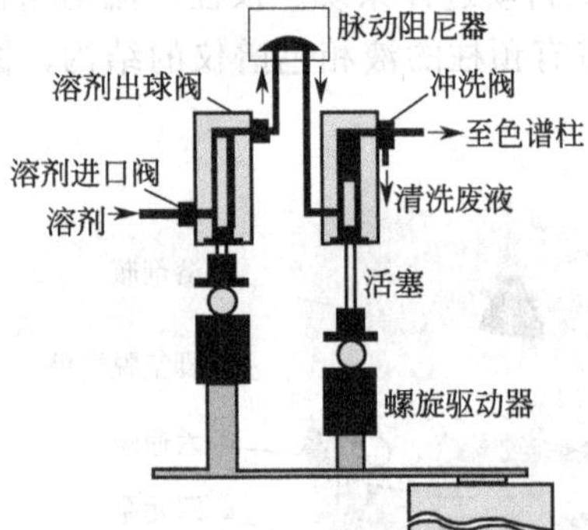

在高效液相色谱仪发展初期，恒压泵使用较多，现在主要用于液相色谱柱的制备。目前高效液相色谱仪普遍采用的是往复式恒流泵，特别是双柱塞型往复泵，如图 7-4 所示。

3. 过滤器

在高压输液泵的进口和它的出口与进样阀之间，应设置过滤器。高压输液泵的柱塞和进样阀阀芯的机械加工精密度非常高，微小的机械杂质进入流动相，会导致上述部件的损坏；同时机械杂质在柱头的积累，会造成柱压升高，使色谱柱不能正常工作。因此管道过滤器的安装是十分必要的。

图 7-4 双柱塞型往复泵

常见的溶剂过滤器和管道过滤器的结构如图 7-5 所示。过滤器的滤芯是用不锈钢烧结材料制造的，孔径为 $2\sim3\mu m$，耐有机溶剂的侵蚀。若发现过滤器堵塞（发生流量减小的现

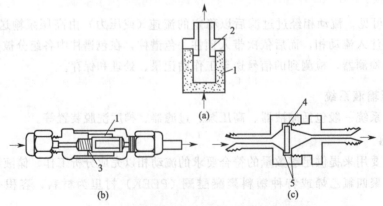

图 7-5 常见的溶剂过滤器和管道过滤器的结构
(a) 溶剂过滤器；(b)，(c) 管道过滤器
1—过滤芯；2—连接管接头；3—弹簧；4—过滤片；5—密封垫

象），可将其浸入稀 HNO_3 溶液中，在超声波清洗器中用超声波振荡 $10\sim15min$，即可将堵塞的固体杂质洗出。若清洗后仍不能达到要求，则应更换滤芯。

4. 梯度洗脱装置

在进行多组分的复杂样品的分离时，经常会碰到一些问题，如前面的一些组分分离不完全，而后面的一些组分分离度太大，且出峰很晚和峰型较差。为了使保留值相差很大的多种组分在合理的时间内全部洗脱并达到相互分离，往往要用到梯度洗脱技术。梯度洗脱在液相色谱中所起的作用相当于气相色谱中的程序升温。所谓梯度洗脱，就是在一个分析周期中，按一定程序连续改变流动相中两种（或更多种）溶剂的组成（如溶剂的极性、离子强度、pH 等）和配比，使各组分都在适宜的条件下获得分离。

梯度洗脱装置依据梯度装置所能提供的流路个数可分为二元梯度、四元梯度等，依据溶液混合的方式又可分为高压梯度和低压梯度。高压梯度一般只用于二元梯度，即用两个高压泵将溶剂增压后输入梯度混合室，加以混合后送入色谱柱。低压梯度是在常压下先将溶剂由比例阀混合后，再用泵增压送入色谱柱。图 7-6 是 HP1100 的二元泵和四元泵的梯度洗脱系统。

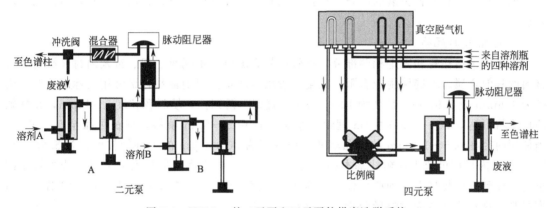

图 7-6　HP1100 的二元泵和四元泵的梯度洗脱系统

二、进样系统

进样装置是将样品溶液准确送入色谱柱的装置，要求密封性好、死体积小、重复性好、进样引起色谱分离系统的压力和流量波动要很小。常用的进样装置有以下两种。

1. 六通阀进样

现在的液相色谱仪所采用的手动进样器几乎都是耐高压、重复性好和操作方便的阀进样器。六通阀进样器是最常用的，进样体积由定量管确定，常规高效液相色谱仪中通常使用的是 $10\mu L$ 和 $20\mu L$ 体积的定量管。六通阀进样器的结构如图 7-7 所示。

操作时先将阀柄置于图 7-7（a）所示的采样位置，这时进样口只与定量管接通，处于常压状态。用平头微量注射器（体积应约为定量管体积的 $4\sim5$ 倍）注入样品溶液，样品停留在定量管中，多余的样品溶液从 6 处溢出。将进样装置阀柄顺时针转动 $60°$ 至图 7-7（b）所示的进柱位置时，流动相与定量管接通，样品被流动相带到色谱柱中进行分离分析。

2. 自动进样器

自动进样器是由计算机自动控制定量阀，按预先编制的注射样品的操作程序工作。取样、进样、复位、样品管路清洗和样品盘的转动，全部按预定程序自动进行，一次可进行几

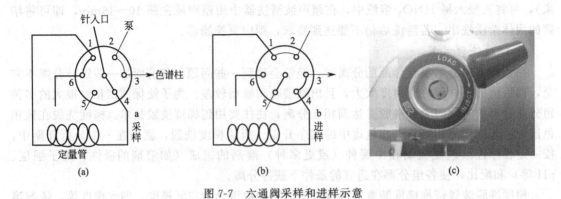

图 7-7 六通阀采样和进样示意

十个或上百个样品的分析。自动进样器的进样量可连续调节，进样重复性高，适合于大量样品的分析，节省人力，可实现自动化操作。

三、分离系统——色谱柱

色谱柱是高效液相色谱的心脏部件，柱效高、选择性好、分析速度快是对色谱柱的一般要求。

1. 色谱柱的规格

色谱柱包括柱管和固定相两部分，柱管材料有玻璃、不锈钢、铝、铜及内衬光滑的聚合材料的其他金属。玻璃管耐压有限，故金属管用得较多。目前液相色谱常用的标准柱型是内径为 4.6mm 或 3.9mm、长度为 10~50cm 的直型不锈钢柱。填料颗粒度 5~10μm，其柱效的理论值可达 5000~10000 块/m 理论塔板数。使用 3~5μm 填料，柱长可减至 5~10cm。当使用内径在 0.5~1.0mm 的微孔填充柱或内径为 30~50μm 的毛细管柱时，柱长为 15~50cm。细内径柱可获得与粗柱基本相同的柱效，而溶剂的消耗量却大为下降。若注射相同量的试样到细内径柱上，则产生较窄的峰宽从而使峰高增大，峰高的增大又使检测器的灵敏度提高。这种增强效应对痕量分析非常重要。

2. 预柱

为了保护分析柱不被污染，有时需在分析柱前加一短柱。短柱连接在进样器和色谱柱之间称为预柱或保护柱，可以防止来自流动相和样品中不溶性微粒堵塞色谱柱。一般柱长为 30~50mm，柱内装有填料和孔径为 0.2μm 的过滤片。预柱可提高色谱柱使用寿命和不使柱效下降，缺点在于增加峰的保留时间，会降低保留值较小组分的分离效率。

3. 色谱柱的填充技术

填充色谱柱的方法，根据固定相微粒的大小有干法和湿法两种。

(1) 干法　干法适用于颗粒直径大于 20μm 的填料，将柱的出口装好筛板，上端与漏斗连接，填料分次小量倒入柱中，倒入后，即在靠近填料表面柱壁处敲打、撞实，以得到填充紧密而均匀的色谱柱。

(2) 湿法　湿法也称匀浆法，适用于直径小于 20μm 的填料。具体方法是：以一种或数种溶剂配制成密度与固定相相近的溶液，经超声处理使填料颗粒在此溶液中高度分散，呈现乳浊液状态，即制成匀浆。用高压泵将顶替液打入匀浆罐，把匀浆顶入色谱柱中，可制成均匀、紧密填充的高效柱。

色谱柱在装填料之前是没有方向性的，但填充完毕后的色谱柱是有方向的，即流动相的方向应与柱的填充方向一致。色谱柱的管外都以箭头显著地标示了该柱的使用方向，安装和更换色谱柱时一定要使流动相能按箭头所指方向流动。

四、检测系统

高效液相色谱仪中的检测器是三大关键部件（高压泵、色谱柱、检测器）之一，主要用于监测经色谱柱分离后的组分浓度的变化，并由记录仪绘出谱图来进行定性、定量分析。一个理想的检测器应具有灵敏度高、重现性好、响应快、线性范围宽、适用范围广、对流动相流量和温度波动不敏感、死体积小等特性。实际过程中很难找到满足上述全部要求的 HPLC 检测器，但可以根据不同的分离目的对这些要求予以取舍，选择合适的检测器。

1. HPLC 检测器的分类

HPLC 检测器一般分为两类，总体性质检测器和溶质性质检测器。

总体性质检测器对试样和洗脱液总的物理或化学性质有相应。如折光检测器（RID）、电导检测器（CD）。此类检测器灵敏度低，易受温度和流量波动的影响，造成较大的漂移和噪声，不适合痕量分析和梯度洗脱。但近年来出现的蒸发激光散射检测器（ELSD），灵敏度比 RID 高，而且适于梯度洗脱，有望成为高效液相色谱全新的通用灵敏的质量检测器。

溶质性质检测器仅对被分离组分的物理或化学性质有响应。这类检测器包括紫外检测器（UVD）、荧光检测器（FD）等。此类检测器灵敏度高，对流动相流量和温度变化不敏感，可用于痕量分析和梯度洗脱操作。

2. 检测器的性能指标

常见检测器的性能指标见表 7-1 所列。

表 7-1　检测器性能指标

性能　　　检测器	可变波长紫外吸收	折光（示差折光）	荧　光	电　导
测量参数	吸光度(AU)	折射率(RIU)	荧光强度(AU)	电导率/(μS/cm)
池体积/μL	1～10	3～10	3～20	1～3
类型	溶质性	总体性	溶质性	总体性
线性范围	10^5	10^4	10^3	10^4
最小检出浓度/(g/mL)	10^{-10}	10^{-7}	10^{-11}	10^{-3}
最小检出量	约 1ng	约 1μg	约 1pg	约 1mg
噪声(检量参数)	10^{-4}	10^{-7}	10^{-3}	10^{-3}
用于梯度洗脱	可以	不可以	可以	不可以
对流量敏感性	不敏感	敏感	不敏感	敏感
对温度敏感性	低	10^{-4}℃	低	2%/℃

3. 几种常见的检测器

以下简单介绍目前在液相色谱中常用的紫外-可见光检测器、折光检测器、荧光检测器以及近年来出现的蒸发激光散射检测器。其他类型的检测器可参阅有关专著。

（1）紫外吸收检测器　紫外吸收检测器（ultraviolet absorption detector，UVD）是目前液相色谱中应用最广泛的检测器。它适用于对紫外光（或可见光）有吸收的样品的检测。据统计，在高效液相色谱分析中，约有 80% 的样品可以使用这种检测器。在各种检测器中，其使用率占 70% 左右。几乎所有的液相色谱装置都配有紫外吸收检测器。

它的作用原理是基于朗伯-比尔定律，吸光度与吸光系数、溶液浓度和光路长度呈直线关系，也就是说对于给定的检测池，在固定波长下，紫外吸收检测器可输出一个与样品浓度呈正比的光吸收信号——吸光度（A）。它可分为固定波长、可变波长两类。

① 固定波长紫外吸收检测器。图 7-8 为双光路紫外吸收检测器光路图。从低压汞灯发出的光束经透镜和遮光板变成两束平行光束，分别通过测量池和参比池，经滤光片滤掉非单色光，照射到构成惠斯顿电桥的两个紫外光敏电阻上，根据输出信号差可检测被测试样的浓度。检测池的设计应以减少死体积和光散射等为目标。池体积通常为 $5\sim10\mu L$，光路长 $5\sim10mm$，结构常采用 H 形（图 7-8），检测波长一般为 254nm，也有 280nm 和 315nm。

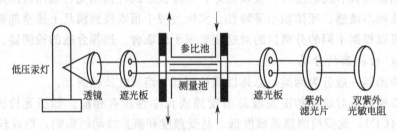

图 7-8 紫外吸收检测器光路图

② 可变波长紫外吸收检测器。这种可变波长紫外吸收检测器的设计，使它在某一时刻只能采集某一特定的单色波长的吸收信号。可变波长紫外吸收检测器，由于可选择的波长范围大，既提高了检测器的选择性，又可选用组分最灵敏吸收波长进行测定，从而提高了检测的灵敏度。它还有停留扫描功能，可绘出组分的光吸收谱图，以进行吸收波长的选择。

③ 光电二极管阵列检测器（PDAD）。光电二极管阵列检测器由光源发出的紫外或可见光通过检测池，所得组分特征吸收的全部波长经光栅分光、聚焦到阵列上同时被检测，计算机快速采集数据，得到三维色谱——光谱图，即每一个峰的在线紫外光谱图。光电二极管阵列检测器与普通紫外检测器的区别主要在于进入流通池的不再是单色光，获得的检测信号不再是单一波长上的，而是在全部紫外光波长上的色谱信号，如图 7-9 所示。因此 PDAD 不仅可用在被测组分定性检测，还可得到被测组分的光谱定性信息，如图 7-10 所示。

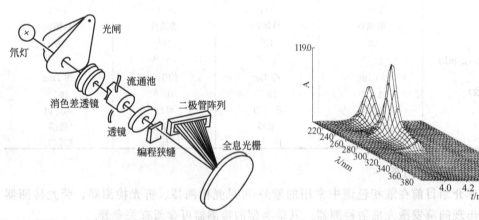

图 7-9 光电二极管阵列检测器　　　　图 7-10 PDAD 测定菲的色谱光谱图

紫外吸收检测器的灵敏度高，主要用于具有 π-π 或 p-π 共轭结构的化合物。对温度和流速不敏感，可用于梯度洗脱，结构简单，精密度和线性范围较好。缺点是不适用于对紫外光无吸收的样品，流动相选择有限制（流动相截止波长必须小于检测波长）。

（2）折光检测器　折光检测器（refractive index detector，RID），又称示差折光检测器，属于总体性能检测器。它是通过连续监测参比池和测量池中溶液的折射率之差来测定试样浓度的检测器。

溶液的折射率是纯溶剂（流动相）和纯溶质的折射率乘以各物质的浓度之和。因此溶有试样的流动相和纯流动相之间折射率之差，表示试样在流动相中的浓度。表 7-2 列出了常用溶剂在 20℃时的折射率。

表 7-2　常用溶剂在 20℃时的折射率 n

溶　剂	n	溶　剂	n	溶　剂	n
甲醇	1.3288	乙酸甲酯	1.3617	二氧六环	1.4224
水	1.3330	异丙醚	1.3679	溴乙烷	1.4239
二氯甲烷(15℃)	1.3348	乙酸乙酯(25℃)	1.3701	环己烷(19.5℃)	1.4266
乙腈	1.3441	正己烷	1.3749	氯仿(25℃)	1.4433
乙醚	1.3526	正庚烷	1.3876	四氯化碳	1.4664
正戊烷	1.3579	1-氯丙烷	1.3886	甲苯	1.4961
丙酮	1.3588	四氢呋喃(21℃)	1.4076	苯	1.5011
乙醇	1.3611				

折光检测器按原理可分为反射式、偏转式和干涉式 3 种。反射式池体积较小，应用较多。图 7-11 为反射式折光检测器的光路图。

反射式折光检测器依据菲涅尔反射原理，钨丝光源 SL 发射出的光经遮光板 M_1，经红外滤光片 F，遮光板 M_2 后，形成两束能量相同的平行光，再经透镜 L_1 分别聚焦至测量池和参比池上。透过空气-三棱镜界面、三棱镜-液体界面的平行光，由池底镜面折射后再反射出来，再经透镜 L_2 聚焦在光敏电阻 D 上。将光信号转变成电信号。信号经放大后，送入记录仪或微处理机绘出色谱图。此检测器就是通过测定经流动相折射后反射光的强度变化，来检测试样中组分浓度的。

折光检测器在适当的条件下对所有的溶质都有响应，应用范围宽。对没有紫外吸收的物质，如高分子化合物、糖类、脂肪烷烃等都能够检测。但对温度和流速极敏感，故检测器要恒温，灵敏度为 10^{-7} g/mL，灵敏度较低，不适用于梯度洗脱和痕量分析。

（3）荧光检测器　荧光检测器（fluorescence detector，FD）是各种检测器中灵敏度最高的检测器之一。它是利用某些溶质在受紫外光激发后，能发射荧光的性质进行检测的。许多有机化合物，特别是芳香族化合物具有的荧光活性很强。在一定条件下，荧光强度与物质浓度呈正比。其结构如图 7-12 所示。

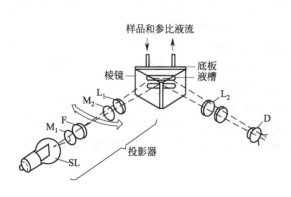

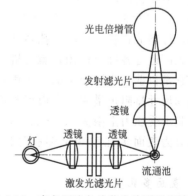

图 7-11　反射式折光检测器的光路图　　　图 7-12　直角型滤色片荧光检测器光路图

由卤钨灯发出的光通过激发光滤光片（样品的最佳激发波长一般相当于其最大吸收波长）聚集在流通池上，与激发光成 90°方向发射的荧光，由一个半球面透镜收集，通过发射滤光片聚集到光电倍增管上进行检测。

荧光检测器的灵敏度高，检出限可达 $10^{-13} \sim 10^{-12}$ g/mL，灵敏度比紫外检测器高 100 倍，适于痕量组分的分析，可用于梯度洗脱。但它的线性范围较窄，测定中不能使用可熄灭、抑制吸收荧光的溶剂作流动相。对不能直接产生荧光的物质，要使用色谱柱后衍生技术，操作比较复杂。

（4）蒸发激光散射检测器　蒸发激光散射检测器（evaporation laser spurt detector，ELSD）是一种正在迅速发展中的检测器。图 7-13 为蒸发激光散射检测器工作原理示意。色谱柱后流出物在通向检测器途中，被高速载气（N_2）喷成雾状液滴。在受温度控制的蒸发漂移管中，流动相不断蒸发，溶质形成不挥发的微小颗粒，被载气载带通过检测系统。检测系统由一个激光光源和一个光二极管检测器构成。在散射室中，光被散射的程度取决于散射室中溶质颗粒的大小和数量。粒子的数量取决于流动相的性质及喷雾气体和流动相的流速。当流动相和喷雾气体的流速恒定时，散射光的强度仅取决于溶质的浓度，这正是 ELSD 的定量基础。

蒸发激光散射检测器是一种通用型质量检测器，对所有固体物质均有几乎相等的响应，检测限一般为 8～10ng。可以用来检测挥发性低于流动相的任何样品组分，特别适于无紫外吸收的样品，主要用于糖类、高级脂肪酸、磷脂、甾族化合物。ELSD 可用于梯度洗脱。

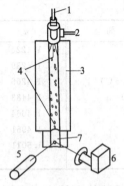

图 7-13　蒸发激光散射
检测器工作原理示意
1—HPLC 柱；2—喷雾气体；
3—蒸发漂移管；4—样品液；
5—激光光源；6—光二极管
检测器；7—散射室

第二节　液相色谱中的固定相和流动相

高效液相色谱的心脏是高效色谱柱，其中的固定相的选择和填充技术是保证色谱柱的高柱效和高分离度的关键。当固定相选定时，流动相的种类、配比能显著地影响分离效果，因此，流动相的选择也很重要。下面我们就介绍高效液相色谱的固定相和流动相。

一、固定相

高效液相色谱的固定相以能承受高压的能力来分类，可分为刚性固体和硬胶两大类。刚性固体以二氧化硅为基质，能承受 $7.0 \times 10^6 \sim 1.0 \times 10^9$ Pa 的高压，可制成直径、形状、孔隙度不同的颗粒。如果在二氧化硅表面键合各种官能团，就是键合固定相，可扩大应用范围，它是目前最广泛使用的一种固定相。硬胶主要用于离子交换和尺寸排阻色谱中，它由聚苯乙烯与二乙烯苯基交联而成，其承受压力上限为 3.5×10^8 Pa。固定相按孔隙深度分类，可分为表面多孔型和全多孔型固定相两类，如图 7-14 所示。

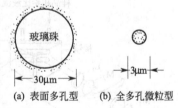

(a) 表面多孔型　　(b) 全多孔微粒型
图 7-14　高效液相色谱固相类型

1. 表面多孔型固定相

它的基体是实心玻璃珠，在玻璃珠外表面覆盖一层多孔活性材料，如硅胶、氧化铝、离子交换剂、分子筛、聚酰胺等，其厚度为 1～2μm，以形成无数向外开放的浅孔。表面活性材料为硅胶的固定相，如国外的 Zipax、Corasil Ⅰ和Ⅱ、Vydac、Pellosil 以及上海试剂一厂的薄壳玻璃珠等；表面活性材料为氧化铝的固定相，如 Pellumina；为聚酰胺的，如 Pellion。这类固定相的多孔层厚度小、孔浅，相对死体积小，出峰快，柱效高，颗粒较大，渗透性好，装柱容易。梯度淋洗能迅速达平衡，较适合做常规分析。由于多孔层厚度薄，最大允许量受到限制。

2. 全多孔型固定相

它由直径为 10nm 的硅胶微粒凝聚而成，如国外的 Porasil、Zorbex、Lichrosorb 系列，上海试剂一厂的堆积硅珠，青岛海洋化工厂的 YWG 系列，天津试剂二厂的 DG 系列等。也可由氧化铝微粒凝聚成全多孔型固定相，如国外的 Lichrosorb ALOXT，这类固定相由于颗粒很细（$5 \sim 10\mu m$），孔仍然较浅，传质速率快，易实现高效、高速，特别适合复杂混合物的分离及痕量分析。其最大允许进样量比表面多孔型大 5 倍，因此，通常采用此类固定相。

两类固定相的性能比较见表 7-3 所列。

表 7-3　两类固定相的性能比较

性能	表面多孔型	全多孔型	性能	表面多孔型	全多孔型
平均粒度/μm	$30 \sim 40$	$5 \sim 10$	样品容量/(mg/g)	$0.05 \sim 0.1$	$1 \sim 5$
最佳 HETP[①]/mm	$0.2 \sim 0.4$	$0.01 \sim 0.03$	比表面积(液固色谱)/(m^2/g)	$10 \sim 15$	$5 \sim 25$
典型柱长/mm	$50 \sim 100$	$10 \sim 30$	键合相覆盖率 w/%	$0.5 \sim 1.5$	$400 \sim 600$
典型柱径/mm	$2 \sim 3$	$2 \sim 5$	离子交换容量/(μmol/g)	$10 \sim 40$	$2000 \sim 5000$
降压[②]/(Pa/cm)	1.4×10^5	1.4×10^6	装柱方式	干装法	匀浆法

① HETP：理论塔板高。

② 系制柱径为 2.1 mm、流动相速率 1mL/min 以及流动相黏度为 3×10^{-4}Pa·s 时的压降。

二、流动相

由于高效液相色谱中流动相是不同极性的液体，它对组分有亲和力，并参与固定相对组分的竞争。因此，正确选择流动相将直接影响组分的分离度。

对流动相溶剂的要求如下所述。

（1）高纯度　由于高效液相色谱法的灵敏度高，对流动相溶剂的纯度也要求高，不纯的溶剂会引起基线不稳，或产生"伪峰"。

（2）应与检测器相匹配　例如对紫外吸收检测器而言，不能用对紫外光有吸收的溶剂。

（3）对试样要有适宜的溶解度　否则，在柱头易产生部分沉淀。

（4）化学稳定性好　不能选用与样品发生反应或聚合的溶剂。

（5）低黏度　若使用高黏度溶剂，势必增高 HPLC 的流动压力，不利于分离。常用的低黏度溶剂有丙酮、甲醇、乙腈等。但黏度过低的溶剂也不宜采用，例戊烷、乙醚等，它们易在色谱柱或检测器形成气泡，影响分离。

（6）毒性小，安全性好　在选用溶剂时，溶剂的极性显然仍为重要的依据。例如在正相液-液色谱中，可先选中等极性的溶剂为流动相，若组分的保留时间太短，表示溶剂的极性太大；改用极性较弱的溶剂，若组分保留时间太长，则再选极性在上述两种溶剂之间的溶剂；如此多次实验，以选得最适宜的溶剂。

常用溶剂的极性顺序排列如下：水（极性最大），甲酰胺，乙腈，甲醇，乙醇，丙醇，丙酮，二氧六环，四氢呋喃，甲乙酮，正丁醇，醋酸乙酯，乙醚，异丙醚，二氯甲烷，氯仿，溴乙烷，苯，氯丙烷，甲苯，四氯化碳，二硫化碳，环己烷，己烷，庚烷，煤油（极性最小）。

为了获得合适的溶剂强度（极性），常采用二元或多元组合的溶剂系统作为流动相，流动相中溶剂的组合选择直接影响分离效率。正相色谱中，流动相主体采用低极性溶剂如正己烷、苯、氯仿等；而根据试样的性质选取加入极性较强的针对性溶剂如醚、酯、酮、醇和酸等。在反相色谱中，通常以水为流动相的主体，以加入不同配比的有机溶剂作调节剂。常用的有机溶剂是甲醇、乙腈、二氧六环、四氢呋喃等。

第三节　液相色谱法的主要类型

按分离机理的不同，高效液相色谱法可分为下述几种类型：液-液色谱法、液-固色谱法、键合相色谱法、离子交换色谱法、空间排阻色谱法与亲和色谱法等。我们这里主要介绍前三种类型。

一、液-液分配色谱

1. 分离原理

流动相和固定相都是液体。从理论上讲，流动相与固定相之间应互不相溶，两者之间有一明显的分界面。试样溶于流动相后，在色谱柱内经过分界面进入固定液（固定相）中，由于试样组分在固定相和流动相之间的溶解度存在差异，因而溶质在两相间进行分配，很快达到分配平衡。这种分配平衡反复多次进行，造成各组分的差速迁移，从而实现了分离。

根据所使用的流动相和固定相的极性不同，将其分为正相分配色谱法和反相分配色谱法。如果采用流动相的极性小于固定相的极性，称为正相分配色谱法，它适于极性化合物的分离，其流出顺序是极性小的组分先流出，极性大的组分后流出。如果采用流动相的极性大于固定相的极性，称为反相分配色谱，它适于非极性化合物的分离，其流出顺序与正相分配色谱恰好相反。

2. 固定相

液-液色谱固定相有两部分组成，一部分是惰性载体，另一部分是涂渍在惰性载体上的固定液。全多孔型和表面多孔型皆可作为液-液色谱固定相的惰性载体。由于液-液色谱中流动相参与选择竞争，因此，对固定相选择较简单，只需要使用几种极性不同的固定液即可解决分离问题。例如，最常用的强极性固定液 β,β-氧二丙腈、中等极性的聚乙二醇和非极性的角鲨烷等。

3. 流动相

在液-液色谱中，为了避免固定液的流失，对流动相的一个基本要求是流动相尽可能不与固定相互溶，而且流动相与固定相的极性差别越显著越好。正相色谱中，流动相主体采用低极性溶剂如正己烷、庚烷等，可加入小于20％的极性改进剂1-氯丁烷、异丙醚、二氯甲烷、四氢呋喃、氯仿、乙酸乙酯、乙醇、甲醇、乙腈等。在反相色谱中，通常以水为流动相的主体，加入小于10％的改性剂，如二甲基亚砜、乙二醇、甲醇、乙腈、丙酮、二氧六环、四氢呋喃、异丙醇等。

二、液-固吸附色谱

1. 分离原理

液-固吸附色谱法是以固体吸附剂作为固定相，吸附剂通常是些多孔的固体颗粒物质，在它们的表面存在吸附中心。液-固色谱实质是根据物质在固定相上的吸附作用不同而进行分离的。当试样随流动相通过吸附剂时，由于流动相与试样中各组分对吸附剂的吸附能力不同，故在吸附剂表面组分分子和流动相分子对吸附剂表面活性中心发生吸附竞争。与吸附剂结构和性质相似的组分被吸附，表现了高保留值；反之，与吸附剂结构和性质差异较大的组分不易被吸附，表现了低保留值。液-固色谱法适用于分离相对分子质量中等的油溶性样品，对具有不同官能团的化合物和异构体有较高的选择性。

2. 固定相

吸附色谱所用的固定相大多是一些吸附活性强弱不等的吸附剂，如硅胶、氧化铝、聚酰胺等。由于硅胶优点较多，如机械性能好，不产生溶胀，与大多数试样不发生化学反应等，因此，以硅胶用得最多。

在高效液相色谱法中，表面多孔型和全多孔型都可作为吸附色谱中的固定相，它们具有填料均匀、粒度小、孔穴浅的优点，能极大地提高柱效。但表面多孔型由于试样容量较小，目前最广泛使用的还是全多孔型微粒填料。

3. 流动相

在液-固色谱中，选择流动相的基本原则是对极性大的试样采用极性强的流动相，对极性弱的试样则用极性弱的流动相。

流动相的极性强弱可用溶剂强度参数 ε^0 表示。ε^0 是指每单位面积吸附剂表面的溶剂的吸附能力，ε^0 越大，表明流动相的极性也越大。表 7-4 列出以氧化铝为吸附剂时，一些常用流动相的洗脱强度次序。实际工作中，应根据流动相的洗脱次序，通过实验，选择合适强度的流动相。

表 7-4 氧化铝上的洗脱序列

溶 剂	ε^0	溶 剂	ε^0	溶 剂	ε^0
正戊烷	0.00	氯仿	0.40	乙腈	0.65
异戊烷	0.01	二氯甲烷	0.42	二甲基亚砜	0.75
环己烷	0.04	二氯乙烷	0.44	异丙醇	0.82
四氯化碳	0.18	四氢呋喃	0.45	甲醇	0.95
甲苯	0.29	丙酮	0.56		

三、键合相色谱法

采用化学键合相的液相色谱称为化学键合相色谱法，简称键合相色谱法。键合相色谱法是由液-液分配色谱法发展起来的。分配色谱法虽有较好的分离效果，但在分离过程中，由于机械吸附在载体上固定液的流失，使柱效和分离选择性下降。为了解决固定液流失问题，人们将各种不同的有机基团通过化学反应共价键合到硅胶（载体）表面游离羟基上，而生成化学键合固定相，并进而发展成键合相色谱法。

由于键合固定相非常稳定，在使用中不易流失，适用于梯度淋洗，特别适用于分离容量因子 k 值范围宽的样品。由于键合到载体表面的官能团可以是各种极性的，因此它适用于种类繁多样品的分离。目前键合相色谱法已逐渐取代液-液分配色谱法，获得日益广泛的应用。

根据键合固定相与流动相相对极性的强弱，可将键合相色谱法分为正相键合相色谱法和反相键合相色谱法。在正相键合相色谱法中，键合固定相的极性大于流动相的极性，适用于分离油溶性或水溶性的极性和强极性化合物。在反相键合相色谱法中，键合固定相的极性小于流动相的极性，适于分离非极性、极性或离子型化合物，其应用范围比正相键合相色谱法更广泛。据统计在高效液相色谱法中，约 $70\%\sim80\%$ 的分析任务都是由反相键合相色谱法来完成的。

1. 分离原理

（1）正相键合相色谱的分离原理 在正相键合相色谱法中使用的是极性键合固定相（表面具有氨基、氰基、醚基的极性固定相），溶质在此类固定相上的分离机理属于分配色谱。

（2）反相键合相色谱的分离原理　　在反相键合相色谱法中使用的是非极性键合固定相（表面具有烷基或苯基的非极性固定相）其分离机理可用疏溶剂作用理论来解释。这种理论认为，键合在硅胶表面的非极性基团有较强的疏水特性。当用极性溶剂作为流动相来分离含有极性官能团的有机化合物时，一方面，分子中的非极性部分与固定相表面上的疏水基团产生缔合作用，使它保留在固定相中；而另一方面，被分离物的极性部分受到极性流动相的作用，促使它离开固定相，并减小其保留作用（图7-15）。显然，两种作用力之差，决定了被测分子在色谱中的保留行为。由于不同溶质分子这种能力的差异是不一致的，所以流出色谱柱的速度是不一致的，从而使得各组分得到了分离。

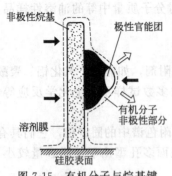

图7-15　有机分子与烷基键合相之间的缔合作用

➡ 表示缔合物的形成；

⇨ 表示缔合物的解缔

2. 固定相

化学键合固定相广泛使用全多孔或表面多孔型微粒硅胶作为基体，这是由于硅胶具有机械强度好、表面硅羟基反应活性高、表面积和孔结构易于控制的特点。表7-5列出了化学键合固定相的具体类型和应用范围。

表7-5　键合固定相的类型及应用范围

类　型	键合官能团	性质	色谱分离方式	应用范围
烷基 C_8、C_{18}	$-(CH_2)_7-CH_3$ $-(CH_2)_{17}-CH_3$	非极性	反相、离子对	中等极性化合物，溶于水的高级性化合物，如：小肽、蛋白质、甾族化合物（类固醇）、核碱、核苷、核苷酸、极性化合物等
苯基 $-C_6H_5$	$-(CH_2)_3-C_6H_5$	非极性	反相、离子对	非极性至中等极性化合物，如：脂肪酸、甘油酸、多核芳烃、酯类（邻苯二甲酸酯）、脂溶性维生素、甾族化合物（类固醇）、PTH衍生物氨基酸
酚基 $-C_6H_5OH$	$-(CH_2)_3-C_6H_5OH$	弱极性	反相	中等极性化合物，保留特性相似于C_8固定相，但对多环芳烃、极性芳香族化合物、脂肪酸等具有不同的选择性
醚基 $-CH-CH_2$ $\diagdown O \diagup$	$-(CH_2)_3-O-CH_2-CH-CH_2$ $\diagdown O \diagup$	弱极性	反相或正相	醚基具有斥电子基团，适于分离酚类、芳硝基化合物，保留行为比C_{18}更强（k'增大）
二醇基 $-CH-CH_2$ $\ \ OH\ \ OH$	$-(CH_2)_3-O-CH_2-CH-CH_2$ $OH\ \ OH$	弱极性	正相或反相	二醇基团比未改性的硅胶具有更弱的极性，易用水润湿，适于分离有机酸及齐聚物，还可作为分离肽、蛋白质的凝胶过滤色谱固定相
芳硝基 $-C_6H_5-NO_2$	$-(CH_2)_3-C_6H_5-NO_2$	弱极性	正相或反相	分离具有双键的化合物，如芳香族化合物、多环芳烃
腈基 $-CN$	$-(CH_2)_3-CN$	极性	正相（反相）	正相似于硅胶吸附剂，为氢键接受体，适于分析极性化合物，溶质保留值比硅胶还低；反相可提供与C_8、C_{18}苯基柱不同的选择性

续表

类　型	键合官能团	性质	色谱分离方式	应用范围
氨基 —NH_2	—$(CH_2)_3$—NH_2	极性	正相 (反相、阴离子交换)	正相可分离极性化合物,如芳胺取代物,脂类,甾族化合物,氯代农药;反相分离单糖、双糖和多糖碳水化合物;阴离子交换可分离酚、有机羧酸和核苷酸
二甲氨基 —$N(CH_3)_2$	—$(CH_2)_3$—$N(CH_3)_2$	极性	正相、阴离子交换	正相相似于氨基柱的分离性能;阴离子交换可分离弱有机物
二氨基 —$NH(CH_2)_2NH_2$	—$(CH_2)_3$—NH—$(CH_2)_2$—NH_2	极性	正相、阴离子交换	正相相似于氨基柱的分离性能;阴离子交换可分离有机碱

非极性烷基键合相是目前应用最广泛的柱填料,尤其 C_{18} 反相键合相(简称 ODS)在反相液相色谱中发挥着重要的作用,它可完成高效液相色谱分析任务的 70%～80%。

3. 流动相

键合相色谱中使用的流动相和液-固色谱、液-液色谱使用的流动相有相似之处。

(1) 正相键合相色谱的流动相　在正相键合相色谱中,采用和正相液-液色谱相似的流动相,流动相主体成分为非极性烃类溶剂如己烷、庚烷、异辛烷等,为改善分离的选择性常加入适量的极性溶剂如氯仿、醇、乙腈等。

(2) 反相键合相色谱的流动相　在反相键合相色谱中,采用和反相液-液色谱相似的流动相,流动相主体成分为水,为改善分离的选择性常加入适甲醇、乙腈、四氢呋喃等。

实际使用中,一般采用甲醇-水体系已能满足多数样品的分离要求。由于甲醇的毒性为乙腈的 1/5,且价格便宜 6～7 倍,因此反相键合色谱法中应用最广泛的流动相是甲醇-水体系。

第四节　液相色谱仪的日常维护

一、流动相

1. 溶剂的纯化

分析纯和优级纯溶液在很多情况下可以满足色谱分析的要求,但不同的色谱柱和检测方法对溶剂的要求不同,如用紫外检测器检测时溶剂中就不能含有在检测波长下有吸收的杂质。目前专供色谱分析用的"色谱纯"溶剂除最常用的甲醇外,其余多为分析纯,有时要进行除去紫外杂质、脱水、重蒸等纯化操作。

乙腈也是常用的溶剂,分析纯乙腈中还含有少量的丙酮、丙烯腈、丙烯醇等化合物,产生较大的背景吸收。可以采用活性炭或酸性氧化铝吸附纯化,也可采用高锰酸钾/氢氧化钠氧化裂解与甲醇共沸的方法进行纯化。

四氢呋喃中的抗氧化剂 BHT (3,5-二叔丁基-4-羟基甲苯) 可以通过蒸馏除去。四氢呋喃在使用前应蒸馏,长时间放置又会被氧化,因此最好在使用前先检查有无过氧化物。方法是取 10mL 四氢呋喃和 1mL 新配制的 10% 碘化钾溶液,混合 1min 后,不出现黄色即可使用。

与水不混溶的溶剂(如氯仿)中的微量极性杂质(如乙醇),卤代烃(CH_2Cl_2)中的 HCl 杂质可以用水萃取除去,然后再用无水硫酸钙干燥。

正相色谱中使用的亲油性有机溶剂通常都含有 50～2000μg/mL 的水。水是极性最强的溶剂,特别是对吸附色谱来说,即使很微量的水也会因其强烈的吸附而占领固定相中很多吸附活性点，致使固定相性能下降。通常可用分子筛干燥除去微量水。

卤代溶剂与干燥的饱和烃混合后性质比较稳定，但卤代溶剂（氯仿、四氯化碳）与醚类溶剂（乙醚、四氢呋喃）混合后发生化学反应，生成的产物对不锈钢有腐蚀作用，有的卤代溶剂（如二氯甲烷）与一些反应活性较强的溶剂（如乙腈）混合放置后会析出结晶。因此，应尽可能避免使用卤代溶剂或现配现用。

2. 流动相的脱气

流动相在使用前必须进行脱气处理，以除去其中溶解的气体（如 O_2），以防止气泡进入检测器后会引起检测信号的突然变化，在色谱图上出现尖锐的噪声峰。小气泡慢慢聚集后会变成大气泡，大气泡进入流路或色谱柱中会使流动相的流速变慢或不稳定，致使基线起伏。此外溶解在流动相中的氧气常和一些溶剂结合生成有紫外吸收的化合物，在荧光检测中，溶解氧还会使荧光淬灭。溶解气体也有可能引起某些样品的氧化降解和使其溶解从而导致 pH 发生变化。凡此种种，都会给分离带来负面的影响。

目前，液相色谱流动相脱气使用较多的方法有超声波振荡脱气、惰性气体鼓泡吹扫脱气以及在线（真空）脱气装置 3 种。

超声波振荡脱气的方法是将配制好的流动相连同容器一起放入超声水槽中，脱气 10～20min 即可。该法操作简便，又基本能满足日常分析的要求，因此，目前仍被广泛采用。

吹氦脱气法是使用在液体中比空气溶解度低的氦气，在 0.1MPa 压力下，以约 60mL/min 流速通入流动相 10～15min 以驱除溶解的气体。因氦气本身在流动相中的溶解度很小，而微量氦气所形成的小气泡对检测没有影响，从而达到脱气的目标。此法适用于所有的溶剂，脱气效果较好，但在国内因氦气价格较贵，本法使用较少。

在线真空脱气装置的原理是将流动相通过一段由多孔性合成树脂膜构成的输液管，该输液管外有真空容器。真空泵工作时，膜外侧被减压，相对分子质量小的氧气、氮气、二氧化碳就会从膜内进入膜外而被排除。图 7-16 是单流路真空脱气装置的原理图。在线真空脱气装置的优点是可同时对多个流动相溶剂进行脱气。

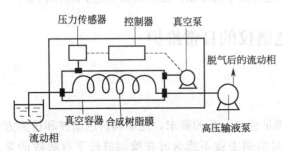

图 7-16　单流路真空脱气装置的原理

3. 流动相的过滤

过滤是为了防止不溶物堵塞流路或色谱柱入口处的微孔垫片。流动相过滤常使用 P_{16}（G_4）微孔玻璃漏斗，可除去 3～4μm 以下的固态杂质。严格地讲，流动相都应该采用特殊的流动相过滤器，用 0.45μm 以下微孔滤膜进行过滤后才可使用。

4. 流动相的更换

在分析过程中，有时需要更换流动相进行分析。一定要注意前一种使用的流动相和所更换的流动相是不是能够相溶。如果前一种使用的流动相和所更换的流动相不能够相溶，那就要特别注意了。要采用一种与这两种需更换的流动相都能够相溶的流动相进行过渡、清洗。较为常用的过渡流动相为异丙醇，但实际操作中要看具体情况而定，原则就是采用与这两种需更换的流动相都能够相溶的流动相。一般清洗的时间为 30～40min，直至系统完全稳定。

二、储液器

① 完全由 HPLC 级溶剂组成的流动相不必过滤，其他溶剂在使用前都应用 0.45μm 的

滤膜过滤后才可使用，以保持储液器的清洁。

② 过滤器使用 3～6 个月后或出现阻塞现象时要及时更换，以保证仪器正常运行和溶剂的质量。

③ 用普通溶剂瓶作流动相储液器时应不定期更换（如每月一次），买来的专用储液器也应定期用酸、水和溶剂清洗（最后一次清洗应选用 HPLC 级的水或有机溶剂）。

三、高压泵

① 用高质量试剂和 HPLC 级溶剂，在进入仪器前用 $0.45\mu m$ 膜过滤，并进行脱气处理。

② 每天开始使用时放空排气。

③ 如用缓冲溶液作流动相或已一段时间不使用泵，工作结束后从泵中用含量较高的超纯水或去离子水洗去系统中的盐，然后用纯甲醇冲洗。

④ 不让水或腐蚀性溶剂滞留泵中。

⑤ 定期更换垫圈，平时应常备泵密封垫、单向阀、泵头装置、各式接头、保险丝等部件和工具。

四、进样器

① 对六通进样阀而言，保持清洁和良好的装置可延长阀的使用寿命，用溶剂冲洗进样口时应该在进样位置时进行。

② 进样前应使样品混合均匀，以保证结果的精确度。

③ 样品瓶应清洗干净，无可溶解的污染物。

④ 自动进样器的针头应有钝化斜面，侧面开孔；针头一旦弯曲应该换上新针头，不能继续使用；吸液时针头应没入样品溶液中，但不能碰到样品瓶底。

⑤ 为了防止缓冲盐和其他残留物留在进样系统中，每次工作结束后应冲洗整个系统。

五、色谱柱

① 在进样阀后加流路过滤器（$0.5\mu m$ 烧结不锈钢片），挡住来源于样品和进样阀垫圈的微粒。

② 在流路过滤器和分析柱之间加上"保护柱"，收集阻塞柱进口的、来自样品的、会降低柱效能的化学"垃圾"；保护柱是易耗品，实验室应有备用保护柱。

③ 色谱柱应避免突然变化的高压冲击。

④ 色谱柱应在要求的 pH 范围和柱温范围下使用，应使用不损坏柱的流动相。

⑤ 进样前应将样品进行必要的净化，以免进样后对色谱柱造成损伤。

⑥ 每次工作结束后，应用强溶剂冲洗色谱柱。

⑦ 色谱柱长时间不用或储藏时，应封闭储存在惰性溶剂中。

六、检测器

检测器的日常维护可见本章各检测器的介绍，或者查阅该检测器的使用说明。

第五节　液相色谱法应用和实验技术

一、液相色谱法应用

高效液相色谱法经过 40 年的发展，在色谱理论研究、仪器研制水平、分析实践应用等方面，已经取得长足的进步。现在高效液相色谱法已在制药工业研究和生产中、食品工业分析中、环境监测、生物化学和生物工程研究中、石油化工产品分析中获得广泛的应用。

1. 在医药研究中的应用

高效液相色谱法由于具有高选择性、高灵敏度等特点，已成为医药研究的有力工具。人工合成药物的纯化及成分的定性、定量测定，中草药有效成分的分离、制备及纯度测定，临床医药研究中人体血液和体液中药物浓度、药物代谢的测定，新型高效手性药物中手性对映体含量的测定等，所有这一切都需用到高效液相色谱的不同测定方法予以解决。下面我们介绍高效液相色谱法在常用药物中的应用。

磺胺类消炎药主要用于细菌感染疾病的治疗。图 7-17 为磺胺类药物的反相色谱分离谱图。

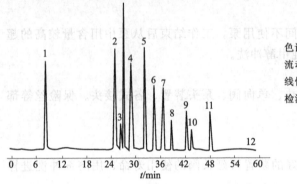

色谱柱：Partisil-ODS($5\mu m$, 4.6mm×250mm)
流动相：(A)10% 甲醇水溶液；(B)1% 乙酸的甲醇溶液
线性梯度程序：(B)组分以 1.7%/min 的速率增加。
检测器：UVD(254nm)

图 7-17　磺胺类药物的反相色谱分离谱图

1—磺胺；2—磺胺嘧啶；3—磺胺吡啶；4—磺胺甲基嘧啶；5—磺胺二甲基嘧啶；6—磺胺氯哒嗪；7—磺胺二甲基异噁唑；8—磺胺乙氧哒嗪；9—4-磺胺-2,6-二甲氧嘧啶；10—磺胺喹噁啉；11—磺胺溴甲吖嗪；12—磺胺呱

2. 在食品分析中的应用

食品是人类生活中不可缺少的必需品，各种食品具有不同的特性和营养成分，它所包含的糖、有机酸、维生素、蛋白质、氨基酸、脂肪等直接关系人体的健康。在食品生产过程，往往需添加防腐剂、抗氧化剂、人工合成色素、甜味剂、保鲜剂等化学物质，它们的含量过高就会危害人体健康。此外由于环境污染，也会使食品沾污有害的微量元素、农药残留、黄曲霉素等。因此食品分析的重要性日益受到人们的关注。近年来高效液相色谱分析法在食品分析中的应用日益增多，它比化学分析法操作简便、快速，并能提供更多有用信息。食品添加剂主要指防腐剂、抗氧化剂、甜味剂、香料和天然或人工合成色素。图 7-18 为 9 种抗氧化剂在反相键合柱上的分离色谱图。

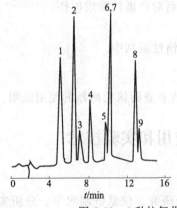

色谱柱：Lichrosorb RP-18 3.2mm×250mm, $10\mu m$；
流动相：梯度洗脱在 16min 内从 H_2O：乙酸(95：5)增加至乙腈：乙酸(95：5)；
流量：1mL/min；检测器：UVD(280nm)

图 7-18　9 种抗氧化剂在反相键合柱上的分离色谱图

1—棓酸丙酯；2—2,4,5-三羟基苯丁酮；3—叔丁基对苯二酚；4—去甲二氢愈创木酸；5—叔丁基对羟苯甲醚；6—2-叔丁基-4-羟甲基苯酚；7—棓酸辛酯；8—棓酸十二酯；9—二叔丁基甲酚

3. 在环境保护中的应用

高效液相色谱法适用于对环境中存在的高沸点有机物的分析，如大气、水、土壤和食品中存在的多环芳烃、多氯联苯等的测定。

多环芳烃是可以引起癌症的有毒物质，是环境监测中的重要监测对象，图 7-19 为多环芳烃化合物的分离色谱图。

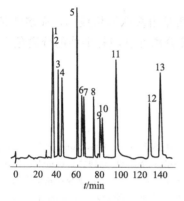

色谱柱:$I_{SCO}C_{18}$,键合十八烷基硅,3μm,100mm×2mm,
流动相:甲醇+水(80+20) 流速:1.2mL/min
柱温:室温　检测器:UV(254nm)

图 7-19　多环芳烃化合物的分离色谱图

1—硝基苯酚；2—苯酚；3—乙酰苯酚；4—硝基苯；5—苯酮；6—甲苯；

7—溴苯；8—萘；9—杂质；10—二甲苯；11—联苯；12—菲；13—蒽

4. 农药残留的检验

农药可分为杀菌剂、除草剂和杀虫剂。由化学组成可分为有机氯农药、有机磷农药、氨基甲酸酯、含氮除草剂、苯氧羧酸除草剂等。各种农药使用后残留存在于土壤、水、植物体中，对不易降解的农药，经食物链会在人体中聚集，从而造成对人体健康的危害。

有机磷农药施用后，受热会分解，残留物危害较小，但其自身有强毒性和恶臭味，施用过程中会对人、畜造成伤害。图 7-20 为有机磷农药的分离色谱图。色谱柱流出液经一石英毛

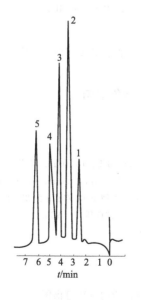

色谱柱:Lichrosorb RP-18,0.7mm×200mm,5μm 微填充毛细管柱
流动相:80%甲醇水溶液,流量:40μL/min

图 7-20　有机磷农药的分离色谱图

1—敌百虫；2—乙基对氧磷；3—马拉硫磷；4—杀硫磷；5—乙基对硫磷

细管接口加热到300℃，用 N_2 气喷雾，溶剂挥发后，样品被 N_2 气带入热离子检测器检测（也可用蒸发激光散射检测器检测），对磷的最小检出量为 $0.2\sim0.5pg/s$。

5. 在生物化学和生物工程中的应用

目前随着生命科学和生物工程技术的迅速发展，人们对氨基酸、多肽、蛋白质及核碱、核苷、核苷酸、核酸等生物分子的研究兴趣日益增加。高效液相色谱法中的很多方法都可用于上述多种生物分子的分离和分析。

蛋白质是一切生物体的主要组成成分。蛋白质是由多肽链构成的，而多肽又是由氨基酸组成的。图 7-21 显示了用 Spherisorb ODS 色谱柱分离氨基酸标准物的分离色谱图。

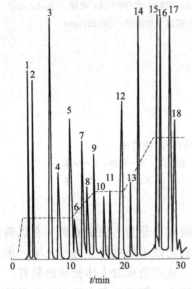

色谱柱：Spherisob ODS，150mm×4.6mm，5μm
流动相：A. $NaNO_3$ 处理的 0.01mol/L 磷酸二氢盐，
离子强度为 0.08mol/L，四氢呋喃1%；B. 甲醇
检测器：荧光检测器（$\lambda_{ex}=340nm$；$\lambda_{em}=425nm$）

图 7-21　分离氨基酸标准物的分离色谱图
1—Asp；2—Glu；3—Asn；4—Ser；5—Gln；6—His；7—Hse；8—Gly；9—Thr；10—Arg；
11—β-Ala；12—Ala；13—GABA；14—Tyr；15—Val；16—Phe；17—Ile；18—Leu

6. 在精细化工分析中的应用

在精细化工生产中使用的具有较高分子量和较高沸点的有机化合物，都可使用高效液相色谱法进行分析。

图 7-22 为脂肪酸的对溴苯酰甲酯在反相键合相的分离色谱图。

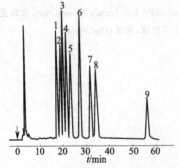

色谱柱：Pelliguard LC-18（40μm（薄壳），4.6mm×490mm）
＋Supelcosil LC-18（5μm，4.6mm×250mm）（串联双柱）
流动相：甲醇＋乙腈＋水（体积比为 82∶9∶9）
流量：1mL/min，柱前压：7.0MPa，
检测器：UVD（254nm）

图 7-22　脂肪酸的对溴苯酰甲酯在反相键合相的分离色谱图
1—亚麻酸；2—肉豆蔻酸；3—9-十六碳烯酸；4—二十碳四烯酸；
5—亚油酸；6—二十碳三烯酸；7—软脂酸；8—油酸；9—硬脂酸

二、实验技术

实验 7-1　高效液相色谱法测定饮料中咖啡因

（一）实验目的

① 学习高效液相色谱仪的操作。

② 了解高效液相色谱法测定咖啡因的基本原理。

③ 掌握高效液相色谱法进行定性及定量分析的基本方法。

（二）基本原理

咖啡因又称咖啡碱，是由茶叶或咖啡中提取而得的一种生物碱，它属于黄嘌呤衍生物，化学名称为 1,3,7-三甲基黄嘌呤。咖啡因能兴奋大脑皮层，使人精神兴奋。咖啡中含咖啡因约为 1.2%～1.8%，茶叶中约含 2.0%～4.7%。可乐饮料、APC 药片等中均含咖啡因。其分子式为 $C_8H_{10}O_2N_4$，结构式为：

$$
\begin{array}{c}
\text{（结构式）}
\end{array}
$$

定量测定咖啡因的传统分析方法是采用萃取分光光度法。反相高效液相色谱法是将饮料中的咖啡因与其他组分（如：单宁酸、咖啡酸、蔗糖等）分离后，将已配制的浓度不同的咖啡因标准溶液进入色谱系统。如流动相流速和泵的压力在整个实验过程中是恒定的，测定它们在色谱图上的保留时间 t_R 和峰面积 A 后，可直接用 t_R 定性，用峰面积 A 作为定量测定的参数，采用工作曲线法（即外标法）测定饮料中的咖啡因含量。

（三）仪器和试剂

1. 仪器

高效液相色谱仪；紫外-可见光检测器；正十八烷烷基键合色谱柱（5μm，4.6mm×150mm）；平头微量注射器（10μL 或 25μL）；超声波清洗器；流动相过滤器；无油真空泵。

2. 试剂

咖啡因标准品（分析纯）；甲醇（色谱纯）；二次蒸馏水；待测饮料试液。

（四）实验步骤

1. 流动相的预处理

配制甲醇：水＝20：80 的流动相 1000mL，并进行处理。

2. 标准溶液配制

① 配制浓度为 0.25mg/mL 的咖啡因标准储备液 100mL，用流动相溶解。

② 标准使用液：用上述储备液配制质量浓度分别为 25μg/mL、50μg/mL、75μg/mL、100μg/mL、125μg/mL 的标准系列溶液。

3. 试样的预处理

市售饮料用 0.45μm 水相滤膜减压过滤后，至于冰箱中冷藏保存。

4. 色谱柱的安装和流动相的更换

将正十八烷色谱柱安装在色谱仪上，将流动相更换成甲醇：水＝20：80 的溶液。

5. 高效液相色谱开机

开机，将仪器调试到正常工作状态，流动相流速设置为 1.2mL/min；检测器波长

254nm，打开工作站。

打开输液泵旁路开关，排出流路中的气泡，启动输液泵。

6. 标样的分析

① 待基线稳定后，用平头微量注射器分别进标准系列溶液 20μL，记录色谱图和分析结果。

② 每个样品平行测定 2~3 次。

7. 饮料样品的分析

重复注射饮料样品 20μL 2~3 次，记录色谱图和分析结果。

如果样品中咖啡因的色谱峰面积超出曲线范围，可用流动相适当稀释饮料样品。

8. 关机

所有样品分析完毕后，按照正常步骤关机。

（五）结果处理

序号	标样浓度/(μg/mL)	保留时间 t_R	色谱峰面积 A	色谱峰高度 H
1	25			
2	50			
3	75			
4	100			
5	125			
6	饮料			

（六）注意事项

① 不同品牌的饮料咖啡因含量不大相同，称取的样品量可酌量增减。

② 为获得良好结果，标准和样品的进样量要严格保持一致。

（七）思考题

① 用标准曲线法定量的优缺点是什么？

② 若标准曲线用咖啡因浓度对峰高作图，能给出准确结果吗？与本实验的标准曲线相比何者优越？为什么？

③ 高效液相色谱柱一般可在室温进行分离，而气相色谱柱则必须恒温，为什么？高效液相色谱柱有时也实行恒温，这又是为什么？

实验 7-2　果汁（苹果汁）中有机酸的分析

（一）实验目的

学习果汁样品的预处理和分析方法。

（二）基本原理

在食品中主要的有机酸是乙酸、乳酸、丁二酸、苹果酸、柠檬酸、酒石酸等。这些有机酸在水溶液中都有较大的离解度。有机酸在波长 210nm 附近有较强的吸收。苹果汁中的有机酸主要是苹果酸和柠檬酸，可以用反相高效液相色谱等方法分析。在酸性（pH 为 2~5）流动相条件下，上述有机酸的离解得到抑制，利用分子状态的有机酸的疏水性，使其在 ODS 色谱柱中保留。不同有机酸的疏水性不同，疏水性大的有机酸在固定相中保留强，疏水性小的有机酸在固定相中保留弱，以此得到分离。本实验采用外标法定量苹果汁中的苹果酸和柠檬酸。

（三）仪器与试剂

1. 仪器

高效液相色谱仪（带有紫外检测器）；色谱工作站；PE Brownlee C_{18} 反相键合相色谱柱（$5\mu m$，$4.6mm \times 150mm$）；$25\mu L$ 平头微量注射器；超声波清洗器；流动相过滤器；无油真空泵；50mL 烧杯 3 个；250mL 容量瓶 2 个；50mL 容量瓶 3 个；50mL 移液管 2 支。

2. 试剂

苹果酸和柠檬酸标准溶液；优级纯磷酸二氢铵；蒸馏水；市售苹果汁。

（四）实验步骤

1. 流动相的预处理

称取优级纯磷酸二氢铵460mg（准确称至0.1mg）于一洁净50mL小烧杯中，用蒸馏水溶解，定量移入1000mL容量瓶中，稀释至标线（浓度为4mmol/L）。用$0.45\mu m$水相滤膜减压过滤，脱气。另取蒸馏水1000mL，用水相滤膜过滤后，置于原瓶中，备用。

2. 标准溶液的配制

（1）标准储备液的配制　称取优级纯苹果酸和柠檬酸250mg于2个50mL干净小烧杯中，用蒸馏水溶解，分别定量转移入两个250mL容量瓶，稀释至标线。此为苹果酸和柠檬酸的标准储备液。

（2）混合标准溶液的配制　分别移取苹果酸和柠檬酸的标准储备液各5mL于50mL容量瓶，定容、摇匀，此为苹果酸和柠檬酸的混合标准溶液，其中苹果酸和柠檬酸的浓度均为100mg/L。

3. 试样的预处理

市售苹果汁用$0.45\mu m$水相滤膜减压过滤后，置于冰箱中冷藏保存。

4. 色谱柱的安装和流动相的更换

将色谱柱安装在色谱仪上，将流动相更换成已处理过的4mmol/L的磷酸二氢铵溶液。

5. 高效液相色谱开机

开机，将仪器调试到正常工作状态，流动相流速设置为1.0mL/min；柱温30～40℃；紫外检测波长210nm。

6. 苹果酸、柠檬酸标准溶液的分析测定

基线稳定后，用$25\mu L$平头微量注射器分别进样苹果酸和柠檬酸标准溶液各$20\mu L$，记录色谱图和分析结果。

7. 样品的分析

重复注射苹果汁样品$20\mu L$ 3次，记录色谱图和分析结果。

注意：如果苹果酸和柠檬酸与邻近峰分离不完全，应适当调整流动相配比和流速，再重复6、7的步骤。

8. 混合标准溶液的分析测定

进样100mg/L苹果酸和柠檬酸混合标准溶液$20\mu L$，分析完毕后，记录色谱图和分析结果。

9. 关机

所有样品分析完毕后，按照正常步骤关机。

（五）结果处理

成分	测定次数	保留时间/min	各次测定值/(mg/L)	平均值/(mg/L)
苹果酸	1			
	2			
	3			
柠檬酸	1			
	2			
	3			

（六）注意事项

① 各实验室的仪器不可能完全一样，操作时一定要参照仪器的操作规程。

② 色谱柱的个体差异大，即使是同一厂家的同型号色谱柱，性能也会有差异，因此色谱条件应根据所用色谱柱的实际情况作适当的调整。

（七）思考题

① 假设用 50％的甲醇或乙醇作流动相，你认为有机酸的保留值是变大还是变小，分离效果会变好还是变坏？说明理由。

② 如果用酒石酸做内标定量苹果酸和柠檬酸，对酒石酸有什么要求？写出该内标法的操作步骤和分析结果的计算方法。

第六节　液相色谱联用技术

一、常用液相色谱联用技术

1. 液相色谱-质谱联用

液相色谱-质谱联用（LC-MS）要比气相色谱-质谱联用困难得多，主要是因为液相色谱的流动相是液体，如果让液相色谱的流动相直接进入质谱，则将严重破坏质谱系统的真空，也将干扰被测样品的质谱分析。因此液相色谱-质谱联用技术的发展比较慢，出现过各种各样的接口，但直到电喷雾电离（ESI）接口和大气压电离（API）接口出现，才有了成熟的商品液相色谱-质谱联用仪。由于有机化合物中的 80％不能气化，只能用液相色谱分离，特别是近年来发展迅速的生命科学中的分离和纯化也都使用了液相色谱，加之液相色谱-质谱联用的接口问题得到了解决，这些都使得液相色谱-质谱联用技术在近年有了飞速发展。

2. 液相色谱-傅里叶变换红外光谱联用

红外光谱在有机化合物的结构分析中有着很重要的作用，而色谱又是有机化合物分离纯化的最好方法，因此色谱与红外光谱的联用一直是有机分析化学家十分关注的问题。由于液相色谱不受样品挥发度和热稳定性的限制，因此特别适合于那些沸点高、极性强、热稳定性差、大分子试样的分离，对多数已知化合物，尤其是生化活性物质均能被较好地分离、分析。液相色谱对多种化合物的高效分离特点及红外光谱定性鉴别的有效结合，使复杂物质的定性分析、定量分析得以实现，成为与气相色谱-傅里叶变换红外光谱（GC-FTIR）互补的分离鉴定手段。

3. 液相色谱-原子光谱联用

原子光谱（原子吸收光谱和原子发射光谱）主要用于金属或非金属元素的定性、定量分析，而色谱主要用于有机化合物的分析、分离和纯化，因此这两种分析技术的联用在过去很少有人研究。但近年随着有机金属化合物研究的深入，特别是人们发现某些元素（如铅、砷、汞、铬等）的不同价态或不同形态不仅对人们的健康的影响有很大的差别，而且对环境危害的程度也有很大差别。要对这些元素的不同价态或不同形态进行测定和研究，就要对这些元素的不同价态或不同形态进行分离，这时色谱就成为最有力的分离方法，而分离后的定性和定量分析又是原子光谱的特长。因此近年有关色谱-原子光谱联用技术的研究报道在文献中大量出现。液相色谱-原子光谱联用技术有液相色谱-火焰原子吸收光谱联用（LC-FAAS）和液相色谱-等离子体原子发射光谱联用（LC-ICP-AES）。液相色谱-等离子体原子发射光谱联用是解决元素化学形态分析的最有效的方法之一，而且具有同时多元素选择性检测的能力。

4. **色谱-色谱联用**

色谱-色谱联用技术是将不同分离模式的色谱通过接口联结起来，用于单一分离模式不能完全分离的样品分离和分析。

液相色谱-液相色谱联用是 Hube 于 20 世纪 70 年代初首先提出的，其原理与气相色谱-气相色谱联用技术类似，关键技术是柱切换。利用多通阀切换，可以改变色谱柱与色谱柱、进样器与色谱柱、色谱柱与检测器之间的连接，改变流动相的流向，这样就可以实现样品的净化、痕量组分的富集和制备、组分的切割、流动相的选择和梯度洗脱、色谱柱的选择、再循环和复杂样品的分离以及检测器的选择。由于液相色谱具有多种分离模式，如吸附色谱，正、反相分配色谱，离子交换色谱等，因此可以利用不同分离模式的液相色谱组合成液相色谱-液相色谱联用系统；也可以用同一分离模式、不同类型的色谱柱组合成液相色谱-液相色谱联用系统，其对选择性的调节远远大于气相色谱-气相色谱联用，具有更强的分离能力。

在用气相色谱去分离和分析某些复杂样品中的某些组分时，由于样品主体的原因，不能将样品直接进入气相色谱进行分离分析，必须将与分析的组分从样品的主体中分离出来后再用气相色谱去分离分析。液相色谱-气相色谱联用是解决这一问题的方法之一，用液相色谱分离提纯复杂样品中的欲测组分，样品主体将排空，欲测组分在线的转入气相色谱中进行分离和分析。特别是复杂样品中的痕量组分，在经液相色谱分离纯化和富集后，可转移到高灵敏度和高分辨的毛细管气相色谱上进行分离和分析。

这里我们主要介绍液相色谱-质谱联用。

二、LC-MS 联机系统

液相色谱-质谱（liquid chromatography-mass spectrometry，LC-MS）联用技术的研究开始于 20 世纪 70 年代，与气相色谱-质谱（gas chromatograph-mass spectrometry，GC-MS）联用技术不同的是液相色谱-质谱联用技术似乎经历了一个更长的实践、研究过程，直到 90 年代方出现了被广泛接受的商品接口及成套仪器。

按照联用的要求，LC-MS 的在线使用首先要解决的问题是真空的匹配。质谱的工作真空一般要求为 10^{-5} Pa，要与一般在常压下工作的液质接口相匹配并维持足够的真空，其方法只能是增大真空泵的抽速，维持一个必要的动态高真空。所以现有商品仪器的 LC-MS 设计均增加了真空泵的抽速并采用了分段、多级抽真空的方法，形成真空梯度来满足接口和质谱正常工作的要求。

除真空匹配之外，液质联机技术发展可以说就是接口技术的发展。扩大 LC-MS 应用范围以使热不稳定和强极性化合物在不加衍生化的情况下得以直接分析并将质谱分析用于生物大分子是液质接口技术的发展方向。LC-MS 各种"软"离子化接口的开发正是迎合了这个方向。

某些特定的接口（如电喷雾接口）可使蛋白质及其他生物大分子得以多重质子化，产生多电荷离子。多电荷离子的产生使得质谱的分子量测定范围大大拓宽，单电荷质量数范围为 2000amu（$1amu=1.66\times10^{-24}g$）的质谱可以比较准确地测定几十万甚至上百万 amu 的分子量，这样就真正地将质谱分析带入了蛋白质和生物高聚物的研究领域。

三、LC-MS 接口技术

常用于液相色谱-质谱联用技术的接口主要有移动带技术（MB）、热喷雾电离接口（TS）、粒子束接口（PB）、快原子轰击（FAB）、电喷雾电离接口（ESI）及大气压化学电离接口（APCI）。特别是电喷雾电离（ESI）及大气压化学电离（APCI）接口是一项非常实用、高效的"软"离子化技术，被人们称为 LC-MS 技术乃至质谱技术的革命性突破。下面我们就分别介绍电喷雾电离（ESI）及大气压化学电离（APCI）接口的结构和工作原理。

1. 电喷雾电离接口的结构和工作原理

配套的电喷雾电离（ESI）接口主要由两个功能部分组成：接口本身以及由气体加热，真空度指示，附加机械泵开关组成的控制单元。较新的设计中，接口操作包含在系统的整体控制之内。ESI 接口的结构如图 7-23 所示。

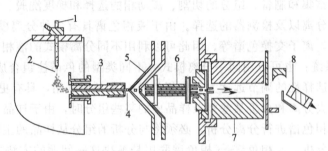

图 7-23　HP1100LC-MSD ESI 接口示意

1—液相入口；2—雾化喷口；3—毛细管；4—CID 区；5—锥形
分离器；6—八极杆；7—四极杆；8—HED 检测器

此接口主要由大气压离子化室和离子聚焦透镜组件构成。喷口（nebulizing needle）一般由双层同心管组成，外层通入氮气作为喷雾气体，内层输送流动相及样品溶液。某些接口还增加了"套气"（sheath gas）设计，其主要作用为改善喷雾条件以提高离子化效率。

离子化室和聚焦单元之间由一根内径为 0.5mm 的，带惰性金属（金或铂）包头的玻璃毛细管相通。它的主要作用为形成离子化室和聚焦单元的真空差，造成聚焦单元对离子化室的负压，传输由离子化室形成的离子进入聚焦单元并隔离加在毛细管入口处的 $3\sim8kV$ 的高电压。此高电压的极性可通过化学工作站方便地切换以造成不同的离子化模式，适应不同的需要。离子聚焦部分一般由两个锥形分离器和静电透镜组成，并可以施加不同的调谐电压。

以一定流速进入喷口的样品溶液及液相色谱流动相，经喷雾作用被分散成直径约为 $1\sim3\mu m$ 的细小液滴。在喷口和毛细管入口之间设置的几千伏特的高电压的作用下，这些液滴由于表面电荷的不均匀分布和静电引力而被破碎成为更细小的液滴。在加热的干燥氮气的作用下，液滴中的溶剂被快速蒸发，直至表面电荷增大到库仑排斥力大于表面张力而爆裂，产生带电的子液滴。子液滴中的溶剂继续蒸发引起再次爆裂。此过程循环往复直至液滴表面形成很强的电场，而将离子由液滴表面排入气相中。至此，离子化过程宣告完成。进入气相的离子在高电场和真空梯度的作用下进入玻璃毛细管，经聚焦单元聚焦，被送入质谱离子源进行质谱分析。

2. 大气压化学电离接口的结构和工作原理

APCI 接口的结构如图 7-24 所示。

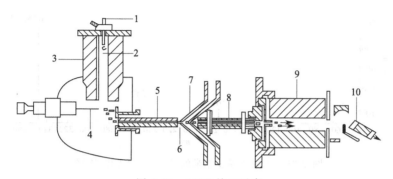

图 7-24　APCI 接口示意

1—液相入口；2—雾化喷口；3—APCI 蒸发器；4—电晕放电针；5—毛细管；
6—CID 区；7—锥形分离器；8—八极杆；9—四极杆；10—HED 检测器

ACPI 接口的构成与 ESI 接口的区别在于以下两点。

① 增加了一根电晕放电针，并将其对共地点的电压设置为 $\pm(1200 \sim 2000)$ V，其功能为发射自由电子并启动后续的离子化过程。

② 对喷雾气体加热，同时也加大了干燥气体的可加热范围。由于对喷雾气体的加热以及 ACPI 的离子化过程对流动相的组成依赖较小，故 APCI 操作中可采用组成较为简单的，含水较多的流动相。

关于 APCI 接口工作原理可做如下简述。

放电针所产生的自由电子首先轰击空气中 O_2、N_2、H_2O 产生如 O_2^+、N_2^+、NO^+、H_2^+O 等初级离子，再由这些初级离子与样品分子进行质子或电子交换而使其离子化并进入气相。

四、LC-MS 技术的应用

以电喷雾为接口的 LC-MS 技术已经在药物、化工、临床医学、分子生物学等许多领域中获得了广泛的应用。对有机合成中间体、药物代谢物、基因工程产品的大量分析结果为生产和科研提供了许多有价值的数据，解决了许多在此之前难以解决的分析问题。下面简单加以介绍。

1. 人尿中利尿药物克罗帕米的检测

克罗帕米（clopamide）为临床上治疗水肿的利尿剂和抗高血压药物。1997 年该药被国际奥委会医学委员会列为体育比赛中的禁用药物。

（克罗帕米 M_w 为 345）

由于克罗帕米分子中含有不稳定的酰胺键，易热解。在 GC-MS 分析中虽经衍生化处理，但仍有相当部分的分解损失致使检出困难。采用 APCI（＋）方法可以在人尿中可靠地检测到克罗帕米的母体药物。样品在碱性条件下萃取，经沉淀蛋白、吹干、再溶解后进样做 APCI（＋）-HPLC-MS 分析。HPLC 的分离以酸性缓冲液（1％乙酸)-乙腈在梯度下进行。所得到的质谱中出现了丰度很高的准分子离子（m/z 为346）及若干碎片离子（图7-25），从而提高了检测的可靠性。

APCI(＋)-LC-MS方法对克罗帕米的检测有较高灵敏度，在全扫描模式下绝对检出量为3ng（信噪比大于2），与GC-MS的检出相比，结果要可靠得多。

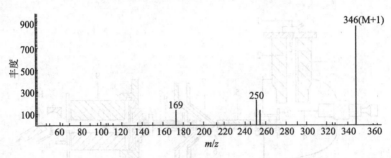

图 7-25　人尿中壳罗帕米的 APCI(＋)-CID 质谱

2. 甘草活性成分甘草酸的 ESI(－)-CID 质谱分析

甘草酸（M_w 为823）是中药甘草的主要活性成分。以甘草酸为模型进行的药物辐射化学研究工作中，采用 ESI(＋) 和 ESI(－) 均可获得甘草酸的 LC-MS 信号。由于分子中含有3个羧基，在碱性条件下，采用 ESI(－) 可获得较高灵敏度的检出。在较高 CID 电压下产生的质谱有过多的碎片出现，谱图解析变得困难。在较低的 CID 电压（100V），质谱包括准分子离子峰 m/z 为820及其二价、三价离子峰（图7-26）。

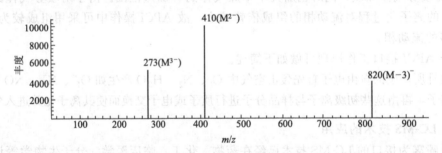

图 7-26　甘草酸的 ESI(－)-CID 质谱（CID 为 100V）

ESI(－)-LC-MS分析中还证明一定剂量的 ^{60}Co-γ 辐射可使水溶液中的甘草酸铵分别失去一个配糖基或失去两个配糖基成为甘草次酸。

习　题

1. 在液相色谱法中，提高柱效最有效的途径是（　　）。

A. 提高柱温　　　　　　B. 降低板高　　　　　　C. 降低流动相流速　　　　D. 减小填料粒度

2. 在液相色谱中用作制备目的的色谱柱内径一般在（　　）mm 以上。

A. 3　　　　　　　　　B. 4　　　　　　　　　C. 5　　　　　　　　　D. 6

3. 液相色谱中通用型检测器是（　　）。

A. 紫外吸收检测器　　　B. 示差折光检测器　　　C. 热导池检测器　　　　D. 氢焰检测器

4. 在液相色谱法中，按分离原理分类，液固色谱法属于（　　）。

A. 分配色谱法　　　　　B. 排阻色谱法　　　　　C. 离子交换色谱法　　　D. 吸附色谱法

5. 在液相色谱中，为了改变色谱柱的选择性，可以进行（　　）操作。

A. 改变流动相的种类和柱长
B. 改变固定相的种类和柱长
C. 改变固定相的种类和流动相的种类
D. 改变填料的粒度和柱长

6. 在液相色谱中，改变洗脱液极性的作用是（　　）。
A. 减少检验过程中产生的误差
B. 缩短分析用时
C. 使温度计更好看
D. 对温度计进行校正

7. 在液相色谱中，使用荧光检测器的作用是（　　）。
A. 操作简单　　　B. 线性范围宽　　　C. 灵敏度高　　　D. 对温度灵敏性高

8. 高效液相色谱仪的工作流程同气相色谱仪完全一样。（　　）

9. 液液分配色谱中，各组分的分离是基于各组分吸附力的不同。（　　）

10. 由于液相色谱仪器工作温度可达 500℃，所以能测定高沸点有机物。（　　）

11. 反相键合液相色谱法中常用的流动相是水-甲醇。（　　）

12. 高效液相色谱中，色谱柱前面的预置柱会降低柱效。（　　）

13. 反相键合相色谱柱长期不用时必须保证柱内充满甲醇流动相。（　　）

14. 液相色谱的流动相配制完成后应先进行超声，再进行过滤。（　　）

15. 高效液相色谱分析中，固定相极性大于流动相极性称为正相色谱法。（　　）

16. 液相色谱中，分离系统主要包括柱管、固定相和色谱柱。（　　）

17. 液-液分配色谱的分离原理与液液萃取原理相同，都是分配定律。（　　）

18. 在液相色谱中，试样只要目视无颗粒即不必过滤和脱气。（　　）

19. 高效液相色谱仪中的三个关键部件是（　　）。（多选）
A. 色谱柱　　　B. 高压泵　　　C. 检测器　　　D. 数据处理系统

20. 液固吸附色谱中，流动相选择应满足的要求是（　　）。（多选）
A. 流动相不影响样品检测
B. 样品不能溶解在流动相中
C. 优先选择黏度小的流动相
D. 流动相不得与样品和吸附剂反应

21. 在高效液相色谱分析中使用的折光指数检测器属于（　　）。（多选）
A. 整体性质检测器　　B. 溶质性质检测器　　C. 通用型检测器　　D. 非破坏性检测器

22. 使用液相色谱仪时需要注意的是（　　）。（多选）
A. 使用预柱保护分析柱
B. 避免流动相组成及极性的剧烈变化
C. 流动相使用前必须经脱气和过滤处理
D. 压力降低是需要更换预柱的信号

23. 简述高效液相色谱与气相色谱法的异同点。

24. 简述六通阀进样的工作原理。

25. 液相色谱中对流动相有何要求？

26. 液相色谱有几种类型？试比较各种主要类型的分离原理和特点。

27. 何谓化学键合固定相？它有什么突出的优点？

28. 什么是梯度洗脱？在液相色谱法中，梯度洗脱适用于分离何种样品？

29. 组分 A 和 B 通过某色谱柱的保留时间分别为 15.0min 和 25.0min，而非保留组分只需 2.0min 洗出。组分 A、B 的峰宽分别为 1.5min 及 2.5min。计算：
(1) B 对 A 的相对保留值；
(2) A、B 二组分的分离度。

30. 核苷经液相色谱分离，用紫外检测器测得各个色谱峰，经鉴定为下列组分：

组分	空气	尿核苷	肌苷	鸟苷	腺苷	胞啶
t_R/min	4.0	30	43	56	71	96

如果在另一色谱柱填充相同固定相，但柱的尺寸不同，测得空气峰时间为 5.0min，尿核苷为 53min，某组分洗脱时间为 101min，试说明这个组分是什么物质？

31. 用高效液相色谱法分离两个组分，色谱柱为长 15cm 的 ODS 柱。已知在实验条件下理论塔板数 n

$=2.84\times10^4\,\mathrm{m}^{-1}$，用苯磺酸溶液测得死时间 $t_0=1.31\mathrm{min}$，$t_{R1}=4.10\mathrm{min}$，$t_{R2}=4.38\mathrm{min}$。求：

(1) 分配系数比 α 和分离度 R；

(2) 若分离度要达到 1.5，柱长应该增加到多少？

32. 测定某膨化食品中的人工合成色素柠檬黄和苋菜红的含量，取柠檬黄和苋菜红标准品配制浓度分别为 $10.00\mu g/mL$ 的混合标准溶液，测得峰面积分别为 3.35×10^3 和 4.17×10^3。取样品 2.0g，经处理制成待测溶液 5mL。在相同色谱条件下，测得峰面积分别为 3.88×10^3 和 4.05×10^3。计算该食品中柠檬黄和苋菜红的含量。

习题参考答案

第二章 紫外-可见光谱分析法答案

1~6 CBDCCC；7~12 AACAAC；

13. $b=0.5cm$ 时，$A=0.187$；$b=3cm$ 时，$A=1.125$；

14. 甲苯质量 $m=1.02\times10^{-4}g$；15. $\varepsilon=1.505\times10^{4}L/(mol\cdot cm)$；

16. 浓度范围：$1.55\times10^{-5}\sim5.82\times10^{-5}mol/L$；17. 铁含量：$0.67\mu g/mL$；

18. Fe^{3+} 浓度：$5.20mg/mL$；19. 钴含量：$22.03\mu g/mL$；

20. 甲物质浓度：$1.25\times10^{-4}mol/L$，乙物质浓度：$1.27\times10^{-4}mol/L$；

21. $443.04g/mol$；22. 配位数：3。

第三章 红外吸收光谱法答案

1~5 CACBD；6~10 DBBDB；

11. 对称伸缩振动，非对称伸缩振动；面内弯曲振动，面外弯曲振动；

12. （1）苯环不饱和 C—H 伸缩，（2）环内 C≡C 伸缩，（3）C—H 弯曲；

13. 基团频率区，指纹区；14. 4，4，0，5，0，1；15. 2，2，1；

19. $1733cm^{-1}$，$804cm^{-1}$；20. 推测结构：C_2H_5OH；

21. 推测结构 ⬡—CH_2OH ，具体如下表：

不饱和度		4	可能有苯环	结构单元
谱峰属性	$3326cm^{-1}$	O—H 伸缩振动		—OH
	$3031cm^{-1}$	苯环上≡C—H 伸缩振动,说明可能是芳香族化合物		苯环
	$2875cm^{-1}$	饱和 C—H 伸缩振动		—CH_2—
	$1497cm^{-1}$	芳环 C≡C 骨架伸缩振动		
	$1454cm^{-1}$			
	$1039cm^{-1}$	伯醇的 C—O 伸缩振动		—CH_2—OH
	$736cm^{-1}$	苯环上相邻 5 个 H 原子≡C—H 的面外变形振动和环骨架变形振动,苯环单取代特征		单取代芳烃
	$736cm^{-1}$			

第四章 原子光谱分析法答案

1~6 AAADAC；7. 预混合室，废液管；8. 还原，高，难解离氧化物；

9. 阴；10. 干燥，灰化；11. 电，火焰；12. 锌；13. 共振吸收线；

17. 镁；18. $1.30\mu g/mL$；19. $47.0\mu g/mL$；20. 0.33%；21. $0.80\mu g$。

第五章 电化学分析法答案

1~8 CCABCBAD；21. 测量误差：3.5%；22. （a）pH$=5.98$，（b）pH$=1.85$，

（c）pH$=0.22$；23. $3.98\times10^{-4}mol/L$；24. $2.05\times10^{-4}\%$。

第六章 气相色谱分析法答案

1～5 ABCAB；6～10 DCCAA；11～13 DCD；

14. 电子捕获检测器、热导检测器、氢火焰离子化检测器、火焰光度检测器；

22. $R=1.53$；23. $n_{有效}=4096$，$\gamma_{2,1}=1.23$，$R=2.99$，$L=0.75m$；

24. $f_{甲苯}=1.96$，$f_{乙苯}=4.09$，$f_{邻二甲苯}=4.11$；

25. $w_{苯甲酸}=0.56$，$w_{对甲苯甲酸}=0.21$，$w_{邻甲苯甲酸}=0.10$，$w_{间甲苯甲酸}=0.13$；

26. $w_{甲酸}=0.004$，$w_{乙酸}=0.055$，$w_{丙酸}=0.040$；

27. $w_{水}=0.00305$；28. $w_E=0.422$；29. 4.28ng/g。

第七章 高效液相色谱分析法答案

1～5 DDBDC；6，7 BC；8～12 ×××√√；13～17 √×√√√；18. ×；

19. ABC；20. ACD；21. ACD；22. ABC；29. (1) 1.77，(2) 5.0；30. 鸟苷；31. (1) $\alpha=1.10$，$R=1.0$，(2) 34cm；32. 柠檬黄 28.96μg/g，苋菜红 24.28μg/g。

参 考 文 献

[1] 朱明华. 仪器分析. 第 3 版. 北京：高等教育出版社，2000.

[2] 刘约权. 现代仪器分析. 第 2 版. 北京：高等教育出版社，2006.

[3] 武汉大学化学系. 仪器分析. 北京：高等教育出版社，2007.

[4] 刘密新，罗国安，张新荣，童爱军. 仪器分析. 第 2 版. 北京：清华大学出版社，2002.

[5] 刘志广. 仪器分析. 北京：高等教育出版社，2007.

[6] 刘立行. 仪器分析. 北京：中国石化出版社，2003.

[7] 叶宪曾，张新祥. 仪器分析教程. 第 2 版. 北京：北京大学出版社，2007.

[8] 黄一石. 仪器分析. 第 3 版. 北京：化学工业出版社，2013.

[9] 方惠群，于俊生，史坚. 仪器分析. 北京：科学出版社，2002.

[10] 魏培海，曹国庆. 仪器分析. 北京：高等教育出版社，2007.

[11] 许国旺等. 现代实用气相色谱法. 北京：化学工业出版社，2004.

[12] 于世林. 高效液相色谱法方法及应用. 北京：化学工业出版社，2000.

[13] 汪正范，杨树民，吴侔天，岳卫华. 色谱联用技术. 第 2 版. 北京：化学工业出版社，2007.

[14] 凌笑梅. 高等仪器分析实验与技术. 北京：北京大学医学出版社，2006.

[15] 吴性良，朱万森. 仪器分析实验. 第 2 版. 上海：复旦大学出版社，2008.

[16] 陈培榕，李景虹，邓勃. 现代仪器分析实验与技术. 第 2 版. 北京：清华大学出版社，2006.

[17] 杨万龙，李文友. 仪器分析实验. 北京：科学出版社，2008.

[18] 王叔淳. 食品卫生检验技术手册. 第 3 版. 北京：化学工业出版社，2002.

[19] 于晓萍. 仪器分析. 第 2 版. 北京：化学工业出版社，2017.